开发者成长丛书

Selenium 3自动化测试
从Python基础到框架封装实战 微课视频版

栗任龙 ◎ 编著

清华大学出版社
北京

内 容 简 介

本书以 Python＋Selenium＋Unittest 为基础，结合 PageObject 设计模式，通过测试笔者自研项目逐步搭建 UI 自动化测试框架。Python 是在测试开发过程中使用最多的语言，Selenium 是当前最流行的 Web UI 自动化测试工具，这套 Python＋Selenium＋Unittest＋PageObject 相结合的测试框架可以直接应用到实际工作中。

本书共 14 章，第 1～6 章讲述了 Python 基础、前端基础和 Selenium 的基础。第 7～12 章结合分层思想对 Selenium WebDriver 做了多达 6 次的封装和优化，目的是让框架结构更加清晰、使用起来更加方便，同时也能让读者对封装有更深一层的理解。第 13 章和第 14 章介绍 Gitee 代码管理和 Jenkins 持续集成，其中 Gitee 实现了代码托管、Jenkins 实现了代码的自动构建。读者可以根据实际工作情况在每天特定的时间自动运行 UI 自动化脚本，确保公司系统功能的稳定性。另外，本书重点内容配有视频讲解，可以让读者更加容易理解和实操。

本书既适合 UI 自动化测试的初学者，也可以给具有多年测试开发经验的人员提供参考，还可以作为高等院校、培训机构相关专业人员的教学参考书。

本书封面贴有清华大学出版社防伪标签，无标签者不得销售。
版权所有，侵权必究。举报：010-62782989，beiqinquan@tup.tsinghua.edu.cn。

图书在版编目(CIP)数据

Selenium 3 自动化测试：从 Python 基础到框架封装实战：微课视频版/栗任龙编著. —北京：清华大学出版社，2024.5
（开发者成长丛书）
ISBN 978-7-302-66204-4

Ⅰ. ①S… Ⅱ. ①栗… Ⅲ. ①软件工具－自动检测 Ⅳ. ①TP311.561

中国国家版本馆 CIP 数据核字(2024)第 086693 号

责任编辑：赵佳霓
封面设计：刘　键
责任校对：时翠兰
责任印制：杨　艳

出版发行：清华大学出版社
　　　　　网　　址：https://www.tup.com.cn,https://www.wqxuetang.com
　　　　　地　　址：北京清华大学学研大厦 A 座　　邮　　编：100084
　　　　　社 总 机：010-83470000　　邮　　购：010-62786544
　　　　　投稿与读者服务：010-62776969, c-service@tup.tsinghua.edu.cn
　　　　　质量反馈：010-62772015, zhiliang@tup.tsinghua.edu.cn
　　　　　课件下载：https://www.tup.com.cn,010-83470236
印 装 者：三河市君旺印务有限公司
经　　销：全国新华书店
开　　本：186mm×240mm　　印　张：21.5　　字　数：482 千字
版　　次：2024 年 7 月第 1 版　　印　次：2024 年 7 月第 1 次印刷
印　　数：1～2000
定　　价：79.00 元

产品编号：099587-01

前言
PREFACE

笔者在十多年前参加了公司国外项目的测试,当时项目周期较长,并且项目周期内有大量的工作是对已有的功能进行回归测试,因此笔者就有了使用自动化测试工具解决重复性工作的想法。当时流行的 UI 自动化测试工具只有 QTP,该工具可以实现 B/S 架构和 C/S 架构系统的 UI 自动化测试。于是笔者就利用业务时间对 QTP 进行研究,成功地编写了上百条自动化测试用例,并将其应用于项目回归测试,UI 自动化测试的接入节省了大量的回归测试时间,同时也解放了人力。在项目结束后,由于表现出众被任命为测试组长,后来当上测试经理。

经历了 UI 自动化测试的成功,笔者一直在反复思考一个问题,那就是 QTP 自动化测试背后代码是如何实现的?带着这样的疑问,笔者学习了 Java 开发。随着时间的推移 Selenium 自动化测试工具逐渐流行了起来,由于笔者有了 Java 开发经验,于是就趁热打铁开始学习 Java 如何调用、封装 Selenium,将 Selenium 框架应用于公司项目中,同时也逐渐向测试开发工程师转型。几年后,Python 逐渐成了测试工程师的主流语言,笔者也顺应潮流开始自学 Python,并将 Java Selenium 框架用 Python 语言重新实现并加以优化。在 Python 语言的学习过程中,笔者将学习过程和细节编写成博文并录制视频,为的是分享学习经验,让更多的测试工程师少走弯路,能够学习到可以用于实战的测试开发技术。

笔者写书的目标是让读者学会 Python 和 Selenium,并可以使用 Python 对 Selenium 进行二次开发,最终搭建出实用性较强的测试框架,以便应用于公司的实际项目中。考虑没有基础的读者学习起来会比较困难,于是笔者在框架封装过程中会先回顾前面章节的内容,然后对内容进行优化,这样会让初学者能够衔接得更加顺畅,而且笔者的多次封装都是基于自研项目进行的反复操作,这样更符合学习规律。在测试框架封装过程中,笔者尽量暴露所有可能遇到的问题,相信读者看到问题一个个被解决也会对将来的测试开发工作更有信心。

资源下载提示

素材(源码)等资源:扫描目录上方的二维码下载。

视频等资源:扫描封底的文泉云盘防盗码,再扫描书中相应章节的二维码,可以在线学习。

本书能够出版首先需要感谢清华大学出版社赵佳霓编辑，在本书的编写过程中她提供了很多建议和帮助；其次需要感谢笔者的运维开发同事刘耀，笔者在编写Jenkins持续集成的阶段，他帮助笔者梳理了流程、解答了很多细节问题；最后感谢我的家人，在写书的过程中家人分担了很多家庭琐事。

粟任龙

2024 年 3 月

目 录
CONTENTS

本书源代码

| 第1章 自动化测试简介 | 1 |

  1.1 什么是自动化测试 ... 1

  1.2 UI自动化测试应用场景 ... 2

  1.3 UI自动化测试工具及框架 ... 2

  1.4 本章总结 ... 4

| 第2章 Windows系统下环境搭建（▶ 8min） | 5 |

  2.1 Python安装 ... 5

  2.2 PyCharm安装 ... 7

  2.3 PyCharm新建工程 ... 8

  2.4 Python第1行代码 ... 9

  2.5 本章总结 ... 10

| 第3章 Python基础（▶ 211min） | 11 |

  3.1 Python命名规则 ... 11

  3.2 Python注释 ... 11

  3.3 Python变量和数据类型 ... 12

    3.3.1 常用变量定义 ... 12

    3.3.2 变量数据类型分类 ... 16

  3.4 Python运算符 ... 17

    3.4.1 算术运算符 ... 17

    3.4.2 比较运算符 ... 20

- 3.4.3 逻辑运算符 ... 21
- 3.4.4 成员运算符 ... 22
- 3.4.5 身份运算符 ... 22
- 3.5 Python 字符串 ... 23
  - 3.5.1 字符串定义 ... 23
  - 3.5.2 字符串拼接 ... 24
  - 3.5.3 字符串分割 ... 25
  - 3.5.4 字符串替换 ... 26
  - 3.5.5 字符串删除前后空格 ... 26
  - 3.5.6 字符串大小写 ... 27
- 3.6 Python 元组 ... 28
  - 3.6.1 元组定义 ... 28
  - 3.6.2 元组访问 ... 28
  - 3.6.3 元组遍历 ... 28
  - 3.6.4 字符串切片 ... 30
- 3.7 Python 列表 ... 31
  - 3.7.1 列表定义及访问 ... 31
  - 3.7.2 列表增、删、改操作 ... 31
  - 3.7.3 列表遍历 ... 33
- 3.8 Python 集合 ... 34
  - 3.8.1 集合定义及访问 ... 34
  - 3.8.2 集合应用 ... 35
  - 3.8.3 元组列表集合的区别 ... 37
- 3.9 Python 字典 ... 37
  - 3.9.1 字典定义 ... 37
  - 3.9.2 字典访问 ... 38
  - 3.9.3 字典增、删、改操作 ... 39
  - 3.9.4 字典遍历 ... 40
- 3.10 Python 分支和循环 ... 41
  - 3.10.1 分支 ... 41
  - 3.10.2 循环 ... 44
  - 3.10.3 分支循环综合应用 ... 48
- 3.11 Python 方法 ... 49
  - 3.11.1 Python 方法简介 ... 49
  - 3.11.2 Python 程序入口 ... 50
  - 3.11.3 Python 模块导入 ... 51

3.11.4 无参数无返回值方法 52
3.11.5 有位置参数和一个返回的方法 52
3.11.6 有多个返回的方法 53
3.11.7 默认值参数方法 53
3.11.8 可变参数方法 53
3.11.9 关键字参数方法 54
3.11.10 参数的混合使用 54
3.12 Python 类 55
3.12.1 类的定义 55
3.12.2 类的构造方法 56
3.12.3 类的继承 57
3.12.4 类的方法重写 59
3.12.5 类的多继承 60
3.13 Python 模块包安装 60
3.13.1 pip 安装简介 60
3.13.2 PyCharm 命令行安装模块包 61
3.13.3 PyCharm 图形化安装模块包 62
3.14 Python 的异常 64
3.14.1 Python 异常捕获 64
3.14.2 Excel 操作及异常捕获 64
3.15 装饰器 69
3.15.1 不使用装饰器 69
3.15.2 无参装饰器 69
3.15.3 有参装饰器 71
3.16 Python 多线程 72
3.16.1 创建线程 73
3.16.2 join()方法 73
3.16.3 线程方法传参 74
3.16.4 创建多个线程 75
3.17 本章总结 76

第 4 章 前端基础（▶ 17min） 77

4.1 HTML 标签及属性 77
4.2 测试项目介绍 84
4.2.1 ElementUI 介绍 84
4.2.2 测试项目介绍 86

4.3 本章总结 ... 87

第5章 Selenium WebDriver 基础（▶ 43min） ... 88

5.1 Selenium 简介 ... 88
    5.1.1 Selenium 测试准备 ... 88
    5.1.2 Selenium 工具介绍 ... 89
    5.1.3 Selenium WebDriver 原理 ... 90
    5.1.4 Selenium Grid 原理 ... 90
5.2 WebDriver 浏览器操作 ... 91
    5.2.1 启动浏览器 ... 91
    5.2.2 导航到网页 ... 92
    5.2.3 最大化浏览器 ... 92
    5.2.4 关闭浏览器 ... 93
    5.2.5 总结 ... 94
5.3 WebDriver 元素定位 ... 94
    5.3.1 开发者工具 ... 94
    5.3.2 id 属性定位 ... 94
    5.3.3 name 属性定位 ... 96
    5.3.4 class 属性定位 ... 97
    5.3.5 CSS 选择器定位 ... 98
    5.3.6 link text 定位 ... 99
    5.3.7 partial link text 定位 ... 99
    5.3.8 tag name 定位 ... 100
    5.3.9 xpath 表达式定位 ... 101
    5.3.10 By 模块定位 ... 103
    5.3.11 定位多个元素 ... 104
    5.3.12 XPath 插件 ... 105
5.4 WebDriver 基本操作 ... 106
    5.4.1 输入操作 ... 106
    5.4.2 单击操作 ... 108
    5.4.3 下拉列表操作 ... 110
    5.4.4 文件上传操作 ... 111
    5.4.5 ActionChains 操作 ... 114
    5.4.6 悬停操作 ... 114
    5.4.7 窗口切换操作 ... 116
    5.4.8 iframe 切换操作 ... 118

         5.4.9 JavaScript 弹框操作 121
         5.4.10 JavaScript 操作 125
         5.4.11 获取属性值与断言 131
         5.4.12 下载文件操作 136
   5.5 WebDriver 元素等待 137
         5.5.1 强制等待 137
         5.5.2 隐式等待 138
         5.5.3 显式等待 139
   5.6 WebDriver 鼠标操作 142
   5.7 WebDriver 键盘操作 143
   5.8 本章总结 144

第 6 章 Selenium WebDriver 实战（▶ 91min） 145
   6.1 登录实战 145
         6.1.1 登录代码分析 145
         6.1.2 登录代码实战 146
   6.2 新增用户实战 147
         6.2.1 菜单栏代码分析 147
         6.2.2 新增按钮代码分析 148
         6.2.3 新增用户代码分析 149
         6.2.4 新增用户代码实战 151
   6.3 查询用户实战 154
         6.3.1 查询用户代码分析 154
         6.3.2 查询用户代码实战 155
   6.4 修改用户实战 157
         6.4.1 修改用户代码分析 158
         6.4.2 修改用户代码实战 158
   6.5 删除用户实战 159
         6.5.1 删除用户代码分析 159
         6.5.2 删除用户代码实战 160
   6.6 窗口操作实战 161
         6.6.1 窗口代码分析 161
         6.6.2 窗口代码实战 163
   6.7 上传文件实战 165
         6.7.1 上传文件代码分析 165
         6.7.2 上传文件代码实战 166

第7章 关键字驱动封装（▶ 15min） ··· 167

7.1 初始化封装 ··· 167
- 7.1.1 单浏览器封装 ··· 167
- 7.1.2 多浏览器封装 ··· 168

7.2 等待封装 ··· 170
- 7.2.1 等待代码回顾 ··· 170
- 7.2.2 等待代码封装 ··· 170

7.3 基础操作封装 ··· 172
- 7.3.1 登录代码回顾 ··· 172
- 7.3.2 基础操作封装 ··· 172

7.4 iframe切换封装 ··· 174
- 7.4.1 iframe代码回顾 ··· 174
- 7.4.2 iframe代码封装 ··· 174

7.5 窗口切换封装 ··· 175
- 7.5.1 窗口切换代码回顾 ··· 176
- 7.5.2 窗口切换代码封装 ··· 176

7.6 悬停操作封装 ··· 177
- 7.6.1 悬停代码回顾 ··· 177
- 7.6.2 悬停代码封装 ··· 177

7.7 获取元素文本封装 ··· 178
- 7.7.1 获取文本代码回顾 ··· 178
- 7.7.2 获取文本代码封装 ··· 178

7.8 断言封装 ··· 179
- 7.8.1 断言代码回顾 ··· 179
- 7.8.2 断言代码封装 ··· 180

7.9 关闭窗口封装 ··· 181
- 7.9.1 关闭窗口代码回顾 ··· 181
- 7.9.2 关闭窗口代码封装 ··· 181

7.10 异常捕获 ··· 182
- 7.10.1 页面跳转异常 ··· 182
- 7.10.2 页面跳转异常捕获 ··· 183
- 7.10.3 显式等待异常 ··· 184
- 7.10.4 显式等待异常捕获 ··· 184

7.11 本章总结 ··· 185

（6.8 本章总结 ··· 166）

第 8 章 PageObject 封装（▷ 8min） ··· 187

8.1 PageObject 模式简介 ··· 187
8.2 登录 PO 封装 ·· 188
8.2.1 登录代码回顾 ··· 188
8.2.2 登录封装 ·· 188
8.2.3 登录校验 ·· 189
8.3 账号管理 PO 封装 ·· 190
8.3.1 进入账号管理页面封装 ·· 190
8.3.2 新增用户封装 ··· 191
8.3.3 查询用户封装 ··· 193
8.3.4 编辑用户封装 ··· 195
8.3.5 删除用户封装 ··· 196
8.4 外链测试 PO 封装 ·· 197
8.4.1 外链测试封装 ··· 197
8.4.2 外链测试封装的使用 ··· 199
8.5 上传文件 PO 封装 ·· 201
8.5.1 上传文件封装 ··· 201
8.5.2 上传文件封装的使用 ··· 202
8.6 本章总结 ··· 204

第 9 章 Unittest 封装（▷ 62min） ··· 205

9.1 Unittest 基础 ·· 205
9.2 计算器单元测试 ·· 206
9.2.1 开发代码 ·· 206
9.2.2 单元测试代码 ··· 206
9.3 Unittest 详解 ·· 208
9.3.1 TestFixture ··· 208
9.3.2 TestCase ·· 210
9.3.3 TestSuite ·· 211
9.3.4 TestRunner ·· 214
9.3.5 用例执行顺序 ··· 216
9.3.6 跳过用例 ·· 217
9.3.7 断言 ··· 220
9.4 登录用例封装 ·· 221
9.4.1 登录用例代码回顾 ··· 221

9.4.2 登录用例的主要功能 ········ 221
9.4.3 登录用例的执行 ········ 222
9.4.4 登录失败用例封装 ········ 222
9.4.5 登录失败用例的执行 ········ 224

9.5 账号管理用例封装 ········ 224
- 9.5.1 基于 setUp() 和 tearDown() 封装 ········ 224
- 9.5.2 基于 setUpClass() 和 tearDownClass() 封装 ········ 227

9.6 外链测试用例封装 ········ 230
- 9.6.1 准备和还原封装 ········ 230
- 9.6.2 外链查询用例封装 ········ 230
- 9.6.3 外链查询用例的执行 ········ 231

9.7 上传文件用例封装 ········ 231
- 9.7.1 准备和还原封装 ········ 231
- 9.7.2 上传文件用例封装 ········ 232
- 9.7.3 上传文件用例的执行 ········ 232

9.8 本章总结 ········ 233

第 10 章 数据驱动封装（▶ 20min）········ 234

10.1 数据驱动基础 ········ 234
- 10.1.1 DDT 安装 ········ 234
- 10.1.2 DDT 简单使用 ········ 234

10.2 登录封装 ········ 236
- 10.2.1 LoginPage 类方法优化 ········ 237
- 10.2.2 LoginCase 类用例优化 ········ 237
- 10.2.3 LoginCase 类数据驱动 ········ 237

10.3 账号管理封装 ········ 238
- 10.3.1 数据文件准备 ········ 238
- 10.3.2 UserManageCase 类数据驱动 ········ 239
- 10.3.3 UserManagePage 类优化 ········ 239

10.4 外链测试封装 ········ 240
- 10.4.1 数据文件准备 ········ 240
- 10.4.2 IframeCase 类数据驱动 ········ 241

10.5 文件上传封装 ········ 241
- 10.5.1 数据文件准备 ········ 241
- 10.5.2 UploadFileCase 类数据驱动 ········ 242

10.6 本章总结 ········ 242

第11章 测试框架封装优化（▷ 16min） ········· 243

11.1 BaseCase 封装 ········· 243
11.1.1 setUp()回顾 ········· 243
11.1.2 setUp()封装 ········· 244
11.1.3 setUp()封装使用 ········· 244
11.1.4 setUpClass()回顾 ········· 246
11.1.5 setUpClass()封装 ········· 246
11.1.6 setUpClass()封装使用 ········· 247

11.2 配置文件 ········· 248
11.2.1 配置文件基础 ········· 248
11.2.2 BaseCase 类配置文件 ········· 249
11.2.3 configparser 模块获取配置文件 ········· 249
11.2.4 configparser 模块封装 ········· 250
11.2.5 BaseCase 类优化 ········· 250

11.3 Log 封装 ········· 251
11.3.1 Logging 模块简介 ········· 251
11.3.2 Logging 模块的使用 ········· 251
11.3.3 Logging 配置文件 ········· 254
11.3.4 Logger 封装 ········· 256
11.3.5 Logger 封装的使用 ········· 257

11.4 HTMLTestRunnerCN 报告 ········· 258
11.4.1 HTMLTestRunnerCN 下载 ········· 258
11.4.2 HTMLTestRunnerCN 的使用 ········· 258

11.5 Yagmail 发送邮件 ········· 259
11.5.1 Yagmail 简介 ········· 259
11.5.2 Yagmail 封装 ········· 261

11.6 报告和邮件整合 ········· 262
11.6.1 报告和邮件整合封装 ········· 262
11.6.2 报告和邮件整合封装应用 ········· 263

11.7 Unittestreport 基础 ········· 264
11.7.1 执行用例生成报告 ········· 264
11.7.2 失败用例重试 ········· 265
11.7.3 并发执行用例 ········· 266
11.7.4 发送邮件 ········· 269
11.7.5 发送钉钉群消息 ········· 270

11.8　Unittestreport 封装 …… 272
11.9　本章总结 …… 273

第 12 章　Selenium Grid 实战 …… 274

12.1　Java 环境搭建 …… 274
　　12.1.1　Java 简介 …… 274
　　12.1.2　JDK 安装 …… 274
　　12.1.3　环境变量设置 …… 275
12.2　Grid 基础 …… 277
　　12.2.1　Grid 下载 …… 277
　　12.2.2　启动 hub …… 278
　　12.2.3　启动 node …… 278
　　12.2.4　脚本运行 …… 280
　　12.2.5　多线程 …… 281
12.3　Grid 实战 …… 282
　　12.3.1　修改 run() 方法 …… 282
　　12.3.2　修改 BaseCase 类 …… 282
　　12.3.3　修改 MyDriver 类 …… 283
　　12.3.4　修改测试用例类 …… 284
　　12.3.5　Grid 实战总结 …… 284
12.4　本章总结 …… 285

第 13 章　Gitee 代码管理 …… 286

13.1　Gitee 基础 …… 286
　　13.1.1　Gitee 注册 …… 286
　　13.1.2　Gitee 配置 SSH 公钥 …… 286
　　13.1.3　Gitee 新建仓库 …… 288
13.2　Git 基础 …… 289
　　13.2.1　Git 下载并安装 …… 289
　　13.2.2　Git 命令 …… 291
13.3　PyCharm 中 Git 操作 …… 295
　　13.3.1　PyCharm 安装 Gitee 插件 …… 295
　　13.3.2　PyCharm 添加 Gitee 账号 …… 296
　　13.3.3　PyCharm 创建 Git 仓库 …… 297
　　13.3.4　PyCharm 将文件上传到 Gitee …… 298
13.4　本章总结 …… 301

第 14 章　Jenkins 持续集成 302

- 14.1　Jenkins 安装 302
- 14.2　Jenkins 工作目录 306
- 14.3　Jenkins 拉取代码 309
  - 14.3.1　新建 Gitee 工程 309
  - 14.3.2　安装 Gitee 插件 310
  - 14.3.3　配置 Gitee 310
  - 14.3.4　获取 Gitee 私人令牌 312
  - 14.3.5　新建 Jenkins 项目 312
- 14.4　Jenkins 定时构建 314
- 14.5　Jenkins 部署测试框架 315
  - 14.5.1　框架代码部署分析 315
  - 14.5.2　Jenkins 构建命令编写 316
  - 14.5.3　框架代码报错分析 317
- 14.6　Jenkins 远程部署 318
  - 14.6.1　Windows 远程服务器安装 SSH 服务 318
  - 14.6.2　Jenkins 安装 SSH 插件 320
  - 14.6.3　Jenkins 远程部署 322
- 14.7　本章总结 324

第 1 章 自动化测试简介

学习知识之前,读者应该养成一种提问的好习惯,只有把自己的疑问都解决了,才能更好地学习到知识,从而更好地开展工作。以自动化测试为例,读者首先需要考虑的问题最少应该有 3 点。什么是自动化测试?什么项目适合 UI 自动化测试?UI 自动化测试会用到什么工具和语言?先从整体上了解自动化测试,再根据 UI 自动化测试所需的内容逐个击破,最后进行自我总结,这样才能学习得更加深入。

1.1 什么是自动化测试

自动化测试顾名思义就是将人的工作交给代码自动来完成,通常自动化测试工程师写好代码并设置好预期结果,只要单击一下运行或定时运行自动化代码,过一段时间就可以完成测试、输出测试报告、将邮件发送给相关人员。相关人员只需打开邮件进行查看,就可以很清晰地了解到此次自动化测试执行了哪些用例、有多少用例成功、有多少用例失败等信息。使用自动化测试可以大大减少测试工程师的重复性工作,可以降低测试人员成本,提升测试效率。

自动化测试的难点在于需要测试人员具有一定的编码能力,这让很多功能测试人员望而却步,但其实这也正是读者迈向高薪的一个很好的机会,所谓的机遇与挑战并存。

自动化测试都有哪些?自动化测试一共分三层,从下至上分别是单元测试、接口自动化、UI 自动化,如图 1-1 所示。在实际工作中,UI 自动化测试和接口自动化测试基本上每个公司都会做,但单元测试一般公司是不会让测试人员来做的。因为单元测试需要测试人员完全理解开发人员的代码,这不仅需要测试人员有代码编写能力,还需要项目有充分的时间让测试人员了解开发人员的代码。由于在公司中每个项目的时间都很有限,所以一般公司会安排开发人员进行单元测试工作。

图 1-1 自动化测试分层

1.2　UI自动化测试应用场景

笔者在国企时测试过一个国外项目,项目工期为一年,到项目后期每次修改Bug后都要对原有的核心功能进行一次回归测试,这样大量的重复性劳动导致组内人员身心疲惫,所以决定引入UI自动化测试来解决此问题。当时引入的是比较流行的自动化测试工具QTP,自动化脚本投入使用后,完美地解决了每日核心功能回归测试的问题。

除了在测试过程中进行UI自动化测试以外,还可以在每次项目上线之后对项目核心功能进行UI自动化回归测试,确保新版本上线之后不会影响原有核心功能。

从上述例子中笔者总结出具备以下特征的项目比较适合UI自动化测试。

(1) 项目周期长,有时间开发自动化脚本。

(2) 项目前端代码稳定,不会有很大的变化。

(3) 测试组内人员有开发自动化脚本能力。

UI自动化测试不仅能解决重复性回归问题,还可以用来造数据。记得以前测试教育平台项目时,每次测试需要造100道试题,当时没有接口测试积累,自动化测试当时已经投入使用,所以决定使用UI自动化来造数据。使用UI自动化后,在很短的时间内就可以自动建好100条数据,大大节省了人力,省了时间。

1.3　UI自动化测试工具及框架

在多年工作当中,笔者主要用到两个UI自动化测试工具,这两个工具也是市面上最常见的工具,分别是UFT(QTP)和Selenium,其中UFT的功能更加强大,可以测试PC端软件,也可以测试Web应用程序,而Selenium只能测试Web应用程序。根据经验,笔者简单地总结了二者的区别,以便读者在后期工作当中知道如何选择UI自动化测试工具,见表1-1。

表1-1　UI自动化测试工具简单对比

工　　具	是否开源	可测软件	能 力 要 求
UFT	商用	PC端、Web	不要求会开发语言
Selenium	开源	Web	要求会开发语言

根据工具的特点笔者总结出以下结论,使用UFT进行UI自动化测试,虽然可以测试不同的应用程序,但它需要花费一定的费用,所以此工具比较适合于资金充足的大公司。相反,Selenium开源,不需要花费任何费用,所以近些年来Selenium更受测试人员的喜爱,虽然对测试人员的要求会高一些,但是学起来还是非常容易的,目前Selenium是各个公司做

UI自动化测试的首选。

本书讲解的也是开源 UI 自动化测试工具 Selenium，笔者不仅使用 Python 语言调用 Selenium 来完成 UI 自动化测试，还对 Selenium 进行了二次封装，并且搭建了一套完善的 UI 自动化测试框架，如图 1-2 所示。UI 自动化测试框架自下而上的整体思路如下。

（1）首先读者需要先从底层开始学起，其中 Python 语言是测试开发人员最常用的语言，Selenium 需要使用 Python 语言来调用；Unittest 是单元测试框架，笔者将使用它来组织测试用例。

（2）学习了 Python 和 Selenium 以后，读者就可以跟着笔者一起一步一步地搭建属于自己的 UI 自动化测试框架了。框架内容主要包括 Selenium WebDriver 二次封装、DDT 数据驱动和 PageObject 设计模式；框架的其他细节包括用例编写、用例组织、配置文件、日志文件、报告文件、邮件发送、钉钉消息发送等。

（3）最后封装好的自动化测试框架可支持不同的浏览器，包括主流的 Chrome 和 Firefox。

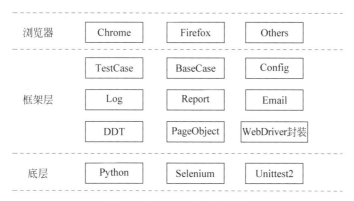

图 1-2　Selenium 自动化框架

以上是对 Selenium UI 自动化测试框架的整体分析，读者可能并不理解具体在讲什么，笔者将会在接下来的章节中带领读者逐个学习自动化测试框架所涉及的知识。在学习自动化测试框架的过程中会遇到很多问题，笔者也将在书中进行一一解答，目的是让读者在学习完本书后能真正应用到实际工作当中。

另外，Python 语言不仅可以结合 Selenium 进行 UI 自动化测试脚本开发，也可以结合 requests 模块进行接口自动化测试脚本开发，还可以结合 Locust 进行性能自动化测试脚本开发。这些测试脚本的开发都需要对脚本进行封装，而封装的思想与本书讲述的 UI 自动化测试封装类似，所以读者应该按本书中的内容多多实践，将本书的封装思想和封装细节吃透，这样可以为以后学习接口自动化、性能测试打下坚实基础。

1.4 本章总结

本章主要是对 UI 自动化测试做了一个整体介绍,虽然没有具体代码,但也是重点内容之一。在面试过程中经常会被问及为什么要做 UI 自动化测试、自动化测试框架如何封装等问题,这些问题已经在本章中给读者进行了整体分析。读者学习完后边的章节之后可以再回来看一下本章的整体分析,相信到时候会了解得更加透彻,面试时也会更加得心应手。

第 2 章 Windows 系统下环境搭建

本书是通过 Python 调用 Selenium 实现 UI 自动化测试的，所以在开始写代码之前，读者需要先安装 Python，并安装提高开发效率的 Python IDE 工具 PyCharm。

2.1 Python 安装

读者可以访问 Python 官网 https://www.python.org/，单击 Downloads 按钮，选择 Windows，在 Stable Release 列下载稳定的 64 位或 32 位版本 release 包。如果读者不知道如何进入具体的下载页面，则可以直接访问 https://www.python.org/downloads/windows/，在 Stable Release 列找到需要的 Python 版本进行下载。

笔者使用的是 Windows 64 位计算机，所以选择的是 64 位的 Windows 安装包，这里笔者选择的是 Python 3.9.5 版本，如图 2-1 所示，选择 Download Windows installer(64-bit)。

- Python 3.9.5 - May 3, 2021
  Note that Python 3.9.5 *cannot* be used on Windows 7 or earlier.
  - Download Windows embeddable package (32-bit)
  - Download Windows embeddable package (64-bit)
  - Download Windows help file
  - Download Windows installer (32-bit)
  - Download Windows installer (64-bit)

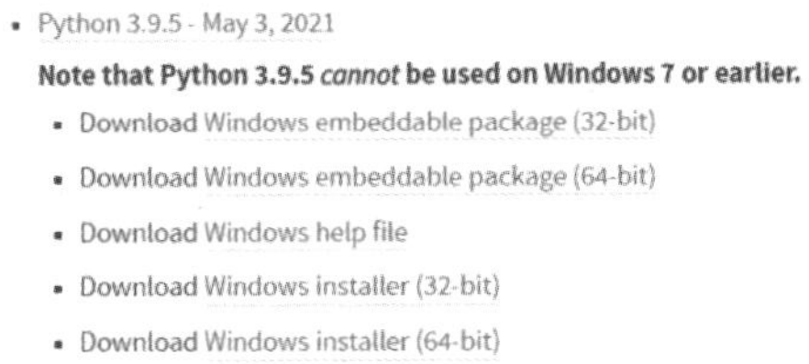

图 2-1　Python 安装包下载

下载完 Python 安装包后开始进行安装。Python 的安装与其他软件的安装没有太大区别，这里不再赘述。读者唯一需要注意的是需要把 Python 加入环境变量，如图 2-2 所示，需要勾选 Add Python 3.9 to PATH。

如果在 Python 安装过程中忘记添加环境变量选项，读者则可以使用鼠标右击"此计算机"图标，选择"属性"，在打开页面中选择"高级系统设置"，然后在弹框中选择"环境变量"，打开环境变量设置窗口。在系统变量 Path 中添加 Python 安装路径及安装路径下的 Scripts 即可，如图 2-3 所示。

安装完成后，读者可以在命令行工具中输入 python 命令来验证安装是否成功，如果出现 Python 版本号等信息，则表示安装成功且环境变量设置成功，如图 2-4 所示。

图 2-2　Python 加入环境变量

图 2-3　Python 设置环境变量

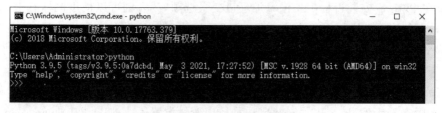

图 2-4　Python 安装后验证

2.2 PyCharm 安装

PyCharm 是 JetBrains 家族的 IDE(Integrated Development Environment)集成开发环境，PyCharm 可以帮助读者在进行 Python 开发时提高工作效率，其提供了智能提醒、自动补全、语法高亮等功能。读者可以到官网 https://www.jetbrains.com/pycharm/进行下载，下载时需要选择 Professional 版本。在安装过程中需要注意几点，如图 2-5 所示。

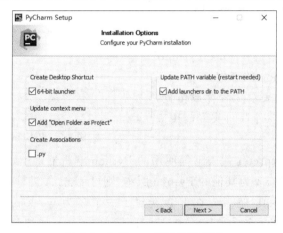

图 2-5　PyCharm 安装注意事项

（1）勾选 Create Desktop Shortcut→64-bit launcher。表示创建桌面快捷方式。

（2）勾选 Update context menu →Add "Open Folder as Project"。表示打开文件夹时作为项目打开。

（3）勾选 Update PATH variable(restart needed) →Add launchers dir to the PATH。表示设置环境变量，需要重启生效。

笔者将 PyCharm 的环境变量设置在用户环境变量里面，如图 2-6 所示。如果安装时没有勾选加入环境变量，则可以参考图中的内容自行设置。环境变量设置路径已经在安装 Python 时讲解过，这里不再赘述。

图 2-6　PyCharm 环境变量

2.3　PyCharm 新建工程

打开 PyCharm 之后,第一件事是新建一个工程,后期在此工程进行代码的编写和学习。新建工程需要选择 Create New Project,如图 2-7 所示。

选择新建工程后会出现工程选择页面,此处读者需要注意以下几点。

(1) 如果在左边列中选择 Pure Python,则表示这是一个纯 Python 的工程。

(2) 右边 Location 表示工程存放位置,一般情况下笔者会新建一个文件夹专门用来存放 Python 工程。

图 2-7　PyCharm 新建工程

(3) 右边 Base interpreter 代表工程使用的 Python 解析器,默认会自动选择已经安装的 Python,如果读者想修改为其他的 Python 版本,则可单击...进行修改。

根据上面的注意事项,笔者先在 E 盘新建了一个名为 workspace 的文件夹,然后选择该文件夹,并将工程命名为 MySelenium,直接单击 Create 按钮创建工程,如图 2-8 所示。

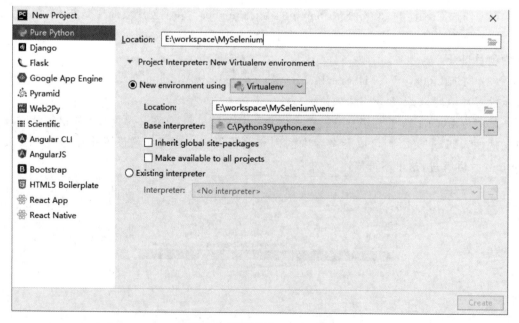

图 2-8　新建纯 Python 工程

2.4 Python第1行代码

8min

安装好了Python和Python IDE工具PyCharm后,读者就可以在工程文件夹MySelenium下右击新建Python File进行代码编写了。笔者在MySelenium工程文件上右击并选择New,Python Package表示新建包,包中可以包含多个文件,在实际工作中相关文件会被放在同一个包下。Python File表示新建Python文件,在Python文件中可以编写具体的Python代码,如图2-9所示。

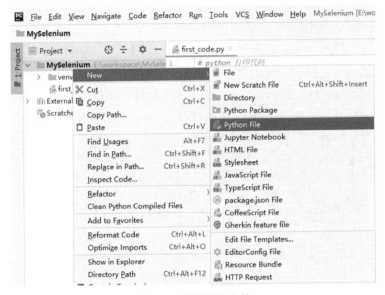

图2-9 新建包和文件

笔者新建了一个名为first_code.py的Python文件,在文件中编写了两行内容。第1行用#开头,在Python中表示单行注释,目的是解释代码的含义。第2行是print()方法,用途是在控制台打印出方法中的内容,如图2-10所示。

图2-10 Python代码

接下来笔者在first_code文件上右击,选择Run first_code运行该文件,然后在PyCharm的控制台中就可以看到执行结果了,如图2-11所示。

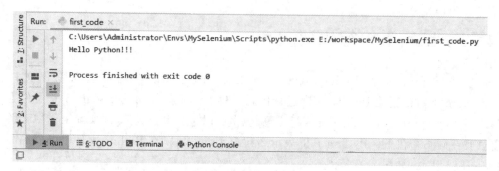

图 2-11　Python 执行结果

2.5　本章总结

　　环境搭建是学习语言的基础,在后续的 UI 自动化测试开发中,笔者会一直使用这套环境进行代码的开发。另外,接口自动化、性能自动化、测试平台开发所使用的环境也是一样的,所以读者在开始编码之前一定要先搭建好环境。

第 3 章 Python 基础

本章默认读者没有 Python 基础,所以讲述的 Python 知识比较详细,目的在于满足后期 UI 自动化测试框架开发的需要,如果读者已经有一定的 Python 基础,则可以自行跳过本章。如果想更详细地了解 Python 的基础知识,则建议读者购买一本 Python 基础教程进行系统学习。

3.1 Python 命名规则

开发语言中变量、方法、类都涉及命名问题,在 Python 语言中,命名会遵循一定的规则,具体如下:
(1) 命名时只能使用英文单词、下画线、数字。
(2) 命名时可以使用英文单词或下画线开头,但下画线开头有特殊的含义,不能乱用。
(3) 命名时不能与系统或第三方模块重名。
(4) 命名时类名称的首字母需要大写。
(5) 命名时需要见名知意。

3.2 Python 注释

注释用来解释变量、方法、类的含义,目的是让不熟悉代码的人可以通过注释信息快速地理解代码。Python 语言的注释分为两种,一种为单行注释,另一种为多行注释,具体如下。

(1) 单行注释:使用 # 表示。单行注释可以作为单独的一行放在被注释代码行之上,也可以放在语句或表达式之后,具体如下:

```
#这是单行注释
```

(2) 多行注释:使用 3 个单引号或 3 个双引号表示。当注释内容过多时会导致一行无法显示全部内容,此时就可以使用多行注释,具体如下:

```
"""
这是多行注释1
"""
'''
这是多行注释2
'''
```

注释不是为了描述代码，所以注释不是越多越好。因为一般阅读代码的人了解 Python 语法，只不过不知道代码具体要做什么事情，所以在实际开发过程中读者只需注释较为复杂或难以理解的代码。

3.3 Python 变量和数据类型

变量指的是在程序运行过程中可以改变的量，也是程序在运行时临时存储数据的地方。Python 变量在定义时不需要指明数据类型，只需写明变量，然后用等号赋值。如果想知道变量的数据类型，则可以使用 type()方法对变量数据类型进行查看。

3.3.1 常用变量定义

在本节中，笔者仅介绍变量的定义和简单的用法，目的是让读者对变量有个初步的认识，后面章节中笔者会针对不同变量进行详细讲解。

1. 字符串

字符串变量是应用最为广泛的变量，例如读者可以将名字赋值给字符串变量，代码如下：

```
//第3章/new_python/my_python_1.py
name = "栗子软件测试"
print("变量name 类型为{}".format(type(name)))
print("变量name 的值为{}".format(name))

#执行结果
变量name 类型为<class 'str'>
变量name 的值为栗子软件测试
```

示例中，笔者将名字赋值给了 name 变量，并且名字加了双引号，表示字符串。为了查看变量具体是什么类型，笔者使用 type()方法打印变量 name 的数据类型，结果为<class 'str'>，表示 name 变量是字符串类型。

另外，笔者在打印时还使用了 format()方法，该方法是字符串格式化方法。使用 format()方法时，方法中的参数会替换字符串中的{}，format()方法中如果有多个参数，则需要使用逗号分隔。

2. 数字

数字变量分为整型(int)、浮点型(float)、布尔型(bool)、复数(complex)，读者可以主要关注常用的整型、浮点型、布尔型变量，代码如下：

```
//第3章/new_python/my_python_1.py
age = 18
score = 99.5
pass_or_not = True
print("变量 age 的类型为{}".format(type(age)))
print("变量 age 的值为{}".format(age))
print("变量 score 的类型为{}".format(type(score)))
print("变量 score 的值为{}".format(score))
print("变量 pass_or_not 的类型为{}".format(type(pass_or_not)))
print("变量 pass_or_not 的值为{}".format(pass_or_not))

#执行结果
变量 age 的类型为<class 'int'>
变量 age 的值为 18
变量 score 的类型为<class 'float'>
变量 score 的值为 99.5
变量 pass_or_not 的类型为<class 'bool'>
变量 pass_or_not 的值为 True
```

示例中，笔者定义了 age 变量，表示年龄，赋值为 18；定义了 score 变量，表示分数，赋值为 99.5；定义了 pass_or_not 变量，表示是否及格，赋值为 True。从执行结果可以看出，age 变量是整型 int；score 变量是浮点型 float；pass_or_not 变量是布尔类型 bool。

其中整型表示整数，包含 0 和正负整数；浮点型由整数部分和小数部分组成；布尔类型的值为 True 或 False，可以用来控制程序的流程，例如，如果判断条件成立（True），则执行方法 1，如果条件不成立（False），则执行方法 2。

3. 元组

元组元素写在圆括号中，元组可以包含一个或多个元素。如果元组有多个元素，则元素之间用逗号分隔；如果元组只有一个元素，则元素后边必须加上逗号。一般不需要改动的数据会定义在元组中，例如在配置文件中定义数据库的信息，代码如下：

```
//第3章/new_python/my_python_1.py
db_tuple = ('127.0.0.1', 3306, 'admin', 123456)
print("变量 db_tuple 的类型为{}".format(type(db_tuple)))
print("变量 db_tuple 中的第 1 个值为{}".format(db_tuple[0]))
print("变量 db_tuple 中的第 1 个值的类型为{}".format(type(db_tuple[0])))

#执行结果
变量 db_tuple 的类型为<class 'tuple'>
变量 db_tuple 中的第 1 个值为 127.0.0.1
变量 db_tuple 中的第 1 个值的类型为<class 'str'>
```

示例中，笔者将数据库的 IP 地址、端口号、用户名、密码放在一个元组中，其中 IP 地址和用户名是字符串类型，端口号和密码是整型，说明元组中可以包含不同的数据类型。

从执行结果可以看出，变量 db_tuple 的类型为<class 'tuple'>，表示元组。笔者还打印了元组中的第 1 个元素的值 db_tuple[0]，结果是 127.0.0.1。说明元组中元素是有序的，并且第 1 个元素的下标是 0。

那么仅包含一个元素的元组为什么需要在元素后面加逗号呢？笔者接下来简单地进行演示说明，代码如下：

```
//第 3 章/new_python/my_python_1.py
tuple_1 = ('127.0.0.1')
tuple_2 = ('127.0.0.1',)
print("变量 tuple_1 的类型为{}".format(type(tuple_1)))
print("变量 tuple_2 的类型为{}".format(type(tuple_2)))

#执行结果
变量 tuple_1 的类型为<class 'str'>
变量 tuple_2 的类型为<class 'tuple'>
```

示例中，笔者定义了两个变量 tuple_1 和 tuple_2，两个变量都写在圆括号中，并且都包含一个元素，其中 tuple_1 元素后边没有加逗号，tuple_2 元素后边加了一个逗号，笔者打印了两个变量的数据类型。从执行结果可以看出，Python 认为 tuple_1 变量是字符串，tuple_2 变量才是包含一个元素的元组。

4. 列表

列表元素写在方括号中，可以包含一个或多个元素，多个元素之间也需要用逗号分隔。跟元组一样，列表也可以包含不同类型的元素，也可以使用下标获取对应位置的元素，下标还是从 0 开始。不同的是当列表中只有一个元素时，该元素后边不需要添加逗号。

如果需要将学生信息保存到列表中，则该如何实现呢？代码如下：

```
//第 3 章/new_python/my_python_1.py
stu_list = ["栗子软件测试", 18, 99.5, True]
print("变量 stu_list 的类型为{}".format(type(stu_list)))
print("变量 stu_list 中的分数值为{}".format(stu_list[2]))
print("变量 stu_list 中的分数类型为{}".format(type(stu_list[2])))

#执行结果
变量 stu_list 的类型为<class 'list'>
变量 stu_list 中的分数值为 99.5
变量 stu_list 中的分数类型为<class 'float'>
```

示例中，笔者将前面例子中的字符串和数字类型的变量都写在方括号中，从而组成了列表，说明列表可以包含不同类型的变量。从执行结果可以看出，变量 stu_list 的类型是<class 'list'>，表示列表。笔者还打印了列表中下标为 2 的元素，打印结果是学生的分数 99.5，说明列表的下标也是从 0 开始的。

5. 集合

集合元素写在花括号中，也可以包含一个或多个元素，多个元素之间使用逗号隔开。集合中的元素是无序的，所以不能使用下标来找到集合中的元素。笔者将学生信息列表改用

集合实现,看一下 Python 会报什么错误,代码如下:

```
//第 3 章/new_python/my_python_1.py
stu_set = {"栗子软件测试", 18, 99.5, True}
print("变量 stu_set 的类型为{}".format(type(stu_set)))
print("变量 stu_set 中的分数值为{}".format(stu_set[2]))
print("变量 stu_set 中的分数类型为{}".format(type(stu_set[2])))

#执行结果
变量 stu_set 的类型为<class 'set'>
TypeError: 'set' object does not support indexing
```

示例中,笔者将学生信息写在花括号中,赋值给了 stu_set 变量。从执行结果可以看出,变量类型为<class 'set'>,表示集合。当使用下标打印集合的第 3 个元素时,系统报错 'set' object does not support indexing,意思是集合不支持下标操作,所以如果读者想要通过下标获取某个元素就不能使用集合,但可以使用元组或列表。

6. 字典

字典元素也写在花括号中,但元素为 key:value 格式,读者可以根据字典的 key 获得对应的 value 值。当学生信息使用字典来保存时,读者就可以根据字典的 key 更明确地获得相应的 value 值,代码如下:

```
//第 3 章/new_python/my_python_1.py
stu_dict = {'name':'栗子软件测试', 'age':18, 'score':99.5, 'pass_or_not':True}
print("变量 stu_dict 的类型为{}".format(type(stu_dict)))
print("变量 stu_dict 中的分数值为{}".format(stu_dict['score']))

#执行结果
变量 stu_dict 的类型为<class 'dict'>
变量 stu_dict 中的分数值为 99.5
```

示例中,笔者将学生信息使用 key:value 的格式写在花括号中,赋值给了 stu_dict 变量。从执行结果可以看出,变量的类型为<class 'dict'>,表示字典。当笔者需要获取学生的分数时,只需使用 stu_dict['score']格式便可以获取分数值。

7. 总结

从以上的示例中读者会发现变量赋值非常简单,只需使用变量名=变量值的格式,但不同变量的定义还是有一些需要注意的地方,总结如下:

(1) 布尔类型变量的值为 True 或 False。
(2) 在元组、列表、字典、集合中可以存放不同类型的值,如数字、字符串等。
(3) 字典和集合都使用花括号{}表示,但字典中存放的是键-值对形式 key:value。

除了可以正常地定义变量外,读者还需要注意如何定义空变量。例如字典和集合都用花括号表示,那么定义空字典和空集合时应该如何进行区别呢? 笔者对空变量的定义简单地进行了总结,见表 3-1。

表 3-1 Python 常用空变量定义

变 量	空变量定义	备 注
字符串(sting)	str = '' 或 str = ""	单引号或双引号均可
元组(tuple)	my_tuple = ()	空元组用圆括号定义
列表(list)	my_list = []	空列表用方括号定义
集合(set)	my_set = set()	空集合定义比较特殊
字典(dict)	my_dict = {}	空字典用花括号定义

3.3.2 变量数据类型分类

在 3.3.1 节中读者已经熟悉了 Python 常用变量的定义,接下来笔者将对变量的数据类型简单地进行总结及分类。

Python 变量数据类型分为 6 种,包括 number(数字)、string(字符串)、tuple(元组)、list(列表)、set(集合)、dictionary(字典),其中 number 数据类型包含 int(整型)、float(浮点型)、bool(布尔型)、complex(复数)。这 6 种数据类型分为两类,即可变数据类型和不可变数据类型。不可变数据类型表示当此类型变量的数值发生变化时,变量内存地址也会改变;可变数据类型表示当此类型变量的数值发生变化时,变量内存地址不变。变量内存地址可以使用 id()方法获取。为了方便记忆,笔者将数据类型列出,见表 3-2。

表 3-2 Python 数据类型

数据类型分类	数 据 类 型	特 点
不可变数据类型	number、string、tuple	当不可变数据类型值变化时,内存地址也会变化
可变数据类型	list、set、dictionary	当可变数据类型值变化时,内存地址不会变化

1. 不可变数据类型

笔者以 int 变量为例演示不可变数据类型的特点,代码如下:

```
//第 3 章/new_python/my_python_2.py
x = 10
print("变量 x 的值为{}".format(x))
print("变量 x 的数据类型是:{}".format(type(x)))
print("变量 x 的内存地址是:{}".format(id(x)))
x = 20
print("变量 x 的值为{}".format(x))
print("变量 x 的数据类型是:{}".format(type(x)))
print("变量 x 的内存地址是:{}".format(id(x)))

#执行结果
变量 x 的值为 10
变量 x 的数据类型是:<class 'int'>
变量 x 的内存地址是:1535476112
变量 x 的值为 20
变量 x 的数据类型是:<class 'int'>
变量 x 的内存地址是:1535476432
```

示例中，笔者使用 id()方法获取了变量的内存地址，当 x 从 10 变为 20 时，内存地址从 1535476112 变为 1535476432，这就是不可变数据类型的特点。

2. 可变数据类型

笔者以 list 变量为例演示可变数据类型的特点，代码如下：

```
//第 3 章/new_python/my_python_3.py
my_list = ['栗子', '软件']
print("my_list 的值为{}".format(my_list))
print("my_list 的类型为{}".format(type(my_list)))
print("my_list 的内存地址是:{}".format(id(my_list)))
my_list.append('测试')
print("my_list 的值为{}".format(my_list))
print("my_list 的类型为{}".format(type(my_list)))
print("my_list 的内存地址是:{}".format(id(my_list)))

#执行结果
my_list 的值为['栗子', '软件']
my_list 的类型为<class 'list'>
my_list 的内存地址是:2761082241672
my_list 的值为['栗子', '软件', '测试']
my_list 的类型为<class 'list'>
my_list 的内存地址是:2761082241672
```

示例中，笔者使用列表的 append()方法给 my_list 列表增加了一个元素，从执行结果可以看出，当 my_list 列表从两个元素变为 3 个元素时，内存地址始终是 2096013083272，这就是可变数据类型的特点。

3.4 Python 运算符

在编码过程中，不可避免地会对多个变量进行运算，如四则运算、比较运算、逻辑运算等，本节中笔者将会演示 Python 如何使用常用的运算符。

3.4.1 算术运算符

算术运算符顾名思义是对变量进行加、减、乘、除等运算，读者需要了解的是变量如何进行算术运算和计算后如何赋值。

1. 加法

Python 使用"＋"进行加法计算，加法表达式有两种写法，代码如下：

```
//第 3 章/new_python/my_python_4.py
#加法
x = 10
x = x + 1
print("x+1 的计算结果为{}".format(x))
y = 100
```

```
y += 1
print("y+1的计算结果为{}".format(y))

#执行结果
x+1的计算结果为11
y+1的计算结果为101
```

示例中,笔者采用了两种方式进行加法计算,一种是 x=x+1;另一种是 y+=1,从执行结果可以看出,这两种方式都可以实现加1计算。

2. 减法

Python 中减法计算也非常简单,只需使用"-"进行计算,代码如下:

```
//第 3 章/new_python/my_python_4.py
#减法
x = 10
x = x - 1
print("x-1的计算结果为{}".format(x))
y = 100
y -= 1
print("y-1的计算结果为{}".format(y))

#执行结果
x-1的计算结果为9
y-1的计算结果为99
```

示例中,笔者使用两种方式进行减法计算,和加法一样,两种方式都可以实现减1计算。

3. 乘法

Python 中乘法计算需要使用"*"进行计算,跟平常手写的乘法符号不一样,代码如下:

```
//第 3 章/new_python/my_python_4.py
#乘法
x = 10
x = x * 2
print("x*2的计算结果为{}".format(x))
y = 100
y *= 2
print("y*2的计算结果为{}".format(y))

#执行结果
x*2的计算结果为20
y*2的计算结果为200
```

示例中,乘法和加减法一样,也可以使用两种方式编写。

4. 除法

Python 的除法划分较细,一般分为 3 种情况。第 1 种除法无论是否整除结果均会保留小数;第 2 种除法会将结果向下取整;第 3 种除法会取除法的余数,代码如下:

```
//第3章/new_python/my_python_4.py
#除法
y = 100
y /= 2
print("y/2 的计算结果为{}".format(y))
#除法:向下整数
y = 99
y //= 2
print("y//2 的计算结果为{}".format(y))
#除法:取除法的余数
y = 99
y %= 2
print("y%2 的计算结果为{}".format(y))

#执行结果
y/2 的计算结果为 50.0
y//2 的计算结果为 49
y%2 的计算结果为 1
```

示例中,第 1 种除法使用"/"表示,100 除以 2 本应等于 50,但 Python 会保留小数点后一位,所以计算结果是 50.0;第 2 种除法使用"//"表示,99 除以 2 本应等于 49.5,但 Python 进行了向下取整,所以计算结果等于 49;第 3 种除法使用"%"表示,99 除以 2 本应等于 49 余数是 1,Python 直接取余数作为结果,所以计算结果等于 1。

5. 幂运算

Python 中使用"**"进行 x 的 n 次幂计算,代码如下:

```
//第3章/new_python/my_python_4.py
#x 的 n 次幂
x = 2
x **= 3
print("x 的 3 次幂, 计算结果为{}".format(x))

#执行结果
x 的 3 次幂, 计算结果为 8
```

示例中,笔者只使用了一种方式进行幂计算,读者可以根据前面的学习内容使用另外一种方式自行实验。

6. 总结

为了方便记忆,笔者对 Python 算术运算符的内容进行了总结,见表 3-3。

表 3-3　Python 算术运算符

算术运算符	描述	应用
+	加法	x += 1 或 x = x+1
−	减法	x −= 1 或 x = x−1
*	乘法	x *= 2 或 x = x*2

续表

算术运算符	描 述	应 用
/	除法	x /= 2 或 x = x/2
%	取除法的余数	x %= 2 或 x = x%2
//	除法向下整数	x //= 2 或 x = x//2
**	x 的 n 次幂	x **= 2 或 x = x**2

3.4.2 比较运算符

比较运算符也是很容易理解的,就是对两个变量进行比较。Python 比较运算符有 6 种,分别是等于(==)、不等于(!=)、大于(>)、小于(<)、大于或等于(>=)、小于或等于(<=),见表 3-4。

表 3-4 Python 比较运算符

比较运算符	描 述	应 用
==	等于	x==y
!=	不等于	x!=y
>	大于	x>y
>=	大于或等于	x>=y
<	小于	x<y
<=	小于或等于	x<=y

比较运算符一般会与分支语句一起使用,例如,如果比较结果满足条件,则执行代码 A,如果不满足条件,则执行代码 B。以等于为例,当两个变量值相等时结果会返回值 True,当两个变量值不相等时结果会返回值 False。接下来笔者将以等于和不等于为例,结合分支语句给读者简单演示比较运算符的用法,代码如下:

```
//第 3 章/new_python/my_python_5.py
#等于、不等于
x = 10
y = 100
if x != y:
    print(x != y)
    print('执行结果:x 不等于 y')

#执行结果
True
执行结果:x 不等于 y
```

示例中,笔者使用分支语句结合比较运算符进行了演示,虽然读者暂时还没有学习分支语句的知识,但从单词意思上也可以理解,if 语句的意思是如果条件成立,则打印比较结果和执行结果说明。

由于 x 等于 10,y 等于 100,所以两者一定是不相等的,执行结果中 x 和 y 不相等打印的是 True,表示 x 和 y 不相等。

3.4.3 逻辑运算符

Python 逻辑运算符有 3 种,分别是与(and)、或(or)、非(not),and 表示两个条件都必须满足,即两个条件都为 True;or 表示两个条件只要满足一个即可;not 表示取反,即当条件为 True 时加 not,则条件变为 False,见表 3-5。

表 3-5 Python 逻辑运算符

逻辑运算符	描述	应用
and	与	x and y
or	或	x or y
not	非	not x

逻辑运算符可以在分支语句中联合多个条件进行判断,可以构造在多个条件都满足的情况下执行代码 A 的场景,也可以构造在满足其中一个条件的情况下执行代码 A 的场景,具体如何使用逻辑运算符还要看在实际开发过程中需要满足哪些条件。根据逻辑运算符的分析,笔者构造了一些简单的场景进行演示,代码如下:

```
//第 3 章/new_python/my_python_6.py
# and
x = 10
y = 100
if x > 5 and y > 50:
    print('and 执行结果:x 大于 5,并且 y 大于 50')
# or
x = 1
y = 100
if x > 5 or y > 50:
    print('or 执行结果:x 大于 5,或 y 大于 50')
# not
flag = False
if flag:
    print(flag)
if not flag:
    print(not flag)
    print('not 执行结果:flag 结果为 False')

# 执行结果
and 执行结果:x 大于 5,并且 y 大于 50
or 执行结果:x 大于 5,或 y 大于 50
True
not 执行结果:flag 结果为 False
```

在 and 运算符示例中,x 等于 10,y 等于 100,满足 x 大于 5 且 y 大于 50,所以可以正常打印结果;在 or 运算符示例中,x 等于 1,y 等于 100,满足 x 大于 5 或 y 大于 50 中的一个条件,也可以正常打印结果;在 not 运算符示例中,变量 flag 的初始值是 False,那么 not flag 的值就是 True,所以打印的是 not flag 分支判断后的语句。

3.4.4 成员运算符

成员运算符用来判断变量 x 是否在 y 序列中,其中 y 序列可以是字符串、列表、元组等,in 表示在序列内,not in 表示不在序列内,见表 3-6。

表 3-6 Python 成员运算符

成员运算符	描述	应用
in	在序列中	x in y
not in	不在序列中	x not in y

笔者分别使用字符串、元组、列表演示成员运算符的使用,代码如下:

```
//第 3 章/new_python/my_python_7.py
#在字符串内
db_port = "3306"
db_str = "端口号是:3306"
if db_port in db_str:
    print('执行结果:{}在 db_str 字符串内'.format(db_port))
#在元组内
db_ip = '127.0.0.1'
db_tuple = ('127.0.0.1', 3306, 'admin', '123456')
if db_ip in db_tuple:
    print('执行结果:{}在 db_tuple 元组内'.format(db_ip))
#不在列表内
web_port = 8080
db_list = ['127.0.0.1', 3306, 'admin', '123456']
if web_port not in db_list:
    print('执行结果:{}不在 db_list 列表内'.format(web_port))

#执行结果
执行结果:3306 在 db_str 字符串内
执行结果:127.0.0.1 在 db_tuple 元组内
执行结果:8080 不在 db_list 列表内
```

成员运算符一般与分支语句一起使用,笔者对字符串和元组使用了 in 判断,对列表使用了 not in 判断,代码内容相对简单,读者可以自行练习并尝试理解。

3.4.5 身份运算符

身份运算比较的是对象的内存地址,is 表示内存地址相同,is not 表示内存地址不同,见表 3-7。

表 3-7 Python 身份运算符

身份运算符	描述	应用
is	内存地址相同	x is y
is not	内存地址不同	x is not y

笔者以字符串和列表为例，演示变量在值相同的情况下内存地址是否相同，代码如下：

```
//第3章/new_python/my_python_8.py
#字符串
db_ip = "127.0.0.1"
mysql_ip = "127.0.0.1"
if db_ip is mysql_ip:
    print('db_ip 和 mysql_ip 的内存地址相同')
if db_ip == mysql_ip:
    print('db_ip 和 mysql_ip 的值相同')
print(id(db_ip))
print(id(mysql_ip))
#列表
db_info = ['127.0.0.1', 3306, 'admin', '123456']
mysql_info = ['127.0.0.1', 3306, 'admin', '123456']
if db_info is not mysql_info:
    print('db_info 和 mysql_info 的内存地址不同')
if db_info == mysql_info:
    print('db_info 和 mysql_info 的值相同')
print(id(db_info))
print(id(mysql_info))

#执行结果
db_ip 和 mysql_ip 的内存地址相同
db_ip 和 mysql_ip 的值相同
2248746912304
2248746912304
db_info 和 mysql_info 的内存地址不同
db_info 和 mysql_info 的值相同
2248746762888
2248746912392
```

示例中，笔者使用 id() 方法获取变量的内存地址，又使用了 == 来比较两个变量的值是否相等。得出的结论是，两个字符串变量的值相等、内存地址也相等；两个列表变量的值相等，但内存地址不相等。

3.5 Python 字符串

字符串在开发过程中是最常使用的，除了前面学到的简单的定义之外，字符串还有多种相关的操作，这些操作在实际工作中可以帮助读者解决很多问题，所以读者需要多多练习，以便在以后的工作中灵活应用。

3.5.1 字符串定义

首先简单复习一下 Python 中字符串的定义，使用单引号或双引号将内容引起来即可，代码如下：

```
//第 3 章/new_python/my_python_9.py
my_str1 = '栗子'
my_str2 = "测试"
print(type(my_str1))
print(type(my_str2))

#执行结果
<class 'str'>
<class 'str'>
```

在一般情况下两种定义字符串的方式并没有什么区别,但如果使用单引号定义字符串,同时字符串中包含英文的单引号,则使用单引号定义字符串就会报错,代码如下:

```
my_str1 = 'I'm 栗子'

#执行结果
SyntaxError: invalid syntax
```

示例中,定义字符串 my_str1 使用的是单引号,但单引号中还包含单引号。此时运行代码,Python 报错:SyntaxError: invalid syntax,表示语法错误。说明在单引号内不能包含多余的单引号。

如果想解决这个问题,读者则可以使用以下两种方式。方式一,使用单引号定义字符串,但在 I'm 中间的单引号前面加一个反斜杠,表示转义,即让 Python 把它当作一个单引号。方式二就更加简单,只需使用双引号定义包含单引号的字符串。这里比较推荐方式二,因为方法简单直接,代码如下:

```
//第 3 章/new_python/my_python_10.py
#转义
my_str1 = 'I\'m 栗子'
print(my_str1)
#使用双引号
my_str1 = "I'm 栗子"
print(my_str1)

#执行结果
I'm 栗子
I'm 栗子
```

3.5.2 字符串拼接

Python 字符串拼接通常使用两种方式。一种是使用加号进行拼接;另一种是在字符串中需要拼接内容处写{},然后使用 format()方法以参数形式按顺序填入相应值实现拼接。

在 Python 中使用加号进行拼接时,读者需要注意拼接变量的数据类型,如果多个字符串使用加号拼接,则 Python 可以正常处理,但如果对字符串和数字进行拼接,则 Python 会报错，代码如下：

```
//第 3 章/new_python/my_python_11.py
# score 为字符串类型
name = "栗子"
str = "的分数是:"
score = "60"
result = name + str + score
print(result)
# score 为数字类型
name = "栗子"
str = "的分数是:"
score = 60
result = name + str + score
print(result)

# 执行结果
栗子的分数是:60
TypeError: must be str, not int
```

示例中，笔者先将 name、str、score 变量都定义为字符串，然后使用加号进行拼接并赋值给 result 变量，执行结果可以正常输出，但如果笔者将 score 变量赋值为数字，再使用加号进行拼接并赋值给 result 变量，则执行代码后 Python 会提示 TypeError：must be str，not int，意思是整型和字符串不能使用加号进行拼接。

如果想要对整型和字符串进行拼接，则可以使用 format()方法，代码如下：

```
//第 3 章/new_python/my_python_12.py
name = "栗子"
str = "的分数是:"
score = 60
result = "{}{}{}".format(name, str, score)
print(result)

# 执行结果
栗子的分数是:60
```

示例中，result 变量在赋值时使用 3 个{}进行占位，然后使用 format()方法，此方法的参数依次为 name、str、score，表示拼接这 3 个变量。虽然 score 变量依然为整型，但执行结果并没有报错，这说明 format()方法可以对 int 类型和 str 类型的变量进行拼接，所以在变量拼接时推荐使用 format()方法。

3.5.3 字符串分割

在实际工作中，经常会遇到需要获取字符串中部分内容的情况。此时需要观察字符串的规律，然后使用 split()方法分割字符串，最终从字符串中得到需要的内容。例如想要从 3.5.2 节拼接好的字符串中提取分数，代码如下：

```
//第3章/new_python/my_python_13.py
score_info = "栗子的分数是:99"
score_info_list = score_info.split(":")
print(score_info_list)
print(score_info_list[1])

#执行结果
['栗子的分数是', '99']
99
```

示例中，score_info 变量值中分数和文字之间使用的是中文冒号，所以笔者使用 split() 方法时传入参数中文冒号进行分割，分割结果赋值给变量 score_info_list。从执行结果可以看出，分割结果是一个列表，笔者只需打印列表下标为 1 的元素，即可得到分数值。

3.5.4 字符串替换

字符串替换在实际工作中的应用也比较广泛，在 Python 中使用 replace() 方法指定被替换内容和替换内容后，即可简单地完成替换工作，代码如下：

```
//第3章/new_python/my_python_14.py
#字符串替换
my_url = "127.0.0.1:8000/v1/user/edit"
my_url2 = my_url.replace("/", "+")
print(my_url2)

#执行结果
127.0.0.1:8000+v1+user+edit
```

示例中，笔者需要将 url 中的斜杠替换成加号，于是使用 replace() 方法，replace() 方法中的第 1 个参数为被替换内容，第 2 个参数为替换内容。从执行结果可以看出"/"全部被替换成"+"。

3.5.5 字符串删除前后空格

有时获取的字符串前面或后面会包含空格，如果直接使用包含前后空格的字符串，则会出现报错，这就需要想办法去掉字符串的前后空格，此时可以使用 strip() 方法去掉字符串前后空格，代码如下：

```
//第3章/new_python/my_python_15.py
name = " 栗子 "
print(name)
name2 = name.strip()
print(name2)

#执行结果
  栗子
栗子
```

除了可以一次性去除左右空格外,也可以单独去除前边或后边的空格。去掉前面的空格可以使用 lstrip()方法;去掉后面的空格可以使用 rstrip()方法,代码如下:

```
//第 3 章/new_python/my_python_15.py
# 去掉前面、后面的空格
name = " 栗子 "
print(name)
name2 = name.lstrip()
print(name2)
name3 = name.rstrip()
print(name3)

# 执行结果
  栗子
栗子
  栗子
```

3.5.6 字符串大小写

在进行自动化测试时,如果让用户输入浏览器英文名决定使用哪个浏览器,读者就需要关注用户输入浏览器英文名大小写的问题了。用户的输入名字可能是大写的、可能是小写的、也可能是大小写混合的。此时要判断是哪个浏览器,就需要将用户输入内容转换为全部大写或全部小写进行比较,代码如下:

```
//第 3 章/new_python/my_python_16.py
# 转换成大写
browser = "Firefox"
if browser.upper() == "FIREFOX":
    print(browser.upper())
    print("使用火狐浏览器")
# 转换成小写
browser = "Chrome"
if browser.lower() == "chrome":
    print(browser.upper())
    print("使用谷歌浏览器")

# 执行结果
FIREFOX
使用火狐浏览器
chrome
使用谷歌浏览器
```

示例中,upper()方法表示将所以字母转换为大写,lower()方法表示将所有字母转换为小写。在实际工作中,为了避免由于大小写不一致带来的问题,一般情况下先对变量进行统一转换,然后进行比较。

3.6　Python 元组

元组是一种有序且不可更改的数据结构,即创建后不能对其进行修改,所以读者可以将一组不需要变化的数据保存在元组中。

3.6.1　元组定义

首先回顾一下元组的定义,主要关注的是空元组和只包含一个元素的元组,代码如下:

```
//第 3 章/new_python/my_python_18.py
#元组定义
my_tup1 = ()
my_tup2 = ("栗子",)
print(type(my_tup1))
print(type(my_tup2))

#执行结果
<class 'tuple'>
<class 'tuple'>
```

示例中,只包含一个元素的元组需要在元素后边加上逗号,如果不加逗号,Python 则会认为定义的是一个字符串,而不是元组。

3.6.2　元组访问

因为元组是有序的,所以读者可以使用下标来对其进行访问。元组的下标是从 0 开始的,所以在访问元组中的第 1 个元素时需要使用下标 0,代码如下:

```
#元组访问
my_tup = ('10.20.30.40', 8888, 'lizi', '123456')
print(my_tup[0])

#执行结果
10.20.30.40
```

3.6.3　元组遍历

元组的遍历一般使用两种方法,一种是使用 for 循环进行遍历;另一种是使用 for 循环结合 range()方法进行遍历。当然元组的遍历还有很多方法,但笔者在这里只介绍最常用的这两种方法。

1. for 循环遍历元组

for 循环遍历的格式是: for 变量 in 元组。在 for 循环的过程中,元组中的每个元素会被赋值给变量,这样读者就可以根据需求去使用这个变量了,代码如下:

```
//第3章/new_python/my_python_19.py
#元组遍历:for
db_info = ('127.0.0.1', 3306, 'admin', 123456)
for item in db_info:
    print(item)

#执行结果
127.0.0.1
3306
admin
123456
```

示例中,笔者使用for循环对数据库信息元组db_info进行了遍历,在遍历过程中将元组中的元素赋值给item变量,每循环一次打印一次item变量。从执行结果可以看出,for循环共执行了4次,按顺序,每次循环打印元组中的一个值。

2. for结合range()方法遍历元组

此种遍历方法的格式是:for i in range(len(元组)),其中range()方法用于根据所传参数生成一系列连续的整数,len()方法用于获取元组的长度。

1) range()方法含义

首先读者需要了解一下range(len(元组))的含义,代码如下:

```
db_info = ('127.0.0.1', 3306, 'admin', 123456)
print(range(len(db_info)))

#执行结果
range(0, 4)
```

示例中,笔者直接打印了range(len(db_info)),由于len(db_info)方法得到元组的长度是4,所以执行结果是range(0,4),表示返回0到4的整数。由于range()方法也是左闭右开的,所以返回的整数是0、1、2、3。

2) for结合range()方法遍历元组

熟悉了range()方法后,读者就可以结合for循环来遍历元组了,代码如下:

```
//第3章/new_python/my_python_19.py
#元组遍历:for + range()
db_info = ('127.0.0.1', 3306, 'admin', 123456)
for i in range(len(db_info)):
    print(db_info[i])

#执行结果
127.0.0.1
3306
admin
123456
```

示例中,for每次循环会把range()方法返回的整数赋值给变量i,笔者使用变量i充当元组的下标,这样就可以达到遍历元组的目的了。从执行结果可以看出,笔者通过下标成功地打印了元组中所有的元素。

3.6.4 字符串切片

字符串切片简单理解就是提取字符串中的部分字符。要学会字符串切片,首先需要知道字符串中字符的下标。字符串正向下标从 0 开始,反向下标从 −1 开始,如图 3-1 所示。

如果读者想获取字符串中的第 1 个位置的内容,则只需使用下标 0。如果读者想获取字符串中的某几个位置的内容,则需要写明开始位置下标和结束位置下标,并且两个下标中间用冒号分隔。例如 3.5.3 节获取学员分数的例子,使用字符串切片也可以实现,代码如下:

图 3-1　Python 字符串中字符下标

```
//第 3 章/new_python/my_python_17.py
#字符串切片:获取第 1 个字
score_info = "栗子的分数是:98"
first = score_info[0]
print(first)
#字符串切片:获取分数
score_info = "栗子的分数是:98"
score = score_info[7:9]
print(score)

#执行结果
栗
98
```

示例中,score_info[0]表示获取字符串中的第 1 个位置的内容;score_info[7:9]表示从左到右,获取字符串中第 7 个位置到第 8 个位置的内容。由于切片区间是左闭右开的,所以在获取第 7 个位置到第 8 个位置的内容时结束位置要写 9,不然无法获取第 8 个位置的内容。

当读者获取分数时,也可以从右到左进行反向获取,不过读者需要记住,反向的初始下标为 −1。根据左闭右开的规则,在获取分数时右边不能写 −1,代码如下:

```
//第 3 章/new_python/my_python_17.py
#字符串切片:反向获取
score_info = "栗子的分数是:98"
score = score_info[-2:]
print(score)

#执行结果
98
```

示例中,笔者并没有写结束位置内容,从执行结果来看,可以正确地获取想要的分数,说明写法并没有问题。那么如果结束位置写 −1,则结果会如何呢?读者可以参考上面的代码

3.7 Python 列表

列表是一种有序且可改变的数据结构。如果既想保存一组数据,又想在需要时改变其中的某个数据,就可以将数据保存在列表中。

3.7.1 列表定义及访问

同元组一样,读者需要首先关注空列表和只包含一个元素的列表,代码如下:

```
//第3章/new_python/my_python_20.py
#列表定义
my_list1 = []
my_list2 = ['栗子']
print(type(my_list1))
print(type(my_list2))

#执行结果
<class 'list'>
<class 'list'>
```

列表跟元组一样,也是有序的,所以读者可以继续使用下标对列表进行访问,代码如下:

```
#列表访问
db_info = ['127.0.0.1', 3306, 'admin', 123456]
print(db_info[0])

#执行结果
127.0.0.1
```

3.7.2 列表增、删、改操作

列表与元组的不同在于列表可以对其中的元素进行操作,包括增、删、改,所以列表在实际工作中应用得更加广泛,读者应该熟悉列表的基本操作。

1. 列表新增操作

列表新增元素的方式有两种,一种是在列表的末尾追加一个元素;另一种是在指定下标位置插入一个元素。

1) 追加

在列表末尾追加元素使用append()方法,将追加内容作为append()方法的参数传入即可,代码如下:

```
#列表追加
db_info = ['127.0.0.1', 3306, 'admin', 123456]
```

```
db_info.append("栗子测试")
print(db_info)
#执行结果
['127.0.0.1', 3306, 'admin', 123456, '栗子测试']
```

示例中,笔者使用append()方法在db_info列表的最后追加了一个字符串,从执行结果可以看出,通过追加操作将字符串追加到列表的最后。

2) 插入

在列表的指定位置插入元素使用insert()方法。此方法需要传入两个参数,第1个参数表示要插入的位置;第2个参数表示要插入的元素内容,代码如下:

```
#列表插入
db_info = ['127.0.0.1', 3306, 'admin', 123456]
db_info.insert(0, "栗子测试")
print(db_info)

#执行结果
['栗子测试', '127.0.0.1', 3306, 'admin', 123456]
```

示例中,笔者使用insert()方法在下标为0的位置插入了一个字符串,从执行结果可以看出,通过插入操作将字符串插入列表的第1个位置。

2. 列表修改操作

列表修改操作非常简单,只需找到需要修改的元素,然后对其重新赋值。例如想要修改数据库列表中的用户名,代码如下:

```
#列表修改
db_info = ['127.0.0.1', 3306, 'admin', 123456]
db_info[2] = 'lizi'
print(db_info)

#执行结果
['127.0.0.1', 3306, 'lizi', 123456]
```

示例中,笔者观察数据库列表中用户名的下标是2,所以笔者对my_list[2]重新进行赋值。从执行结果可以看出,通过重新赋值数据库列表,用户名已经被修改。

3. 列表删除操作

删除列表元素的方法比较多,如删除最后一个元素、删除指定下标的元素、根据元素值删除元素、清空列表等。

1) 删除最后一个元素

删除最后一个元素只需使用pop()方法,pop()方法不需要传入任何参数,代码如下:

```
#列表修改
db_info = ['127.0.0.1', 3306, 'admin', 123456]
db_info.pop()
```

```
print(db_info)

# 执行结果
['127.0.0.1', 3306, 'admin']
```

示例中,笔者调用 pop()方法,表示删除最后一个元素。从执行结果可以看出,db_info 列表中最后一个元素已经被删除。

2) 删除指定下标的元素

删除指定下标的元素也可使用 pop()方法,只不过方法中需要传参数,参数内容为需要删除元素的下标,代码如下:

```
# 删除指定下标的元素
db_info = ['127.0.0.1', 3306, 'admin', 123456]
db_info.pop(1)
print(db_info)

# 执行结果
['127.0.0.1', 'admin', 123456]
```

示例中,笔者调用 pop()方法时传入的参数为 1,表示需要删除 db_info 列表中下标为 1 的元素,即删除端口号。从执行结果可以看出,db_info 列表中端口号已经被删除。

3) 删除指定元素

当删除指定元素时需要使用 remove()方法,该方法的参数是需要删除的元素值,代码如下:

```
# 删除指定元素
db_info = ['127.0.0.1', 3306, 'admin', 123456]
db_info.remove(123456)
print(db_info)

# 执行结果
['127.0.0.1', 3306, 'admin']
```

示例中,笔者调用 remove()方法且传入参数为密码,从执行结果可以看出,db_info 列表中密码已经被删除。

3.7.3 列表遍历

列表遍历方式也有很多种,笔者在这里只介绍两种最常用的方式。一种是使用 for 循环进行遍历;另一种是使用 for 循环结合 range()方法进行遍历。这两种遍历方式和元组中介绍的遍历方式相同,相信读者一看便能了解其中的含义。

1. for 循环遍历列表

使用 for 循环遍历时,每次循环都会将元素赋值给变量 item,读者可以按需使用 item 变量,代码如下:

```
# 列表遍历:for
db_info = ['127.0.0.1', 3306, 'admin', 123456]
for item in db_info:
    print(item)

# 执行结果
127.0.0.1
3306
admin
123456
```

2. for 结合 range() 方法遍历列表

使用 range() 方法生成一系列整数,并将整数赋值给循环变量 i,读者可以根据下标 i 使用列表元素,代码如下:

```
//第 3 章/new_python/my_python_24.py
# 列表遍历:for + range()
db_info = ['127.0.0.1', 3306, 'admin', 123456]
for i in range(len(db_info)):
    print(db_info[i])

# 执行结果
127.0.0.1
3306
admin
123456
```

3.8 Python 集合

集合是一种无序且不可重复的数据结构,所以读者可以将一组不需要排序的数据放在集合中。

3.8.1 集合定义及访问

空集合需要使用 set() 来定义,将非空集合数据写在花括号内即可,代码如下:

```
//第 3 章/new_python/my_python_25.py
# 集合定义
my_set1 = set()
my_set2 = {'栗子'}
print(type(my_set1))
print(type(my_set2))

# 执行结果
```

```
<class 'set'>
<class 'set'>
```

集合还有一个不可重复的特性,即当集合中有相同的元素时,只保留一个。例如数据库信息集合中包含两个端口号3306,那么打印时只会保留一个,代码如下:

```
#集合不可重复
db_info = {'127.0.0.1', 3306, 'admin', 123456, 3306}
print(db_info)

#执行结果
{123456, 3306, 'admin', '127.0.0.1'}
```

另外,由于集合是无序的,所以不能用下标访问,如果使用下标访问,则会报错,代码如下:

```
#使用集合下标访问
db_info = {'127.0.0.1', 3306, 'admin', 123456}
print(db_info[0])

#执行结果
TypeError: 'set' object does not support indexing
```

3.8.2 集合应用

集合在实际工作中应用得比较少,应用集合的场景也不是对集合进行增、删遍历,而是使用集合进行去重、获取两个集合的交集、获取两个集合的并集等,所以笔者在本节只会简单地介绍集合的实际应用,不再介绍集合的增、删遍历操作。

1. 集合去重

例如需要将列表中的数据去重,在不考虑列表顺序的情况下,可以先将列表转换成集合,然后将集合转换成列表,即可达到去重的目的,代码如下:

```
//第3章/new_python/my_python_26.py
#列表去重
db_info = ['127.0.0.1', 3306, 'admin', 123456, 123456, 123456]
db_info_set = set(db_info)
print(type(db_info_set))
print(db_info_set)
db_info_list = list(db_info_set)
print(type(db_info_list))
print(db_info_list)

#执行结果
<class 'set'>
{123456, 3306, '127.0.0.1', 'admin'}
<class 'list'>
[123456, 3306, '127.0.0.1', 'admin']
```

示例中,笔者想要对 db_info 列表数据进行去重操作。笔者先使用 set()方法将列表转换成集合,从执行结果可以看出,转换成集合后重复内容会被自动删除,然后笔者使用 list()方法再将集合转换成列表,从执行结果可以看出,集合可以被正常转换成列表且元素已经去重,但列表中的元素顺序发生了改变,所以读者在使用此方法进行去重时一定要考虑列表顺序是否允许打乱。

2. 集合交集

求两个集合的交集需要使用 intersection()方法,格式为集合 A.intersection(集合 B)。通过获取交集操作可以得一个新的集合,集合中的元素是集合 A 和集合 B 中都存在的元素,代码如下:

```
//第 3 章/new_python/my_python_27.py
# 集合交集
my_set1 = {'10.20.30.40', 8888, 'lizi', '123456'}
my_set2 = {'192.168.0.100', 3306, 'lizi', '123456'}
print(my_set1.intersection(my_set2))

# 执行结果
{'lizi', '123456'}
```

示例中,my_set1 和 my_set2 相同的内容为用户名和密码元素,笔者使用 intersection()方法获取两个集合的交集。从执行结果可以看出,获取交集得到的新集合为用户名和密码的集合。

3. 集合并集

求两个集合的并集需要使用 union()方法,格式为集合 A.union(集合 B)。通过获取并集操作可以得到一个新的集合,集合中的元素是两个集合的所有元素,其中重复元素只保留一个,代码如下:

```
//第 3 章/new_python/my_python_27.py
# 集合并集
db_info = {'127.0.0.1', 3306, 'admin', 123456}
web_info = {'https://www.lizi.com', 8080, 'admin', 123456}
result = db_info.union(web_info)
print(type(result))
print(result)

# 执行结果
<class 'set'>
{123456, 3306, '127.0.0.1', 'admin', 8080, 'https://www.lizi.com'}
```

示例中,db_info 和 web_info 相同的内容为用户名和密码元素,笔者使用 union()方法获取两个集合的并集。从执行结果可以看出,获取并集得到的新集合包含两个集合的所有元素,并且对两个集合中的相同元素进行了去重操作。

4. 集合差集

求两个集合的差集需要使用 difference()方法,格式为集合 A.difference(集合 B),返回

的是集合 A 中与集合 B 不相同的元素的集合,代码如下:

```
//第3章/new_python/my_python_27.py
#集合差集
db_info = {'127.0.0.1', 3306, 'admin', 123456}
web_info = {'https://www.lizi.com', 8080, 'admin', 123456}
result = db_info.difference(web_info)
print(type(result))
print(result)
result = web_info.difference(db_info)
print(type(result))
print(result)

#执行结果
<class 'set'>
{'127.0.0.1', 3306}
<class 'set'>
{8080, 'https://www.lizi.com'}
```

示例中,db_info.difference(web_info)返回的是 db_info 与 web_info 不同的元素的集合,web_info.difference(db_info)返回的是 web_info 与 db_info 不同的元素的集合。

3.8.3 元组列表集合的区别

学了元组、列表、集合这 3 种类似的数据结构后,笔者对这 3 种数据结构的特点进行了总结,以便读者有效地进行记忆,见表 3-8。

表 3-8 Python 元组、列表、集合区别

数 据 结 构	特　　点	下 标 访 问
元组	有序、可重复、只读	可以
列表	有序、可重复、读写	可以
集合	无序、不可重复、读写	不可以

3.9 Python 字典

11min

字典是一种可变容器,可以存储任意类型的数据。字典的格式为{key:value},其中 key 是不可以重复的。

3.9.1 字典定义

当定义空字典时,可以直接使用空的花括号;当定义非空字典时,字典中的数据需要使用 key:value 格式,代码如下:

```
//第3章/new_python/my_python_28.py
#空字典
db_info = {}
```

```
print(type(db_info))
#非空字典
db_info = {'host':'127.0.0.1', 'port':3306, 'username':'admin', 'password':123456}
print(type(db_info))
print(db_info)

#执行结果
<class 'dict'>
<class 'dict'>
{'host': '127.0.0.1', 'port': 3306, 'username': 'admin', 'password': 123456}
```

当字典中的 key 重复时 Python 并不会报错,而是只保存字典中最后一个键-值对,忽略前面的重复内容,代码如下:

```
//第 3 章/new_python/my_python_28.py
#key 重复
db_info = {'host':'127.0.0.1', 'port':3306, 'username':'admin', 'password':123456, 'host':'https://www.lizi.com'}
print(db_info)

#执行结果
{'host': 'https://www.lizi.com', 'port': 3306, 'username': 'admin', 'password': 123456}
```

示例中,笔者在字典中添加了两个同样的键 host,但两个 host 赋值不同,目的是分辨当键相同时字典保存的是哪一个。从执行结果可以看出,字典保存的是后面的 host。

3.9.2 字典访问

由于字典中元素是以 key:value 格式存放的,所以直接使用 key 进行访问即可得到对应的 value 值,而不需要考虑顺序问题,代码如下:

```
//第 3 章/new_python/my_python_29.py
#字典访问
db_info = {'host':'127.0.0.1', 'port':3306, 'username':'admin', 'password':123456}
print(db_info['username'])

#执行结果
admin
```

除了可以直接使用 key 进行访问外,还可以通过 get()方法传入参数 key 进行访问,此方法不常用,读者只需了解,代码如下:

```
//第 3 章/new_python/my_python_29.py
#get()方法访问
db_info = {'host':'127.0.0.1', 'port':3306, 'username':'admin', 'password':123456}
print(db_info.get('username'))

#执行结果
admin
```

3.9.3 字典增、删、改操作

字典是 key:value 结构的,所以字典的增、删、改都可以围绕 key 进行。

1. 字典新增操作

字典新增只需新增 1 个 key,并且给这个 key 赋值,格式为字典[key] = value,代码如下:

```
//第3章/new_python/my_python_30.py
#字典新增
db_info = {'host':'127.0.0.1'}
db_info['port'] = 3306
print(db_info)

#执行结果
{'host': '127.0.0.1', 'port': 3306}
```

示例中,笔者新增键 port 并赋值为 3306,从执行结果可以看出,字典新增 port 成功了。

2. 字典修改操作

修改字典需要先确认修改数据的 key 是什么,然后对该 key 重新赋值即可,代码如下:

```
//第3章/new_python/my_python_30.py
#字典修改
db_info = {'host':'127.0.0.1'}
db_info['host'] = 'https://www.lizi.com'
print(db_info)

#执行结果
{'host': 'https://www.lizi.com'}
```

示例中,笔者对 host 进行了重新赋值,从执行结果可以看出,字典中 host 值发生了相应改变。

3. 字典删除操作

删除操作也需要先确认删除数据的 key 是什么,然后使用 pop() 方法将参数传入 key 即可,代码如下:

```
//第3章/new_python/my_python_30.py
#字典删除
db_info = {'host':'127.0.0.1', 'port':3306, 'username':'admin', 'password':123456}
db_info.pop('host')
print(db_info)

#执行结果
{'port': 3306, 'username': 'admin', 'password': 123456}
```

示例中,笔者调用 pop() 方法且传入的 key 为 host,从执行结果可以看出,字典中的 host 被删除。

3.9.4 字典遍历

字典遍历比较特殊,读者可以单独遍历字典的 key,也可以单独遍历字典的 value,还可以一起遍历字典的 key 和 value。

1. 遍历字典 key

遍历字典 key 时需要使用字典的 keys()方法获取字典所有键组成的可迭代对象,然后使用 for…in…语句进行遍历,代码如下:

```
//第 3 章/new_python/my_python_31.py
#遍历字典 key
db_info = {'host':'127.0.0.1', 'port':3306, 'username':'admin', 'password':123456}
for key in db_info.keys():
    print(key)

#执行结果
host
port
username
password
```

示例中,笔者调用 keys()方法获取 db_info 列表所有的 key 值,并在每次循环时进行打印。从执行结果可以看出,db_info 列表的 key 值全部正确地被打印了。

2. 遍历字典 value

同遍历字典 key 一样,遍历字典 value 时需要先使用字典的 values()方法获取字典的所有值组成的可迭代对象,然后使用 for…in…语句进行遍历,代码如下:

```
//第 3 章/new_python/my_python_31.py
#遍历字典 value
db_info = {'host':'127.0.0.1', 'port':3306, 'username':'admin', 'password':123456}
for value in db_info.values():
    print(value)

#执行结果
127.0.0.1
3306
admin
123456
```

示例中,笔者调用 values()方法获取 db_info 列表所有的 value 值,并在每次循环时进行打印。从执行结果可以看出,db_info 列表的 value 值全部正确地被打印了。

3. 遍历字典 key 和 value

当遍历字典的 key 和 value 时,需要先使用字典的 items()方法获取字典的所有 key 和 value 组成的可迭代对象,然后使用 for…in…语句进行遍历,代码如下:

```
//第3章/new_python/my_python_31.py
# 遍历字典的 key 和 value
db_info = {'host':'127.0.0.1', 'port':3306, 'username':'admin', 'password':123456}
for item in db_info.items():
    print(item)

# 执行结果
('host', '127.0.0.1')
('port', 3306)
('username', 'admin')
('password', 123456)
```

示例中,遍历时将字典的 key 和 value 当作了一个整体,即 item,从执行结果可以看出,每次循环 item 的值时获取的是 key 和 value 组成的元组。

读者也可以每次遍历时分别获取 key 和 value 的值,代码如下:

```
//第3章/new_python/my_python_31.py
# 遍历字典 key 和 value
db_info = {'host':'127.0.0.1', 'port':3306, 'username':'admin', 'password':123456}
for key,value in db_info.items():
    print("key 是:{};value 是:{}".format(key, value))

# 执行结果
key 是:host;value 是:127.0.0.1
key 是:port;value 是:3306
key 是:username;value 是:admin
key 是:password;value 是:123456
```

示例中,笔者将 for 循环中的 item 改为 key,value,这样在每次循环时可以先单独获取 key 或 value 的值,然后进行使用。从执行结果可以看出,获取的内容不再是元组。

3.10 Python 分支和循环

分支和循环在测试开发过程中是必不可少的,在实际工作中需要通过分支来判断应该执行哪些语句,通过循环来多次执行一些语句。前面内容中读者已经见过一些分支和循环的用法,本节中笔者将会对分支和循环的用法进行细化。

3.10.1 分支

分支很简单,即如果条件为 True,则执行语句 A,如果条件为 False,则执行语句 B。接下来笔者以计算学生的成绩为例,使用分支语句按照不同的分数打印不同的成绩。

在演示之前,笔者先简单地定义分数和成绩的关系,见表 3-9。

表 3-9 大学生成绩表

分　　数	成　　绩
90～100	优
80～89	良
60～79	中
60 以下	差

1. 单分支结构

单分支结构只包含一个 if 关键字。当条件成立时执行 if 关键字下面的代码,代码如下:

```
#单分支结构
score = 90
if 100 >= score >= 90:
    print('成绩:优')

#执行结果
成绩:优
```

示例中,笔者使用分支语句判断分数是否大于或等于 90、小于或等于 100,如果满足条件,则成绩为优。由于笔者将分数定义为 90,所以执行结果为优。

2. 双分支结构

双分支结构包含一个 if 关键字和一个 else 关键字。当条件成立时执行 if 关键字下的代码;当条件不成立时执行 else 关键字下的代码,代码如下:

```
//第 3 章/new_python/my_python_32.py
#双分支结构
score = 80
if 100 >= score >= 90:
    print('成绩:优')
else:
    print('成绩:不是优')

#执行结果
成绩:不是优
```

示例中,笔者假设分数大于或等于 90、小于或等于 100 成绩为优,否则成绩不是优,所以在 if 关键字下的语句中打印优,在 else 关键字下的语句中打印不是优。由于笔者此次将分数定义为 80,所以执行结果为不是优。

3. 多分支结构

多分支结构包含 if 关键字、elif 关键字和 else 关键字,其中 elif 关键字可以包含多个,用于处理多个条件判断,代码如下:

```
//第 3 章/new_python/my_python_32.py
#多分支结构
```

```
score = 70
if 100 >= score >= 90:
    print('成绩:优')
elif 90 > score >= 80:
    print('成绩:良')
elif 80 > score >= 60:
    print('成绩:中')
elif 60 > score >= 0:
    print('成绩:差')
else:
    print('成绩输入不正确')

# 执行结果
成绩:中
```

示例中,笔者使用 if 关键和 elif 关键字进行了多次成绩判断,最后还使用 else 关键字进行错误提示。由于笔者此次将分数定义为 70,符合成绩大于或等于 60、小于 80 的判断,所以执行结果为中。

4. 嵌套分支结构

嵌套分支结构是前面提到的分支结构的综合应用,代码如下:

```
//第 3 章/new_python/my_python_32.py
# 嵌套分支结构
score = 'a'
if isinstance(score, int) and 100 >= score >= 0:
    if 100 >= score >= 90:
        print('成绩:优')
    elif 90 > score >= 80:
        print('成绩:良')
    elif 80 > score >= 60:
        print('成绩:中')
    elif 60 > score >= 0:
        print('成绩:差')
else:
    print('请输入 0~100 的整数!')

# 执行结果
请输入 0~100 的整数!
```

示例中,笔者使用了 isinstance()方法,该方法的作用是判断一个对象是不是想要的数据类型。该方法需要传两个参数,第 1 个参数是用户输入的对象;第 2 个参数是期望的数据类型。那么 isinstance(score,int)就表示判断用户输入的 score 变量是不是 int 类型,如果是 int 类型,则返回值为 True,如果不是 int 类型,则返回值为 False。

理解了 isinstance()方法后,示例中嵌套分支结构的意义就变得比较清晰了。外层分支判断用户输入的分数是不是整数,并且值在 0~100,如果用户输入正确,则进行内层分数判断,最终输出成绩;如果用户输入错误,则直接提示用户需要输入 0~100 的整数。

3.10.2 循环

Python 中有两种循环方式，一种是 for 循环，另一种是 while 循环。前面的小节中笔者已经使用 for 循环对元组、列表、字典进行了遍历，本节中还会介绍如何跳出 for 循环和继续 for 循环的操作，然后使用 while 循环实现与 for 循环同样的功能。

1. for 循环

for 循环的格式为 for 迭代变量 in 迭代对象，其中迭代对象可以是有序列表，也可以是 range()方法定义的范围；迭代变量在循环过程中根据迭代对象的范围发生变化。

1) 基本用法

这里笔者还是以遍历字典为例带读者复习 for 循环的基本用法，代码如下：

```
//第 3 章/new_python/my_python_33.py
#遍历字典
db_info = {'host':'127.0.0.1', 'port':3306, 'username':'admin', 'password':123456}
for key,value in db_info.items():
    print("key是:{};value是:{}".format(key, value))

#执行结果
key是:host;value是:127.0.0.1
key是:port;value是:3306
key是:username;value是:admin
key是:password;value是:123456
```

2) continue 命令

continue 命令的作用是跳过此次循环，进入下一次循环。例如当遍历字典时如果 key 等于 host，则进入下一次循环，如果 key 不等于 host，则打印 key 和 value，此时就需要使用 continue 命令，代码如下：

```
//第 3 章/new_python/my_python_33.py
#continue
db_info = {'host':'127.0.0.1', 'port':3306, 'username':'admin', 'password':123456}
for key,value in db_info.items():
    if key == "host":
        continue
    print("key是:{};value是:{}".format(key, value))

#执行结果
key是:port;value是:3306
key是:username;value是:admin
key是:password;value是:123456
```

示例中，笔者在循环语句中使用分支语句判断 key 是否等于 host，如果等于，则调用 continue 命令进入下一次循环，如果不等于，则打印 key 和 value 的值。

3) break 命令

break 命令的作用是结束循环，不再遍历后边的内容。例如在遍历字典时如果 key 等

于 username,则结束循环,此时需要使用 break 命令实现,代码如下:

```
//第3章/new_python/my_python_33.py
# break
db_info = {'host':'127.0.0.1', 'port':3306, 'username':'admin', 'password':123456}
for key,value in db_info.items():
    if key == "username":
        break
    print("key是:{};value是:{}".format(key, value))

# 执行结果
key是:host;value是:127.0.0.1
key是:port;value是:3306
```

示例中,笔者在循环语句中使用分支语句判断 key 是否等于 username,如果等于,则调用 break 语句终止循环,如果不等于,则打印 key 和 value 的值。

4)嵌套循环

在实际工作中有时需要两个 for 循环进行嵌套使用,例如 Excel 表格中有 3 行数据,每行有两个值,获取每个值并进行打印,代码如下:

```
//第3章/new_python/my_python_33.py
# 嵌套循环
for i in range(1, 4):
    for j in range(1, 3):
        print('第{}行, 第{}个数据'.format(i, j))

# 执行结果
第1行, 第1个数据
第1行, 第2个数据
第2行, 第1个数据
第2行, 第2个数据
第3行, 第1个数据
第3行, 第2个数据
```

示例中,外层循环执行一次,内层循环会执行两次,这就是嵌套循环的执行过程。读者需要多加练习,以便理解嵌套循环的用法和执行过程。

5)总结

一般情况下会使用 for 循环进行各种遍历,并且每种遍历方式略有不同,尤其是字典的遍历更为特殊,为了方便记忆,笔者做了总结,见表 3-10。

表 3-10 for 循环总结

循环要求	循环代码
循环5次	for i in range(0, 5)
遍历元组	for item in my_tup
结合 range()方法遍历元组	for i in range(0, len(my_tup))
遍历列表	for item in my_list

续表

循 环 要 求	循 环 代 码
结合 range()方法遍历列表	for i in range(len(my_list))
遍历字典 key	for key in my_dict.keys()
遍历字典 value	for value in my_dict.values()
遍历字典 key 和 value	for key, value in my_dict.items()
遍历字典中的每个元素	for item in my_dict.items()

2. while 循环

while 循环的格式为 while 条件。当条件为真时执行循环,直到条件不满足时停止循环。本节中仅介绍 while 循环遍历列表和字典,在实际工作中还是 for 循环使用得比较多。

1) 遍历列表

当使用 while 循环时需要关注两个问题,一个是循环几次;另一个是循环时如何获取列表数据,代码如下:

```
//第 3 章/new_python/my_python_34.py
#while 循环遍历列表
db_info = ['127.0.0.1', 3306, 'admin', 123456]
i = 0
while i < len(db_info):
    print(db_info[i])
    i = i + 1


#执行结果
127.0.0.1
3306
admin
123456
```

示例中,笔者在 while 循环的外边定义了一个 i 变量作为循环变量,当 i 小于列表长度时执行循环,每次循环后对 i 进行加 1 操作,确保循环次数正常、循环取值正常。如果读者不进行 i 加 1 操作,则 i 一直等于 0,并且一直小于列表长度,即循环条件一直为 True,这样就会出现死循环现象,结果会一直打印列表的第 1 个值。当多次循环后,i 的值不再小于列表长度时,while 循环就结束了。

2) 遍历字典

由于字典是 key:value 格式,所以为了确保在循环过程中可以使用 key 获取对应的 value 值,首先需要考虑获得字典中的每个 key,代码如下:

```
//第 3 章/new_python/my_python_34.py
#while 循环遍历字典
db_info = {'host':'127.0.0.1', 'port':3306, 'username':'admin', 'password':123456}
keys = list(db_info.keys())
i = 0
while i < len(keys):
```

```
        key = keys[i]
        print("key 是:{};value 是:{}".format(key, db_info[key]))
        i = i + 1

# 执行结果
key 是:host;value 是:127.0.0.1
key 是:port;value 是:3306
key 是:username;value 是:admin
key 是:password;value 是:123456
```

示例中,笔者先使用字典 keys()方法获得字典中所有的 key,然后使用 list()方法得到 key 的列表,目的是通过列表有序的特性进行循环。循环过程中笔者使用下标获取 keys 列表中的每个 key,再通过 key 获取对应的 value 值,这样就达到了获取 key 和 value 的目的。

3) continue 和 break 命令

while 循环中继续循环和终止循环的命令和 for 循环中的一样,即都使用 continue 和 break 命令,代码如下:

```
//第 3 章/new_python/my_python_34.py
# continue
db_info = {'host':'127.0.0.1', 'port':3306, 'username':'admin', 'password':123456}
keys = list(db_info.keys())
i = 0
while i < len(keys):
    key = keys[i]
    i = i + 1
    if key == 'host':
        print("continue")
        continue
    print("key 是:{};value 是:{}".format(key, db_info[key]))

# 执行结果
continue
key 是:port;value 是:3306
key 是:username;value 是:admin
key 是:password;value 是:123456
```

示例中,笔者在通过 i 获取 key 后,就进行了 i 加 1 操作,目的是无论 Python 执行跳出循环代码,还是执行打印 key 和 value 代码都可以做到对 i 进行加 1 操作。当然读者可以先在 continue 命令上方进行 i 加 1 操作,然后在打印下方进行 i 加 1 操作,这样也可以达到目的。如果是初学阶段,则读者完全不用考虑如何实现得更好的问题,代码能达到目的即可,随着代码学习、应用的深入读者写的代码自然会变得更合理。

break 命令的代码跟 continue 命令代码类似,这里笔者只进行演示,不再进行详细讲解,代码如下:

```
//第 3 章/new_python/my_python_34.py
# break
```

```
db_info = {'host':'127.0.0.1', 'port':3306, 'username':'admin', 'password':123456}
keys = list(db_info.keys())
i = 0
while i < len(keys):
    key = keys[i]
    i = i + 1
    if key == 'username':
        print("break")
        break
    print("key是:{};value是:{}".format(key, db_info[key]))

#执行结果
key是:host;value是:127.0.0.1
key是:port;value是:3306
break
```

3.10.3　分支循环综合应用

冒泡排序就是一个很好的分支循环综合应用的例子，而且在进行招聘面试时也是一个会经常考的算法题。例如有一个列表 my_list = [5，4，2，3，1]，需要使用冒泡排序算法对列表元素以从小到大的顺序进行排序。

冒泡排序的做法是先用列表中的第 1 个值与第 2 个值进行对比，如果第 1 个值大于第 2 个值，则第 1 个值和第 2 个值调换位置，否则不进行任何操作，然后用第 2 个值与第 3 个值进行比较，如果第 2 个值大于第 3 个值，则第 2 个值和第 3 个值调换位置，否则不进行任何操作，以此类推。所有元素都比较完一轮后，列表的最后一个元素就是值最大的元素了，即已经排好序了，然后重复上述比较操作，但每次重复不需要再比较已经排好序的元素，直到没有需要比较的元素为止，代码如下：

```
//第3章/new_python/my_python_35.py
#冒泡排序
my_list = [5, 4, 3, 2, 1]
for i in range(len(my_list) - 1):
    print(i)
    for j in range(len(my_list) - 1 - i):
        if my_list[j] > my_list[j + 1]:
            my_list[j], my_list[j + 1] = my_list[j + 1], my_list[j]
        print("i={}; j={}; my_list={}".format(i, j, my_list))

#执行结果
0
i=0; j=0; my_list=[4, 5, 3, 2, 1]
i=0; j=1; my_list=[4, 3, 5, 2, 1]
i=0; j=2; my_list=[4, 3, 2, 5, 1]
i=0; j=3; my_list=[4, 3, 2, 1, 5]
1
```

```
i = 1; j = 0; my_list = [3, 4, 2, 1, 5]
i = 1; j = 1; my_list = [3, 2, 4, 1, 5]
i = 1; j = 2; my_list = [3, 2, 1, 4, 5]
2
i = 2; j = 0; my_list = [2, 3, 1, 4, 5]
i = 2; j = 1; my_list = [2, 1, 3, 4, 5]
3
i = 3; j = 0; my_list = [1, 2, 3, 4, 5]
```

示例中，外层 for 循环中 range(len(my_list)−1) 表示循环次数为列表长度减 1，内层 for 循环的比较次数需要根据外层循环确定，因为内层 for 循环执行完最大数就会放在列表的最后，这样以后就不需要对其进行比较了，所以内层 for 循环的范围是 range(len(my_list)−1−i)。

当前一个数大于后一个数时，笔者对两个数据的位置进行调换，即 my_list[j]，my_list[j+1] = my_list[j+1]，my_list[j]，这是 Python 定义、赋值两个变量的一种写法，可以对两个数赋值进行调换。最后从执行结果可以看出，经过冒泡排序后，列表最后按照从小到大的顺序排序成功。

3.11　Python 方法

前面学习的代码都是在一个文件中按照顺序编写并执行的，如果读者想在其他文件中再次使用这些代码，则需要将代码复制粘贴一份才可以使用。在实际工作中经常会重复使用某些代码，此时就需要把代码封装成方法，在使用时直接调用该方法即可。

3.11.1　Python 方法简介

Python 中方法的定义很简单，格式为 def 方法名()。如果方法需要接收用户输入，则可以给方法添加参数；如果方法需要将结果返回给用户，则可以在方法体内添加 return 进行返回。例如要求编写一个加法方法，用户可以输入两个数，最终得到两个数相加的结果，代码如下：

```
//第 3 章/new_python/test_add.py
# 加法方法
def my_add(x, y):
    return x + y

if __name__ == "__main__":
    add_result = my_add(2, 3)
    print("加法计算的结果是:{}".format(add_result))

# 执行结果
加法计算的结果是:5
```

示例中,笔者定义了加法 my_add()方法,用户在使用时只需输入 x 和 y 即可得到加法计算结果,其中 x 和 y 是方法 my_add()的参数,return x+y 表示此方法返回 x+y。笔者调用 my_add()方法,传入参数 2 和 3 表示想要计算 2 加 3,最终 my_add()方法返回计算结果 5。

3.11.2 Python 程序入口

Python 程序的入口方法只有一个,即只有一个文件的 __name__ 等于 __main__。如果文件的 __name__ 不等于 __main__,则该文件中的代码不会被执行。

一般情况下在文件中需要执行的代码都会写在 if __name__ == "__main__"下面,当文件是被执行文件时,__name__值等于 __main__,否则文件 __name__值等于文件名。

笔者新建一个 test_name1.py 文件,执行该文件以查看 __name__ 变量的值,代码如下:

```
//第 3 章/new_python/test_name1.py
#加法
def my_add(x, y):
    print("test_name1 文件中__name__的值是:{}".format(__name__))
    return x + y

if __name__ == "__main__":
    add_result = my_add(2, 3)
    print("加法计算的结果是:{}".format(add_result))

#执行结果
test_name1 文件中__name__的值是:__main__
加法计算的结果是:5
```

示例中,在执行结果中会打印出 __name__ 的值为 __main__,所以文件中的代码会被执行,加法执行的结果为 5。

笔者再新建一个 test_name2.py 文件,在该文件中导入 test_name1.py 文件中的 my_add()方法进行使用,然后分别打印两个文件中的 __name__ 变量,代码如下:

```
//第 3 章/new_python/test_name2.py
from new_python.test_name1 import my_add

if __name__ == "__main__":
    print("test_name2 文件中__name__的值是:{}".format(__name__))
    add_result = my_add(20, 30)
    print("加法计算的结果是:{}".format(add_result))

#执行结果
test_name2 文件中__name__的值是:__main__
test_name1 文件中__name__的值是:new_python.test_name1
加法计算结果是:50
```

示例中,from…import…表示从…导入…方法,笔者导入了 test_name1.py 文件中的 my_add()方法在 test_name2.py 文件中使用。从执行结果可以看出,test_name2.py 的

__name__变量值等于__main__，test_name1.py 的__name__变量值等于文件名，所以 test_name1.py 的代码没有被执行。

3.11.3　Python 模块导入

3.11.2 节已经使用了 from…import…方式在 test_name2.py 文件中导入了 test_name1.py 文件中的 my_add()方法。本节讲解如何导入文件和如何导入文件中的方法。

1. 导入模块

导入模块的格式为 import 包名.文件名 as 别名。只要读者将模块的路径和模块名编写正确便可以导入模块，导入模块后模块中的方法就可以随便使用了，代码如下：

```
//第 3 章/new_python/test_import1.py
import new_python.test_name1 as t

if __name__ == "__main__":
    add_result = t.my_add(20, 30)
    print("加法计算的结果是:{}".format(add_result))

#执行结果
加法计算的结果是:50
```

示例中，笔者导入了 test_name1 模块，并给模块起了个别名 t。在执行代码中，笔者使用别名 t 调用了 test_name1 中的 my_add()方法。当模块中有其他方法时，读者依然可以使用别名 t 进行调用。

2. 导入模块中的方法

导入模块中的方法的格式为 from 包名.模块名 import 方法名 1,…,方法名 n。当采用这种方式导入时，读者需要提前知道自己要用哪些方法，只要将方法一个一个列出并使用逗号分隔即可，代码如下：

```
//第 3 章/new_python/test_import2.py
from new_python.test_name1 import my_add, my_sub

if __name__ == "__main__":
    add_result = my_add(20, 30)
    sub_result = my_sub(100, 20)
    print("加法计算的结果是:{}".format(add_result))
    print("减法计算的结果是:{}".format(sub_result))

#执行结果
加法计算的结果是:50
减法计算的结果是:80
```

示例中，笔者先在 test_name1.py 模块中增加了一个减法方法 my_sub()，然后导入了加法方法 my_add()和减法方法 my_sub()，导入之后直接调用方法名即可。

3.11.4 无参数无返回值方法

无参数无返回值意味着用户不能输入,并且方法执行完成后也不会给用户反馈,这种方法的意义不是很大,笔者在目前的工作中很少使用,代码如下:

```
//第 3 章/new_python/test_method.py
#无参数无返回值的方法
def no_params_no_return():
    print('我是无参数无返回值的方法')

if __name__ == '__main__':
    no_params_no_return()

#执行结果
我是无参数无返回值的方法
```

3.11.5 有位置参数和一个返回的方法

位置参数可以理解为读者调用方法时,传入实际参数的数量和位置都必须和定义方法时保持一致。方法返回值根据需求指定,但必须写在 return 后边,代码如下:

```
//第 3 章/new_python/test_method.py
#有位置参数,有一个返回值的方法
def my_sub(x, y):
    return x - y

if __name__ == '__main__':
    sub_result = my_sub(10, 3)
    print("减法计算的结果是:{}".format(sub_result))

#执行结果
减法计算的结果是:7
```

示例中,笔者新建 my_sub()方法,该方法的参数有两个,即 x、y,方法返回值为 x-y 后的结果。调用 my_sub()方法后笔者传入了两个参数 10 和 3,其中 10 代表 x,3 代表 y。

如果读者使用 my_sub()方法时不传参数或者只传一个参数,Python 就会提示缺少参数,代码如下:

```
//第 3 章/new_python/test_method.py
def my_sub(x, y):
    return x - y

if __name__ == '__main__':
    sub_result = my_sub(10)
    print("减法计算的结果是:{}".format(sub_result))

#执行结果
TypeError: my_sub() missing 1 required positional argument: 'y'
```

示例中，笔者调用 my_sub() 方法时只传了一个 10，此时 Python 认为笔者只传了 x 参数没有传 y 参数，所以提示少传了一个参数 y。

3.11.6　有多个返回的方法

在实际工作中，有时用户不仅想知道减法的计算结果，还想知道用户传入的参数是多少，此时就可以使用多个返回值将参数和减法计算的结果都返给用户，代码如下：

```
//第 3 章/new_python/test_method.py
#多个返回值的方法
def my_sub(x, y):
    return x, y, x - y
if __name__ == '__main__':
    x, y, sub_result = my_sub(100, 40)
    print("{} - {} = {}".format(x, y, sub_result))
#执行结果
100 - 40 = 60
```

示例中，笔者在 my_sub() 方法中返回了 3 个值，3 个值使用逗号进行分隔。在接收方法返回时，笔者也使用 3 个值进行接收。

3.11.7　默认值参数方法

在实际工作中，有时方法的参数不需要经常变化，此时可以使用默认的参数值对参数先进行赋值，如果参数需要变化，则可在调用时对参数进行重新赋值，代码如下：

```
//第 3 章/new_python/test_method.py
#有默认参数的方法
def my_sub(x = 100, y = 50):
    return x, y, x - y
if __name__ == '__main__':
    x, y, sub_result = my_sub()
    print("{} - {} = {}".format(x, y, sub_result))

#执行结果
100 - 50 = 50
```

示例中，my_sub() 方法的参数 x 的默认值为 100，参数 y 的默认值为 50，所以即使在调用 my_sub() 方法时不传参数 Python 也不会报错，因为不传参数时 Python 就会按默认值进行操作。

3.11.8　可变参数方法

以加法方法为例，有时用户需要的不是两个数的加法，可能是 n 个数的加法，此时应该怎么处理呢？这时就需要用到可变参数方法，可变参数的意思是用户可以传 1 个参数也可以传 n 个参数，实现方式为在参数变量前加星号，代码如下：

```
//第 3 章/new_python/test_method.py
# 可变参数方法
def my_add( * params):
    result = 0
    for item in params:
        result += item
    return params, result

if __name__ == '__main__':
    params, add_result = my_add(1, 2, 3, 4, 5)
    print("{}元组中元素相加的结果为{}".format(params, add_result))

# 执行结果
(1, 2, 3, 4, 5)元组中元素相加的结果为 15
```

示例中，my_add()方法的参数 * params 就是可变参数，调用者可以传多个参数进行相加操作。Python 将用户传入的参数 params 当成了一个元组，所以笔者需要遍历元组并对元组中的元素进行相加，最后笔者将 params 和多个参数的相加结果进行了返回。从执行结果可以看出，传入的 5 个参数相加的结果等于 15。

3.11.9 关键字参数方法

关键字参数和可变参数一样，它们都可以让使用者传入 0 个或者 n 个参数。不同之处有两点：第一，关键字参数变量前需要添加两个星号；第二，用户需要传入 key=value 格式的参数，Python 会将用户传入的参数看作一个字典，代码如下：

```
//第 3 章/new_python/test_method.py
# 关键字参数方法
def my_add( ** params):
    result = 0
    for value in params.values():
        result += value
    return params, result

if __name__ == '__main__':
    params, add_result = my_add(x = 1, y = 2, z = 3)
    print("{}字典中元素相加的结果为{}".format(params, add_result))

# 执行结果
{'x': 1, 'y': 2, 'z': 3}字典中元素相加的结果为 6
```

示例中，笔者对遍历的 params 字典的值进行相加，然后返回 params 和相加结果。从执行结果可以看出，params 是一个字典且 key 和 value 和用户传入的内容一致。

3.11.10 参数的混合使用

学习了多种参数类型，读者只需在编写代码时选择合适的参数类型，不需要使用所有的参数类型,但如果想要将不同参数混合使用,读者就需要注意参数的顺序。定义方法时参数顺序遵循以下原则:位置参数、默认值参数、可变参数、关键字参数,代码如下:

```python
//第 3 章/new_python/test_method.py
#参数的混合使用
def stu_info(name, location = '北京', * years, ** work):
    print("姓名:{}".format(name))
    print("居住地:{}".format(location))
    for year in years:
        print("工作年份:{}".format(year))
    for value in work.values():
        print("主要工作内容:{}".format(value))

if __name__ == "__main__":
    stu_info("刘备","蜀", 2022, 2023, work1 = "桃园结义", work2 = "三顾茅庐")

#执行结果
姓名:刘备
居住地:蜀
工作年份:2022
工作年份:2023
主要工作内容:桃园结义
主要工作内容:三顾茅庐
```

示例中,笔者按照位置参数、默认值参数、可变参数、关键字参数的方式进行参数传递,代码可以正常运行。那么如果不按照这个顺序传递参数,代码则会出现什么错误,读者可以自行实验和理解。

3.12 Python 类

26min

除了方法的编程方式外,Python 也支持面向对象的编程方式。面向对象编程是一种程序设计的思想,使用类描述具有相同属性和方法的对象的集合。类是对象的模板,是对象的抽象化,对象是类的实例。

3.12.1 类的定义

Python 中类的定义与方法的定义相似,只不过将 def 关键字换成 class 关键字,不同的是方法的名不需要大写,而类的名需要大写。类中一般包含多个属性和多种方法。

相信大家都有养小动物的经历,那么笔者就使用小动物来举例,定义一个小动物的类,以此来说明类如何编写。笔者从 4 方面入手,第一,小动物类如何定义?第二,小动物类有哪些属性?如小动物的名字、年龄等;第三,小动物类有哪些方法?如小动物会跑、小动物会叫等;第四,小动物类如何使用?即如何实例化小动物类对象,并使用其中的属性和方法,代码如下:

```python
//第 3 章/new_python/test_class.py
#类定义
```

```python
class Animal():
    # 属性
    name = '小黑'
    age = 1
    # 方法
    def talk(self):
        return '汪了个汪!'

if __name__ == '__main__':
    animal = Animal()  # 实例化
    print("小动物的名字是:{}".format(animal.name))
    print("小动物的年龄是:{}".format(animal.age))
    print("小动物的叫声是:{}".format(animal.talk()))

# 执行结果
小动物的名字是:小黑
小动物的年龄是:1
小动物的叫声是:汪了个汪!
```

示例中,笔者解决了刚刚对小动物类如何编写的 4 个疑问,总结如下。

(1) 类的定义:使用 class Animal()定义小动物类。

(2) 类的属性:小动物类有两个属性,分别为名字属性 name 和年龄属性 age。

(3) 类的方法:小动物类有一种方法 talk()。定义类的方法时,方法的第 1 个参数必须是 self,表示实例化后的对象。

(4) 类的实例化:既然说类是对象的模板,那么想要实例化一个小动物就需要按照模板去实例化。代码中的 animal = Animal()就是按照动物类实例化一个小动物对象,并将其赋值给变量 animal。有了 animal 对象后,就可以使用它调用 Animal 类的属性和方法了。

(5) 类实例化后属性和方法的调用:直接使用实例化对象 animal 用"."方式调用类中的方法和属性,如 animal.name 表示获取小动物的名字。

3.12.2 类的构造方法

上面定义的小动物类中固定了小动物的名字和年龄,这种方式无法适应所有的情况,因为每个小动物不可能都叫小黑,不一定都是 1 岁。如果想解决这个问题,用户就需要在实例化小动物对象时传入小动物的名字和年龄,这就涉及了类的构造方法。

类的构造方法为__init__()方法,该方法默认不传参数,也可以不写,但如果想在类实例化时传入参数,则需要重写构造方法__init__(),代码如下:

```python
//第 3 章/new_python/test_class.py
# 类定义
class Animal():
    # 属性
    name = '小黑'
    age = 1
```

```
        #构造方法
        def __init__(self, name, age):
            self.name = name
            self.age = age
        #方法
        def talk(self):
            return '汪了个汪!'

if __name__ == '__main__':
    xiaobai = Animal('小白', 4)
    print("小动物的名字是:{}".format(xiaobai.name))
    print("小动物的年龄是:{}".format(xiaobai.age))
    print("小动物的叫声是:{}".format(xiaobai.talk()))

#执行结果
小动物的名字是:小白
小动物的年龄是:4
小动物的叫声是:汪了个汪!
```

示例中,笔者编写了小动物类的构造方法__init__()方法,传入了两个参数 name 和 age,这样在类实例化时就需要传入这两个参数,如果不传,则 Python 会报错缺少参数。在类中构造方法的两个参数赋值给了实例化对象的 name 和 age,即 self.name 和 self.age。从执行结果可以看出,实例化对象后对象的 name 和 age 属性是用户传入的值。

3.12.3 类的继承

类的继承可以理解为现实世界中的财产继承,例如 A 继承了父亲的财产,那么 A 就可以使用这些财产。类的继承也是这样的,其主要作用是实现代码的复用。

1. 继承父类

类 B 如果想要继承类 A,则只需在类 B 定义时添加类 A 的名字作为参数,即 class B(A)。这样在使用类 B 时,就可以使用从类 A 中继承来的属性和方法了,其中被继承的类 A 叫作父类,类 B 叫作子类,代码如下:

```
//第3章/new_python/test_class.py
#继承
class Animal():
    #属性
    name = '小黑'
    age = 1
    #构造方法
    def __init__(self, name, age):
        self.name = name
        self.age = age
    #方法
    def talk(self):
        return '汪了个汪!'
```

```
class Dog(Animal):
    pass

if __name__ == '__main__':
    dog = Dog('小飞侠', 2)
    print("小狗的名字是:{}".format(dog.name))
    print("小狗的年龄是:{}".format(dog.age))
    print("小狗的叫声是:{}".format(dog.talk()))

#执行结果
小狗的名字是:小飞侠
小狗的年龄是:2
小狗的叫声是:汪了个汪!
```

示例中，Dog 类继承了 Animal 类，即 class Dog(Animal)。笔者在 Dog 类中只写了 pass 的代码，表示什么也不做。子类 Dog 的实例化对象方法同父类一样，即需要输入名字和年龄。实例化后可以使用父类中定义的 name 和 age 属性，也可以使用父类中定义的 talk() 方法，证明子类可以继承并使用父类的属性和方法。

2. 自定义子类

除了可以继承父类的属性和方法外，子类也可以有自己的属性和方法，代码如下:

```
//第3章/new_python/test_class.py
#继承
class Animal():
    #属性
    name = '小黑'
    age = 1
    #构造方法
    def __init__(self, name, age):
        self.name = name
        self.age = age
    #方法
    def talk(self):
        return '汪了个汪!'
class Dog(Animal):
    #属性
    legs = 4
    #方法
    def jump(self):
        return '我能大跳!'
if __name__ == '__main__':
    dog = Dog('小飞侠', 2)
    print("小狗的名字是:{}".format(dog.name))
    print("小狗的腿是:{}".format(dog.legs))
    print("小狗的叫声是:{}".format(dog.talk()))
    print("小狗的技能是:{}".format(dog.jump()))
```

```
#执行结果
小狗的名字是:小飞侠
小狗的腿是:4
小狗的叫声是:汪了个汪!
小狗的技能是:我能大跳!
```

示例中,笔者在子类 Dog 中定义了新的属性 legs 和新的方法 jump()。在实际调用过程中,笔者既调用了父类的属性和方法,也调用了子类的属性和方法,执行结果中均可以正常输出。

3.12.4 类的方法重写

如果在继承后发现父类的方法并不能满足子类的需求,则此时可以对方法进行重写。如一个 Cat 类继承了 Animal 类,那么 talk()方法的返回内容就不适用于 Cat 类了,因为猫的叫声应该是"喵"。此时需要对 talk()方法进行重写,代码如下:

```
//第 3 章/new_python/test_class.py
#继承
class Animal():
    #属性
    name = '小黑'
    age = 1
    #构造方法
    def __init__(self, name, age):
        self.name = name
        self.age = age
    #方法
    def talk(self):
        return '汪了个汪!'

class Cat(Animal):
    #方法重写
    def talk(self):
        return '喵了个喵!'

if __name__ == '__main__':
    cat = Cat('小橘', 6)
    print("小猫的叫声是:{}".format(cat.talk()))

#执行结果
小猫的叫声是:喵了个喵!
```

示例中,笔者在子类 Cat 中重写了父类 Animal 的 talk()方法,重新定义了 talk()方法的返回值,所以在 Cat 类实例调用 talk()方法时,执行结果会返回重写方法中的内容。

3.12.5 类的多继承

在实际工作中,读者所编写的类可能需要用到类 A 的方法 1,同时也需要用到类 B 的方法 2,这就需要继承类 A 和类 B,即多继承。继承多个类也很简单,只需用逗号分隔两个父类,即 class S(A, B),代码如下:

```python
//第 3 章/new_python/test_class.py
# 多继承
class FatherA():
    def func1(self):
        print("父类 A 的方法 1")

class FatherB():
    def func2(self):
        print("父类 B 的方法 2")

class Son(FatherA, FatherB):
    pass

if __name__ == "__main__":
    son = Son()
    son.func1()
    son.func2()

# 执行结果
父类 A 的方法 1
父类 B 的方法 2
```

示例中,Son 类继承了 FatherA 类和 FatherB 类,实例化之后可以直接调用 FatherA 类的 func1()方法和 FatherB 类的 func2()方法。

3.13 Python 模块包安装

在实际开发过程中经常会用到 Python 内置模块或第三方模块,例如 time 模块就是内置模块,而 Selenium 模块就是第三方模块。当读者想使用内置模块中的方法时,只需导入模块并进行调用,但如果读者想使用第三方模块中的方法,就需要先安装第三方模块包,安装成功后再进行导入、调用。

3.13.1 pip 安装简介

Python 安装模块包很简单,只要使用 pip 命令即可,但默认安装源是国外网站,由于种种原因有时可能会安装失败或安装时间较长,此时读者需要指定国内的安装源,这样就会加快安装速度。

安装命令格式为 pip install 模块包名,但如果需要指定国内源就需要用到参数 i,并在参数 i 后面指定国内源地址，见表 3-11。

表 3-11　pip 安装命令简介

命　　令	备　　注
pip install packagename	安装模块包
pip install packagename -i https://pypi.doubanio.com/simple	豆瓣源安装模块包

3.13.2　PyCharm 命令行安装模块包

在 PyCharm 下方有一个 Terminal 页签，在此页面可以采用 pip 命令的方式进行第三方模块包的安装，如图 3-2 所示。

图 3-2　PyCharm 中 pip 安装

图 3-2 中，笔者在 PyCharm 的 Terminal 页面使用 pip 命令安装 openpyxl 第三方模块，并在命令中使用参数 i 指定了豆瓣源。安装此模块的主要目的是用来操作 Excel。安装完成后，Python 会提示 Successfully installed et-xmlfile-1.1.0 openpyxl-3.0.10，表示安装成功，安装的版本是 3.0.10。

当然，pip 命令除了可以安装第三方模块包以外，还可以卸载第三方模块包、指定特定版本的第三方模块包等，见表 3-12。

表 3-12　pip 安装命令实操

命　　令	备　　注
pip install openpyxl -i https://pypi.doubanio.com/simple	安装
pip uninstall openpyxl	卸载
pip install openpyxl==3.0.10 -i https://pypi.doubanio.com/simple	指定版本安装

读者可能在安装了很多第三方模块包后想知道自己安装了哪些第三方模块，这就需要用到 pip list 命令。该命令可以看到安装的所有第三方模块包及其版本，命令如下：

```
(MySelenium)E:\workspace\MySelenium>pip list
Package            Version
------------------ ------------
openpyxl           3.0.10
requests           2.27.1
……
```

在实际工作中安装了很多第三方模块包,并且写了很多代码,如果此时需要将代码给其他同事使用,则同事也需要安装所有的第三方包。此时需要考虑的问题是如何一次性安装这些第三方包呢?方法是将模块包名和版本导出到文件中一次性进行安装。

(1) 将第三模块包导出到文件。

在 PyCharm 中通过 pip freeze > requirements.txt 命令,将工程中用到的所有第三方包导出到 requirements.txt 文件,命令如下:

```
(MySelenium)E:\workspace\MySelenium > pip freeze > requirements.txt
```

(2) 通过文件一次性安装所有的第三方模块包。

pip 命令通过文件安装第三方模块包需要使用 r 参数,表示从文件安装,命令如下:

```
(MySelenium)E:\workspace\MySelenium > pip install -r requirements.txt
```

3.13.3　PyCharm 图形化安装模块包

PyCharm 中除了可以使用命令行安装第三方模块包以外,还可以使用图形化界面进行安装。图形化界面安装需要先找到界面,路径为 File→Settings→Project MySelenium→Project Interpreter。此界面可以查看读者安装了哪些包,功能同 pip list 命令差不多,如图 3-3 所示。

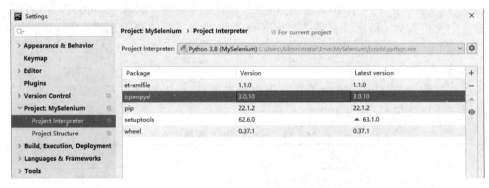

图 3-3　PyCharm 查看安装包

如果读者想安装第三方模块包,则只需单击图 3-3 右侧的加号,进入 Available Packages 窗口。该窗口中读者可以做两件事,设置国内镜像源和安装需要的第三方模块包,如图 3-4 所示。

(1) 设置豆瓣镜像源。

单击 Manage Repositories 按钮,此时会弹出镜像源设置窗口,如图 3-5 所示。在该窗口输入豆瓣源地址 https://pypi.doubanio.com/simple/,保存即可设置成功。

(2) 安装第三方模块包。

设置完豆瓣源后,在 Available Packages 窗口输入 openpyxl,选择需要的模块包,单击

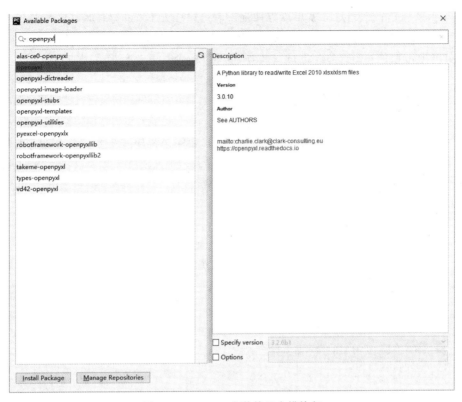

图 3-4　PyCharm 安装第三方模块包

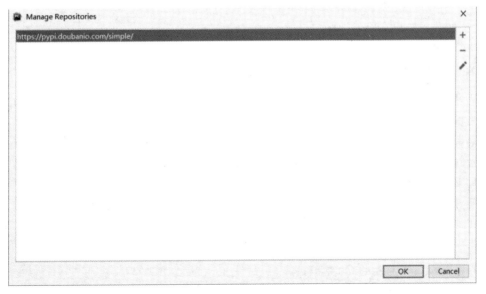

图 3-5　PyCharm 设置豆瓣源

Install Package 进行安装,这样就可以方便地安装好第三方 Excel 操作模块。

在实际工作中笔者还是比较习惯使用 pip 命令进行安装,虽然图形化安装比较方便,但开发人员一般习惯使用 pip 命令进行安装,所以 pip 命令是读者必须掌握的知识。

3.14 Python 的异常

在实际工作中,如果 Python 解析器遇到错误就会停止程序并提示错误信息,这些错误就是 Python 的异常。为了更好地处理异常需要进行异常的捕获,并在发生异常时用更加清晰的语言描述异常,以及使用日志的方式记录异常。

3.14.1 Python 异常捕获

异常捕获的格式为 try-except-else-finally。读者首先需要将可能发生异常的代码写在 try 语句下方,然后在 except 语句下方编写发生异常时需要执行的代码,在 else 语句下方编写的代码在不发生异常时会被执行,finally 语句的意思是无论是否发生异常都需要执行其下方代码。示例代码如下:

```
try:
    print("可能发生异常的代码")
except Exception as e:
    #发生异常时捕获
    print(e)
else:
    print("没有异常时执行的代码")
finally:
    print("无论是否有异常都会执行的代码")
```

3.14.2 Excel 操作及异常捕获

笔者在安装第三方模块时安装了 openpyxl 模块,该模块是用来操作 Excel 文件的,接下来笔者将使用该模块来演示异常捕获。

笔者新建两个文件 parse_excel.py 和 UICases.xlsx,其中 parse_excel.py 文件的内容是笔者封装的 Excel 解析类,UICases.xlsx 文件是一个包含用例的 Excel 文件。

1. ParseExcel 类

笔者首先导入 openpyxl 模块的 load_workbook()方法,使用该方法传入 filename 参数即可获得 excel 实例对象。ParseExcel 类暂时仅简单地实现实例化 excel 对象功能,代码如下:

```
//第 3 章/new_python/test_excel1.py
from openpyxl.reader.excel import load_workbook

class ParseExcel():
```

```
    book = ''
    def __init__(self, excelPath):
        self.book = load_workbook(filename=excelPath)
```

示例中,self.book 就是实例化后的 excel 对象。

2. 传入不存在的文件

在上述代码中,正确传入已存在的 Excel 文件不会报错,但如果尝试传入不存在的 Excel 文件,则系统会报错并提示文件不存在,代码如下:

```
//第 3 章/new_python/test_excel1.py
from openpyxl.reader.excel import load_workbook

class ParseExcel():
    book = ''
    def __init__(self, excelPath):
        self.book = load_workbook(filename=excelPath)

if __name__ == '__main__':
    my_excel = ParseExcel('./UICases2.xlsx')

#执行结果
FileNotFoundError: [Errno 2] No such file or directory: './UICases2.xlsx'
```

示例中,笔者传入了一个不存在的 Excel 文件 UICases2.xlsx。从执行结果可以看出,代码会产生 FileNotFoundError 异常,即文件不存在。

3. 异常捕获

接下来笔者将使用 try-except 来捕获上一小节的异常,捕获到异常以后用中文打印"Excel 文件不存在!",这样会让用户更加清楚发生了什么,代码如下:

```
//第 3 章/new_python/test_excel2.py
from openpyxl.reader.excel import load_workbook

class ParseExcel():
    book = ''
    def __init__(self, excelPath):
        try:
            self.book = load_workbook(filename=excelPath)
        except FileNotFoundError as e:
            print('Excel 文件不存在!')
            print(e)

if __name__ == '__main__':
    my_excel = ParseExcel('./UICases2.xlsx')

#执行结果
Excel 文件不存在!
[Errno 2] No such file or directory: './UICases2.xlsx'
```

示例中,已知实例化 Excel 的代码可能会发生异常,所以读者将其放在 try 语句下方,在 except 语句下方笔者不仅打印了自定义提示,还打印了系统的异常提示 e,从执行结果可以看出,两个提示信息均被打印,从用户的角度来看自定义的中文提示更容易理解。

4. 传入错误类型文件

如果读者细心一点就会发现除了文件不存在异常可能存在外,文件类型不正确的异常也可能存在。例如传一个 Word 文件就应该会出现文件类型不正确异常,代码如下:

```python
//第 3 章/new_python/test_excel1.py
from openpyxl.reader.excel import load_workbook

class ParseExcel():
    book = ''
    def __init__(self, excelPath):
        self.book = load_workbook(filename=excelPath)

if __name__ == '__main__':
    my_excel = ParseExcel('./UICases2.docx')

#执行结果
openpyxl.utils.exceptions.InvalidFileException: openpyxl does not support .docx file format,
please check you can open it with Excel first. Supported formats are: .xlsx,.xlsm,.xltx,.xltm
```

示例中,读者将传入文件的扩展名改成 docx,表示传入一个 Word 文件。此时 Python 会提示文件类无效,即 InvalidFileException。

5. 捕获多个异常

既然现在知道可能会出现两个异常,那么就需要捕获这两个异常,可以使用两个 except 语句来分别捕获不同的异常,代码如下:

```python
//第 3 章/new_python/test_excel3.py
from openpyxl.reader.excel import load_workbook
from openpyxl.utils.exceptions import InvalidFileException

class ParseExcel():
    book = ''
    def __init__(self, excelPath):
        try:
            self.book = load_workbook(filename=excelPath)
        except FileNotFoundError as e:
            print('Excel 文件不存在!')
            print(e)
        except InvalidFileException as e:
            print('文件类型错误!')
            print(e)

if __name__ == '__main__':
    my_excel = ParseExcel('./UICases2.doc')
```

```
#执行结果
文件类型错误!
openpyxl does not support .doc file format, please check you can open it with Excel first.
Supported formats are: .xlsx,.xlsm,.xltx,.xltm
```

示例中,笔者又使用 except 捕获了 InvalidFileException 异常,捕获到异常后打印"文件类型错误!"提示。需要注意的是,捕获该异常时需要导入异常类,否则 Python 会报错。

6. 捕获所有异常

在实际工作中不可能对一个个异常进行捕获,一方面是书写麻烦,另一方面也不可能考虑到所有异常,所以需要一种能够捕获所有异常的方法,代码如下:

```
//第3章/new_python/test_excel4.py
from openpyxl.reader.excel import load_workbook

class ParseExcel():
    book = ''
    def __init__(self, excelPath):
        try:
            self.book = load_workbook(filename = excelPath)
        except Exception as e:
            print('Excel 文件加载时出现错误!')
            print(e)

if __name__ == '__main__':
    my_excel = ParseExcel('./UICases2.xlsx')

#执行结果
Excel 文件加载时出现错误!
[Errno 2] No such file or directory: './UICases2.xlsx'
```

示例中,笔者直接捕获 Exception,这样无论发生哪种类型的异常 Python 都会进行捕获,从而达到不会遗漏异常的目的。

7. 解析 excel 类

最后笔者使用 openpyxl 模块对常用的操作 Excel 文件的代码进行简单封装,读者可以根据自己的需要进行适当修改和优化,代码如下:

```
//第3章/new_python/test_excel5.py
from openpyxl.reader.excel import load_workbook

class ParseExcel():
    #属性
    excelPath = ''
    book = ''
    sheet = ''
    #初始化
```

```python
    def __init__(self, excelPath):
        self.excelPath = excelPath
        self.book = load_workbook(filename = excelPath)
    # 根据 Sheet 页名字获取 Sheet 页
    def getSheetByName(self, sheetName):
        self.sheet = self.book.get_sheet_by_name(sheetName)
        return self.sheet
    # Sheet 页最大行数
    def getMaxRow(self):
        return self.sheet.max_row
    # Sheet 页最大列数
    def getMaxColumn(self):
        return self.sheet.max_column
    # 获取 Sheet 页某个单元格的值
    def getCellValue(self, rowNum, columnNum):
        return self.sheet.cell(row = rowNum, column = columnNum).value
    # 设置 Sheet 页某个单元格的值
    def setCellValue(self, rowNum, columnNum, value):
        try:
            self.sheet.cell(row = rowNum, column = columnNum).value = value
        except Exception:
            print('写入单元格内容时出错!')
        else:
            self.saveExcel()
    # 保存
    def saveExcel(self):
        self.book.save(self.excelPath)
    # 关闭
    def closeExcel(self):
        self.book.close()

if __name__ == '__main__':
    my_excel = ParseExcel('./UICases.xlsx')
    my_excel.getSheetByName('流程')
    # 遍历流程页中的内容
    rows = my_excel.getMaxRow()
    columns = my_excel.getMaxColumn()
    print("Excel 的流程页中共 {} 行、{} 列".format(rows, columns))
    for i in range(1, rows):
        for j in range(1, columns):
            print("第 {} 行,第 {} 列".format(i, j))
            print("内容是:{}".format(my_excel.getCellValue(i, j)))
    my_excel.closeExcel()
```

示例中,笔者对获取 Sheet 页、Sheet 页最大行数、Sheet 页最大列数、获取 Sheet 页的值、设置 Sheet 页的值、保存 Excel 和关闭 Excel 代码进行了封装,读者在后期的工作和学习中可以对其进行异常捕获优化,并直接应用到实际工作中。

3.15 装饰器

装饰器可以理解为在不破坏原方法的基础上对现有方法的功能进行拓展,装饰器的使用是在被装饰方法上方添加"@装饰器名"。本节只对装饰器进行简单介绍,目的是当在开发过程中遇到装饰器时,读者可以有个基本的认识,不至于在开发过程中产生疑惑。

3.15.1 不使用装饰器

例如笔者已经写了 100 种方法,老板要求算出每种方法的耗时情况,此时该如何解决这一问题? 在不使用装饰器的情况下,笔者只能在每种方法的第 1 行记录开始时间,在每种方法的最后一行记录结束时间,然后打印出结束时间减开始时间所得到的耗时,代码如下:

```
//第 3 章/new_python/test_decorator1.py
import time

def add(x, y):
    start_time = time.time()
    time.sleep(3)
    add_result = x + y
    end_time = time.time()
    print("加法方法耗时:{}秒".format(end_time - start_time))
    return add_result

if __name__ == "__main__":
    add_result = add(2, 2)
    print("加法计算结果:{}".format(add_result))

#执行结果
加法方法耗时:3.0005931854248047s
加法计算结果:4
```

示例中,笔者在加法 add()方法的第 1 行获取了开始时间,在方法代码结束后获取了结束时间,然后打印了结束时间减开始时间,即 add()方法运行耗时,其中 time.sleep(3)表示让程序休眠 3s,目的是避免耗时统计出现结果为 0 的情况,所以执行结果中 add()方法的执行时间是 3s 以上。

上述方法确实可以计算出每种方法的耗时,但如果 100 种方法都需要计算耗时,则修改每种方法会带来很大的工作量,并且如果添加代码出错,则会影响原有方法的正常运行。

3.15.2 无参装饰器

3.15.1 节的办法虽然能解决问题,但需要耗费很长时间且影响原有代码的质量,所以不是解决问题的最好方式。接下来笔者将自定义装饰器解决上述问题。

1. 无参装饰器格式

无参装饰器指的是在使用该装饰器方法时不能传递参数。无参装饰器是最简单的装饰器，格式如下：

```python
#无参数装饰器
def 装饰器名(func):
    def wrapper(*args,**kwargs):
        #额外功能代码
        res = func(*args,**kwargs)
        #额外功能代码
        return res
    return wrapper
```

示例中，参数 func 表示被装饰的方法，装饰器返回的是一个 wrapper 方法，用专业术语来讲叫作闭包，简单来讲就是在方法内嵌套方法。读者在封装装饰器时，只需套用以上格式，并在被装饰方法的前后添加需要的代码。

2. 无参装饰器封装

根据需求笔者需要封装一个装饰器，用来计算所有方法的耗时，思路就是在方法的前边记录开始时间，在方法的后边记录结束时间，并打印结束时间减开始时间，代码如下：

```python
//第 3 章/new_python/test_decorator2.py
import time

def take_time(func):
    def wrapper(*args,**kwargs):
        start_time = time.time()
        time.sleep(3)
        res = func(*args,**kwargs)
        end_time = time.time()
        print("方法的执行时间是:{}秒".format(end_time-start_time))
        return res
    return wrapper
```

示例中，笔者根据无参装饰器的格式封装了一个 take_time()方法，以此计算耗时，读者可以关注以下几点。

(1) 定义装饰器名 take_time。

(2) 在被装饰方法 func()之前记录开始时间 start_time，并休眠 3s，即 time.sleep(3)。

(3) 在被装饰方法 func()之后记录结束时间 end_time，最后打印耗时 end_time－start_time。

3. 无参装饰器的使用

笔者封装好计算耗时的装饰器后，将该装饰器应用到加法方法上，看装饰器是否可以计算出执行加法运算的耗时，代码如下：

```
//第3章/new_python/test_decorator3.py
from new_python.test_decorator2 import take_time

@take_time
def add(x, y):
    add_result = x + y
    return add_result

if __name__ == "__main__":
    add_result = add(2, 2)
    print("加法的计算结果:{}".format(add_result))

#执行结果
方法的执行时间是:3.0000338554382324s
加法的计算结果:4
```

示例中,笔者首先导入了计算耗时装饰器 take_time,并在加法方法上应用了计算耗时装饰器,格式为@take_time。从执行结果中可以看出,装饰器方法计算除了加法方法的耗时,同时也正确地计算出了加法的结果。

接下来如果想解决问题,则只需在所有方法的上方都使用 take_time 装饰器,这样既不会影响原有方法,又可以快速满足需求。

3.15.3 有参装饰器

在 3.15.2 节中,每种方法都休眠 3s,如果笔者想让用户传入参数来自定义休眠时间,则该如何实现?实现方法就是使用有参装饰器,让用户传入休眠时间。

1. 有参装饰器格式

有参装饰器无非就是在无参装饰器外面又包了一层方法定义,为内部的装饰器提供所需的参数,格式如下:

```
#有参装饰器
def 装饰器名(param):
    def decorator(func):
        def wrapper(*args, **kwargs):
            #额外功能代码
            res = func(*args, **kwargs)
            #额外功能代码
            return res
        return wrapper
    return decorator
```

2. 有参装饰器封装

根据有参装饰器的格式,笔者封装了一个有参装饰器以让用户输入方法休眠时间,代码如下:

```
//第3章/new_python/test_decorator4.py
import time

def take_time(delay = 1):
    def decorator(func):
        def wrapper( * args, ** kwargs):
            start_time = time.time()
            time.sleep(delay)
            res = func( * args, ** kwargs)
            end_time = time.time()
            print("方法的执行时间是:{}秒".format(end_time - start_time))
            return res
        return wrapper
    return decorator
```

示例中,笔者定义了有参装饰器 take_time()方法,并且参数休眠时间的默认值为1,表示如果使用者不传参数,则休眠 1s。

3. 有参装饰器的使用

封装好自定义休眠时间装饰器后,笔者再次将其应用在加法方法上,代码如下:

```
//第3章/new_python/test_decorator5.py
from new_python.test_decorator4 import take_time

@take_time(2)
def add(x, y):
    add_result = x + y
    return add_result

if __name__ == "__main__":
    add_result = add(2, 2)
    print("加法的计算结果:{}".format(add_result))

# 执行结果
方法的执行时间是:2.0008039474487305s
加法的计算结果:4
```

示例中,笔者使用 take_time 装饰器并传入参数 2,表示想休眠 2s。从执行结果可以看出,加法执行结果确实是 2s 多。

3.16 Python 多线程

多线程可以简单地理解为程序可以同时执行多个不同的任务。在学习多线程之前,读者应该简单了解一下进程和线程的概念。通俗来讲,运行一个程序就是一个进程(主线程),线程是进程中负责执行程序的最小单位,一个进程中至少包含一个线程。正常情况下程序是按照顺序一条条命令执行的,如果想在打游戏的同时听歌,就需要使用多线程。

多线程的执行时是由 CPU 进行调度的,CPU 采用时间切片技术调度多个线程,每个时间片分配给一个线程执行,当时间片用完将停止该线程的执行,同时将进入下一个时间片运行下一个线程。由于时间片很短,所以在使用者看来多个线程是同时进行的。

3.16.1 创建线程

Python 提供了一个 threading 模块,读者可以通过 threading 模块中的 Thread()方法新建线程,每个线程可以通过 target 参数指定执行不同的方法,代码如下:

```python
//第 3 章/new_python/test_threading1.py
import threading
import time

def task():
    print("线程开始!")
    for i in range(3):
        time.sleep(2)
        print(i)
    print("线程结束!")

if __name__ == "__main__":
    th1 = threading.Thread(target = task)
    th1.start()
    print("进程结束!")

# 执行结果
线程开始!
进程结束!
0
1
2
线程结束!
```

示例中,笔者使用 threading.Thread()方法来新建线程 th1,target 参数指明了该线程执行 task()方法,然后通过 start()方法执行线程。从执行结果中可以看出,线程 th1 可以正常执行,但存在一个问题,即在线程结束运行之前进程已经结束,这不符合笔者的预期,笔者的目标是线程结束运行后进程再结束。

3.16.2 join()方法

在 3.16.1 节中进程提前结束的问题可以通过 threading 中的 join()方法解决。该方法所做的工作就是等待子线程执行完,即让主线程进入阻塞状态,一直等待其他的子线程执行结束后,主线程再终止。简单来讲就是等待子线程结束后再执行主线程后续的命令,代码如下:

```python
//第 3 章/new_python/test_threading2.py
import threading
```

```python
import time

def task():
    print("线程开始!")
    for i in range(3):
        time.sleep(2)
        print(i)
    print("线程结束!")

if __name__ == "__main__":
    th1 = threading.Thread(target = task)
    th1.start()
    th1.join()
    print("进程结束!")

# 执行结果
线程开始!
0
1
2
线程结束!
进程结束!
```

示例中,笔者增加了 th1.join()方法,从执行结果可以看出,Python 先执行子线程直到结束,然后执行主线程中剩下的语句,满足了笔者的需求。

3.16.3 线程方法传参

当线程执行的方法需要传参时,可以在 threading 模块的 Thread()方法中添加参数 args,该参数是一个元组,当传多个参数时需要使用逗号分隔,但当只传一个参数时需要在参数后边加上逗号,代码如下:

```python
//第 3 章/new_python/test_threading3.py
import time
import threading

def add(a, b):
    print("加法开始!")
    result = a + b
    print("加法的计算结果为{}".format(result))
    time.sleep(1)
    print("加法结束!")

if __name__ == "__main__":
    th1 = threading.Thread(target = add, args = (4, 4))
    th1.start()
    th1.join()
    print("进程结束!")
```

```
#执行结果
加法开始!
加法的计算结果为8
加法结束!
进程结束!
```

示例中,线程 th1 执行加法方法,使用 args 传入两个数字进行相加,执行结果中两个数相加结果正确。

3.16.4 创建多个线程

在 3.16.1 节中只介绍了如何新建一个线程,但实际上可能需要新建几个线程。笔者将使用循环的方式来新建线程,并将新建的线程放到列表中,然后遍历列表并调用线程的 start()方法和 join()方法,代码如下:

```
//第3章/new_python/test_threading4.py
import time
import threading

def add(a, b):
    print("加法开始!")
    result = a + b
    print("加法的计算结果为{}".format(result))
    time.sleep(1)
    print("加法结束!")
def sub(a, b):
    print("减法开始!")
    result = a - b
    print("减法的计算结果为{}".format(result))
    time.sleep(1)
    print("减法结束!")

if __name__ == "__main__":
    fun_dict = {"add":(1,1), "sub":(10,2)}
    threads_list = []
    #新建子线程
    for key,value in fun_dict.items():
        key = eval(key)
        th = threading.Thread(target = key, args = value)
        threads_list.append(th)
    #启动子线程
    for thread in threads_list:
        thread.start()
    for thread in threads_list:
        thread.join()
    print("进程结束!")
```

```
#执行结果
加法开始!
加法的计算结果为 2
减法开始!
减法的计算结果为 8
加法结束!
减法结束!
进程结束!
```

示例中,笔者将线程需要执行的方法定义为字典 fun_dict,字典元素的 key 为执行方法的名字;value 为执行方法的参数且格式为元组。

有了线程需要执行的方法名和参数字典后,笔者使用 3 个循环进行操作。第 1 个循环遍历字典 fun_dict 新建线程,其中 eval()方法是 Python 的内置方法,其作用是去掉字符串前后的双引号,遍历的过程中将新建的线程添加到线程列表 threads_list 中;第 2 个循环遍历列表 threads_list,并调用 start()方法启动每个线程;第 3 个循环还是遍历列表 threads_list,并调用 join()方法阻塞主线程。

此处笔者需要解释下为什么进行两次遍历,而不是 1 次遍历。如果 1 次遍历既启动线程又阻塞主线程,则代码会一直等到第 1 个线程代码执行结束后再执行第 2 个线程的代码,这并不是笔者想要的效果,所以先遍历一次以启动所有线程,然后遍历一次以阻塞主线程。读者可以自行尝试上述两种做法,从执行结果中很容易看出执行的顺序。

3.17 本章总结

虽然本章讲解了大量的 Python 知识,但相比专门讲 Python 开发的书籍,本章内容还有许多地方需要细化,还有很多内容没有讲解。学习本章 Python 知识的目的是能应对接下来的 UI 自动化测试开发,如果读者想要开发自动化测试平台,则还需要继续深入学习 Python Web 相关知识。

第 4 章 前 端 基 础

在 UI 自动化测试中,前端知识也算是 UI 自动化测试的基础知识,因为 UI 自动化测试的第 1 步就是定位元素,然后才是操作元素。本章的目标是能够看懂元素和元素的层级,达到满足 UI 自动化测试的程度即可。

4.1 HTML 标签及属性

HTML(HyperText Markup Language)指的是超文本标记语言,由各种标签组成,并且标签都是成对出现的,格式:<标签>…</标签>。在 PyCharm 中读者也可以通过右击 New→HTML file 来新建一个 HTML 文件。

HTML 页面必须包含 3 个标签,具体如下。

(1) <html></html>标签:是 HTML 文件最外层标签,即根节点。

(2) <head></head>标签:用于设置页面头信息。

(3) <body></body>标签:浏览器页面中想显示什么内容就把内容放在此标签下。

接下来笔者将介绍 body 标签中经常用的其他标签,展示各个标签的浏览器效果。

1. div 标签

主要用于对 HTML 的其他标签进行分组,代码如下:

```
<body>
    <div>
    </div>
</body>
```

示例中,只写 div 标签然后使用浏览器打开,页面显示空白,如图 4-1 所示。

2. input 和 button 标签

简单来讲是就输入框和按钮,读者可以根据属性的不同来定义不同的输入框,代码如下:

```
//第 4 章/new_html/test2.html
<head><meta charset = "utf - 8"></head>
```

```
<body>
    <div>
        用户名:<input type = "text" name = "username"><br>
        密码:<input type = "password" name = "password"><br>
        <button>登录</button>
    </div>
</body>
```

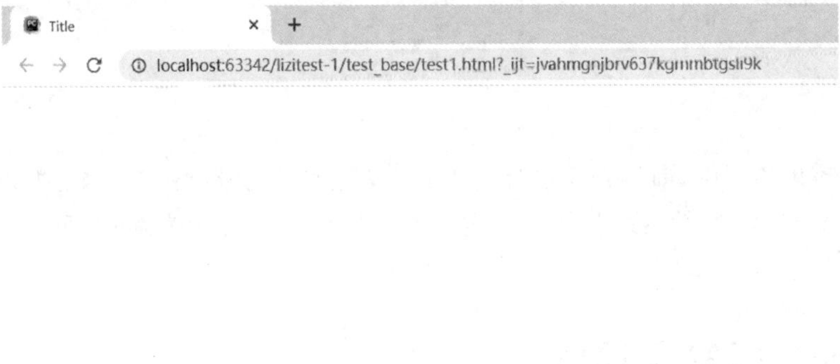

图 4-1 div 标签在浏览器中的效果

示例中,笔者写了一个最简单的登录页面显示效果,包括用户名输入框、密码输入框和登录按钮,其中用户名、密码输入框都使用了 input 标签,只不过标签的 type 属性不同,登录按钮使用的是 button 标签。笔者还在 meta 标签中添加了 charset 属性,其目的是避免页面中的中文出现乱码。

当 input 标签的 type 属性为 text 时,用户输入文本为明文;当 input 标签的 type 属性为 password 时,用户输入文本就变成了加密模式。登录页面在浏览器的效果如图 4-2 所示。

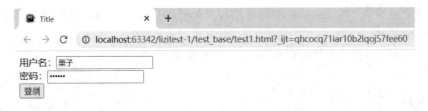

图 4-2 input 标签在浏览器中的效果

3. 表格标签

表格标签包括 table 标签、tr 行标签、th 表头标签、td 表格单元格标签。如果需求是制作一个学员信息表格,内容包括学员姓名和年龄,此时就可以使用表格标签,代码如下:

```
//第 4 章/new_html/test3.html
<head><meta charset = "utf - 8"></head>
<body>
```

```html
<div>
    表格:
    <table border = "1">
        <tr>
            <th>姓名</th>
            <th>年龄</th>
        </tr>
        <tr>
            <td>栗子</td>
            <td>18</td>
        </tr>
        <tr>
            <td>赵云</td>
            <td>16</td>
        </tr>
    </table>
</div>
```

示例中，table 标签表示一张表格，属性 border 可以理解为表格的线，如果不设置 border 属性，则读者将看不到表格的线。有了表格后，笔者使用 tr 标签定义了3行，用于表格内容编写。第1个 tr 标签内包含两个 th 标签，表示表头的两列，一列用于显示姓名，另一列用于显示年龄。第2个 tr 标签内对应包含两个 td，表示表格中要显示内容的单元格，姓名 td 标签对应的是"栗子"，年龄 td 标签对应的是"18"。剩下的一个 tr 标签和 td 标签的内容也是相同的，笔者这里就不做过多介绍了。浏览器的效果如图 4-3 所示。

图 4-3 表格标签在浏览器中的效果

4. 单选按钮和多选按钮

实际上两种按钮也是使用了 input 标签，只不过标签的 type 属性不同，代码如下：

```html
//第 4 章/new_html/test4.html
<head><meta charset = "utf - 8"></head>
<body>
    <div>
        <!-- 单选 -->
        <input type = "radio" name = "sex" value = "male" checked = "checked">男<br>
        <input type = "radio" name = "sex" value = "female">女<br>
        <!-- 多选 -->
        <input type = "checkbox" name = "vehicle" value = "Bike">自行车<br>
```

```
            <input type="checkbox" name="vehicle" value="Car" checked="checked">汽车
        </div>
    </body>
```

示例中,当 input 标签的 type 属性等于 radio 时表示单选按钮,当 type 属性等于 checkbox 时表示多选按钮。value 属性表示当按钮被选中后,发送给服务器端的值。checked 属性表示被选中。浏览器的效果如图 4-4 所示。

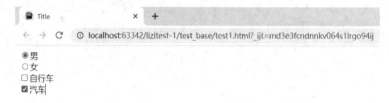

图 4-4　单选和多选按钮在浏览器中的效果

5. select 标签

该标签就是读者所见到的下拉列表,其中 select 标签表示下拉列表,option 标签表示下拉列表中的选项,代码如下:

```
//第 4 章/new_html/test5.html
<head><meta charset="utf-8"></head>
<body>
    <div>
        <select>
            <option value="bj">北京</option>
            <option value="sh">上海</option>
            <option value="gz" selected="selected">广州</option>
        </select>
    </div>
</body>
```

示例中,下拉列表包含 3 个选项,其中第 3 个 option 标签中的 selected 属性等于 selected,表示被选中。浏览器的效果如图 4-5 所示。

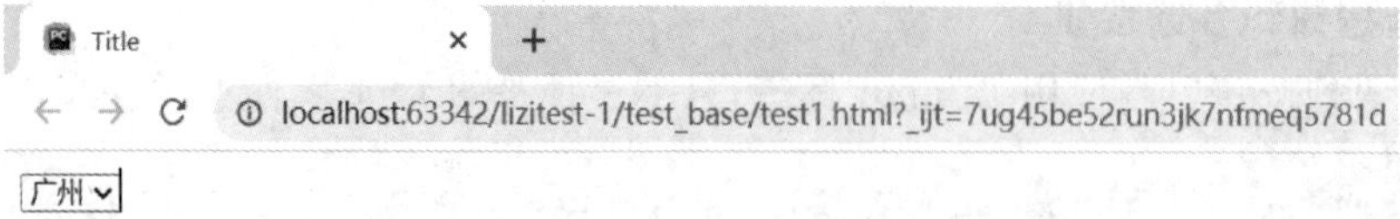

图 4-5　select 标签在浏览器中的效果

6. 文件上传

文件上传也是用 input 标签来展示的,当 type 属性等于 file 时表示文件上传,代码如下:

```
//第 4 章/new_html/test6.html
<head><meta charset="utf-8"></head>
```

```
< body >
    < div >
        < input type = "file" name = "file_upload" >
    </div >
</body >
```

示例中,笔者写了一个最简单的上传文件代码,读者单击"选择文件"按钮就会弹出文件选择框,可以选择自己需要的文件进行上传。浏览器的效果如图4-6所示。

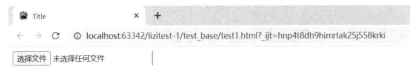

图4-6　文件上传在浏览器中的效果

7. a 标签

该标签就是一个链接,a标签中需要设置href属性,即指定用户单击标签跳转到哪个网页,代码如下:

```
//第 4 章/new_html/test7.html
< head >< meta charset = "utf - 8" ></head >
< body >
    < div >
        < a href = "https://www.baidu.com">百度链接测试</a >
    </div >
</body >
```

示例中,笔者将a标签的href属性值设置为百度首页地址,所以当读者单击"百度链接测试"文字时会跳转到百度首页。浏览器的效果如图4-7所示。

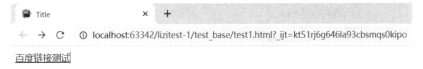

图4-7　a 标签在浏览器中的效果

8. img 标签

该标签可以在页面中插入图片,只需将src属性值设置为图片地址,代码如下:

```
//第 4 章/new_html/test8.html
< head >< meta charset = "utf - 8" ></head >
< body >
    < div >
        < img src = "举个栗子.jpeg" width = "80" height = "80">
    </div >
</body >
```

示例中,笔者将 src 属性指定为一张事先准备好的图片,并设置了图片的宽度 width 和高度 height,其目的是避免图片过大。浏览器的效果如图 4-8 所示。

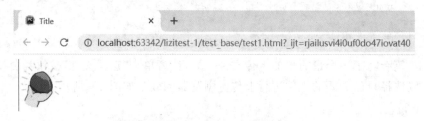

图 4-8　img 标签在浏览器中的效果

9. iframe 标签

该标签可以在页面中嵌入读者想要的其他网站的页面,嵌入其他页面的方式也是设置标签的 src 属性,代码如下:

```
//第 4 章/new_html/test9.html
<head><meta charset="utf-8"></head>
<body>
    <div>
        <iframe src="https://www.runoob.com/html/html-tutorial.html"
            name="iframe1" width="800" height="250"></iframe>
    </div>
</body>
```

示例中,笔者把 iframe 标签的 src 属性设置成一个初学者经常使用的菜鸟网站,读者后期学习前端的知识时也可以经常翻看此网站中的相关知识,网站中的前端知识比本书中介绍的内容更加详细。浏览器的效果如图 4-9 所示。

图 4-9　iframe 标签在浏览器中的效果

10. form 标签

该标签用于创建一个表单,表单里面可以包含很多前面学过的标签。例如将用户信息放在一个表单中,代码如下:

```
//第 4 章/new_html/test10.html
<head><meta charset="utf-8"></head>
```

```
<body>
    <div>
        表单:
        <form name = "input" action = "/user/add" method = "post">
        用户名: <input type = "text" name = "username"><br>
        密码: <input type = "password" name = "password"><br>
        性别
            <input type = "radio" name = "sex" value = "male">男
            <input type = "radio" name = "sex" value = "female" checked = "checked">女<br>
        爱好:
            <input type = "checkbox" name = "hobby" value = "reading">读书
            <input type = "checkbox" name = "hobby" value = "sport" checked = "checked">运动<br>
        住址:
            <select name = "city">
                <option value = "bj">北京</option>
                <option value = "sh">上海</option>
                <option value = "gz" selected>广州</option>
            </select><br>
        <input type = "submit" value = "提交">
        </form>
    </div>
</body>
```

示例中，笔者将用户名输入框、密码输入框、性别单选按钮、爱好多选按钮、住址下拉列表、提交按钮都放在表单中，系统开发时如果想提交表单中的内容，则只需单击提交按钮，浏览器的效果如图 4-10 所示。

图 4-10 form 标签在浏览器中的效果

读者可以简单地了解一下提交表单的细节。示例中，提交表单调用哪种方法由 form 标签的 action 属性值决定，提交表单请求方式由 method 属性值决定。实例中 form 表单将 POST 请求发送给 user 下的 add 方法。

11．总结

以上介绍了在测试开发过程中常见的标签和少量标签属性，并进行了举例说明，相信读者在仔细阅读后会对前端知识有一个基本的认识。学会了这些前端基础知识后，读者在进行 UI 自动化元素定位时就不会迷茫。

另外，读者可能会发现举例页面比较难看，原因是没有给页面进行样式设计，如果想美化页面，则可以自行学习 CSS 相关知识，由于 CSS 不是 UI 自动化测试的重点知识，所以本书中不进行具体介绍。

4.2 测试项目介绍

真正的项目一般前后端是分离的，即前端开发处理页面相关内容，后端开发处理接口和数据库相关内容，而前端一般使用 Vue 进行开发，本节中笔者就简单介绍下 Vue 相关内容，包括 Vue 的组件库 ElementUI 和笔者自己开发的测试项目。目的是让读者知道在接下来的 UI 自动化测试过程中遇到的前端代码是如何编写的，这样会让读者更加轻松地完成 UI 自动化测试。

4.2.1 ElementUI 介绍

在实际工作中，前端开发人员不需要从头开始一点点编写 HTML 代码，一般会使用 ElementUI 来找到自己需要的代码，然后按照需求进行修改。ElementUI 是一套为开发者、设计师和产品经理准备的基于 Vue.js 2.0 的桌面组件库。整个 UI 风格简约、实用，同时也极大地提高了开发者的效率，是一个非常受欢迎的组件库。组件库的网址如下：

```
https://element.eleme.io/#/zh-CN/component/installation
```

笔者还是以表单为例，如果前端开发人员想要写一个表单，就可以到 ElementUI 库中找到合适的表单，然后复制其代码并对细节进行修改即可。表单如图 4-11 所示。

图 4-11 ElementUI 表单

在 ElementUI 网站中,将鼠标移入表单内部,表单下会出现显示代码按钮,单击按钮就会展示所选表单对应的代码,笔者复制了上述表单的代码用于讲解,代码如下:

```html
//第4章/new_html/test11.html
<el-form ref="form" :model="form" label-width="80px">
  <el-form-item label="活动名称">
    <el-input v-model="form.name"></el-input>
  </el-form-item>
  <el-form-item label="活动区域">
    <el-select v-model="form.region" placeholder="请选择活动区域">
      <el-option label="区域一" value="shanghai"></el-option>
      <el-option label="区域二" value="beijing"></el-option>
    </el-select>
  </el-form-item>
  <el-form-item label="活动时间">
    <el-col :span="11">
      <el-date-picker type="date" placeholder="选择日期" v-model="form.date1" style="width: 100%;"></el-date-picker>
    </el-col>
    <el-col class="line" :span="2">-</el-col>
    <el-col :span="11">
      <el-time-picker placeholder="选择时间" v-model="form.date2" style="width: 100%;"></el-time-picker>
    </el-col>
  </el-form-item>
  <el-form-item label="即时配送">
    <el-switch v-model="form.delivery"></el-switch>
  </el-form-item>
  <el-form-item label="活动性质">
    <el-checkbox-group v-model="form.type">
      <el-checkbox label="美食/餐厅线上活动" name="type"></el-checkbox>
      <el-checkbox label="地推活动" name="type"></el-checkbox>
      <el-checkbox label="线下主题活动" name="type"></el-checkbox>
      <el-checkbox label="单纯品牌曝光" name="type"></el-checkbox>
    </el-checkbox-group>
  </el-form-item>
  <el-form-item label="特殊资源">
    <el-radio-group v-model="form.resource">
      <el-radio label="线上品牌商赞助"></el-radio>
      <el-radio label="线下场地免费"></el-radio>
    </el-radio-group>
  </el-form-item>
  <el-form-item label="活动形式">
    <el-input type="textarea" v-model="form.desc"></el-input>
  </el-form-item>
  <el-form-item>
    <el-button type="primary" @click="onSubmit">立即创建</el-button>
    <el-button>取消</el-button>
  </el-form-item>
</el-form>
```

示例中，读者可以很容易地看出代码的标签与 4.1 节学过的标签不同，每个标签都以 el 开头，这是 ElementUI 的标识，并不影响读者理解标签的含义，笔者将代码中需要注意的点进行了总结，具体如下。

(1) el-form-item 标签：表示 form 标签中的一项，其中 label 属性表示需要显示在页面上的文字。

(2) el-input 标签：表示输入框。

(3) el-select 标签：表示下拉列表。下拉列表中的选项使用 el-option 标签。

(4) el-date-picker 标签：表示日期选择框。

(5) el-time-picker 标签：表示时间选择框。

(6) el-switch 标签：表示开关。开关只有两种状态，一种是开，另一种是关。

(7) el-checkbox-group 标签：表示一组复选框，里面包含多个 el-checkbox 标签。

(8) el-radio-group 标签。表示一组单选按钮，里面包含多个 el-radio 标签。

介绍前端实际开发知识的目的不是为了让读者学会前端开发，而是让读者简单了解实际开发会用到哪些技术，这样当遇到问题时才能更好地解决问题。读者有空可以自行到 ElementUI 网站学习更多知识。

4.2.2 测试项目介绍

为了演示 UI 自动化测试框架，笔者开发了一个用于 UI 自动化测试的小项目，前端使用的就是 ElementUI，项目内容包括登录、用户操作（增、删、改、查）、iframe 嵌入页面、文件上传等。项目覆盖了 UI 自动化测试中常用的功能，在接下来的项目实战中笔者就会使用自己的项目来完成。由于项目内容较多，笔者仅使用登录页面进行举例，浏览器的效果如图 4-12 所示。

图 4-12 登录页面显示效果

笔者自己写项目的目的就是在 UI 自动化测试过程中可以随意改写代码，以此来配合测试，登录页面的代码如下：

```
//第 4 章/new_html/test12.html
<div class = "login-wrap">
    <div class = "ms-login">
        <div class = "ms-title">栗子软件测试</div>
        <el-form :model = "param" :rules = "rules" ref = "login" label-width = "0px" class = "ms-content">
            <el-form-item prop = "username">
                <el-input
                    id = "username"
                    v-model = "param.username"
                    placeholder = "username">
```

```
            <template #prepend>
                <el-button icon="el-icon-user"></el-button>
            </template>
        </el-input>
    </el-form-item>
    <el-form-item prop="password">
        <el-input
            type="password"
            name="password"
            placeholder="password"
            v-model="param.password"
            @keyup.enter="submitForm()">
            <template #prepend>
                <el-button icon="el-icon-lock"></el-button>
            </template>
        </el-input>
    </el-form-item>
    <div class="login-btn">
        <el-button type="primary" @click="submitForm()">登录</el-button>
    </div>
</el-form>
    </div>
</div>
```

示例中，用户名 input 标签的 id 属性值为 username，UI 自动化编写代码时就可以使用 id 属性来定位用户名输入框，而密码 input 标签的 name 属性值为 password，读者也可以使用 name 属性来定位密码输入框。

4.3　本章总结

通过本章的学习，相信读者已经对 HTML 的基础知识有了一定的了解，除了 HTML 基础知识外，笔者还介绍了在实际项目中前端开发人员是如何进行开发的，有了这些基础知识以后，相信读者在 UI 自动化测试过程中就不会感到迷茫了。如果读者想了解更多前端知识，则可购买前端相关书籍进行学习，了解得越多对自动化测试越有帮助。

第 5 章 Selenium WebDriver 基础

本章先带大家熟悉 Selenium WebDriver API 基础内容，读者如果是初学者，则建议反复学习本章内容，因为笔者在后期对 Selenium WebDriver 进行二次封装也是建立在本章基础上进行的。

5.1 Selenium 简介

在学习 Selenium 如何使用之前，读者应该简单了解一下 Selenium 自动化测试工具的原理，并根据自己的需求使用 Selenium 相应的工具去达到 UI 自动化测试的目的。

5.1.1 Selenium 测试准备

要想在 Python 中使用 Selenium，必须先安装 Selenium 包，再下载浏览器 Driver。

1. 安装 Selenium 包

在 Python 中 Selenium 是一个第三方模块包，所以读者需要先使用 pip 命令对其进行安装，命令如下：

```
pip install selenium -i https://pypi.douban.io/simple
```

安装好 Selenium 之后，读者可以使用 pip 命令查看是否安装成功，命令如下：

```
> pip list
Package       Version
---------     ---------
selenium      3.141.0
```

2. 下载浏览器 Driver

通过上述命令安装了 Selenium 之后，读者还是不能使用 Selenium 对浏览器进行操作，因为想对浏览器进行操作必须有对应浏览器的 Driver。浏览器的 Driver 是区分版本的，接下来笔者以 Chrome 浏览器为例，为读者介绍浏览器 Driver 的下载，步骤如下：

1）查看浏览器版本

打开 Chrome 浏览器，单击浏览器右上角"…"→"帮助"→"关于 Google Chrome"按钮，此处可以看到浏览器版本信息，如图 5-1 所示。

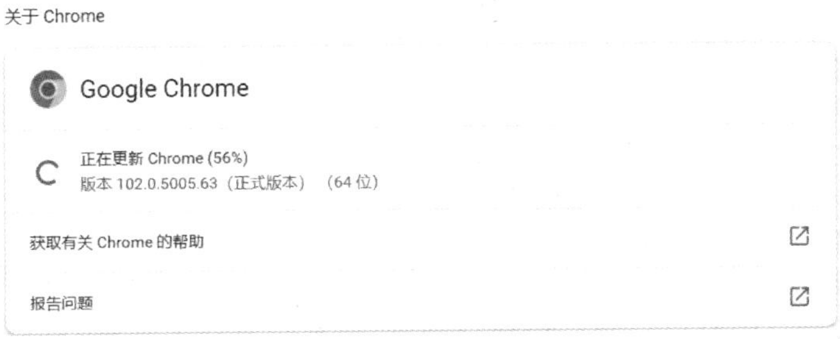

图 5-1　Chrome 版本

2）下载对应版本的 ChromeDriver

例如笔者安装的 Chrome 版本是 102，所以只需选择下载相近版本的 Driver。下载网址如下：

http://chromedriver.storage.googleapis.com/index.html

进入下载页面后，笔者选择最接近的版本 102.0.5005.61 进行下载，如图 5-2 所示。

```
101.0.4951.41
102.0.5005.27
102.0.5005.61
103.0.5060.134
```

图 5-2　ChromeDriver 版本

3）ChromeDriver 配置环境变量

由于 Python 安装时已经配置过环境变量，所以笔者将 ChromeDriver 放到 Python 目录下，相当于添加了环境变量。

4）测试代码

安装完 Selenium 且下载好对应版本的 ChromeDriver 后，读者可以使用最简单的 Selenium 代码打开百度首页。如果代码能通过 Chrome 浏览器打开百度首页，则表示 Selenium 准备成功，代码如下：

```python
from selenium import webdriver

driver = webdriver.Chrome()
driver.get('https://www.baidu.com')
```

5.1.2　Selenium 工具介绍

笔者使用的是 Selenium 3 版本，Selenium 3 中包含 WebDriver、SeleniumIDE、Grid。每个工具有不同的功能，具体如下。

（1）Selenium WebDriver：提供一套 API，可以通过浏览器 Driver 控制浏览器，从而达到模拟用户操作的目的。WebDriver 是 Selenium 自动化测试中最常用的工具，本书也是针对 WebDriver 进行详细讲解、封装。

（2）SeleniumIDE 是一个图形化工具，对于初学者来讲非常容易上手，但在实际开发过程中一般不会使用 SeleniumIDE，所以笔者后边也不会讲解此工具。

（3）Selenium Grid：使用该工具可以在不同平台和不同机器上分布式运行测试用例。笔者会在后面的章节中做一个简单的介绍。

5.1.3 Selenium WebDriver 原理

WebDriver 采用 Server-Client 设计模式，Server 指的是使用脚本启动的浏览器，Client 指的是我们编写的测试脚本。当读者使用测试脚本启动浏览器后，该浏览器就是一个 Remote Server，它的职责就是监听 Client 发送请求，并做出相应的响应。Client 测试脚本实现的所有操作会以 HTTP 请求的方式发给 Server 端，Server 使用浏览器 Driver 来操作浏览器，操作浏览器的结果 Server 再使用 HTTP 请求返回，如图 5-3 所示。

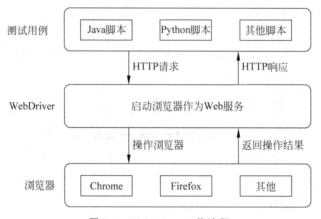

图 5-3　WebDriver 工作流程

5.1.4 Selenium Grid 原理

Grid 的作用就是分布式执行测试用例，Grid 的分布式测试由 Hub 主节点和若干 Node 节点组成，Hub 节点是用来管理 Node 节点的注册和状态信息，当 Hub 节点接收远程客户端代码请求调用时会将请求的命令转发给 Node 节点来执行，如图 5-4 所示。

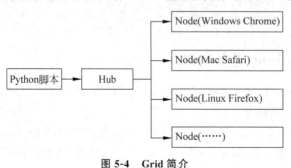

图 5-4　Grid 简介

例如当自动化测试用例较多又需要在 Chrome 和 Firefox 两个浏览器上执行时，一般会部署两台机器分别执行测试用例。有了 Grid 之后只需启动 Hub 节点并注册两个需要的 Node 节点便可以在不同的 Node 节点中同时执行用例，即分布式执行用例。

5.2　WebDriver 浏览器操作

Selenium UI 自动化测试是针对浏览器进行的，所以进行 UI 自动化测试的第 1 步就应该是打开浏览器，然后才能根据自己的需要跳转到某个网站，再去定位某个元素、操作某个元素等。

5.2.1　启动浏览器

启动浏览器的代码很简单，只需实例化一个浏览器 Driver。笔者实例化了一个 Chrome 浏览器 Driver，用于启动 Chrome 浏览器，代码如下：

```
from selenium import webdriver
#打开浏览器
driver = webdriver.Chrome()
```

示例中，虽然只有一行实例化 Chrome 浏览器的代码，但当笔者执行该代码后就会打开一个 Chrome 浏览器。此时的浏览器中没有任何内容，因为笔者并未指定浏览器跳转到哪个具体的网站，如图 5-5 所示。

图 5-5　启动浏览器

通过前面的学习得知，使用 Selenium 操作浏览器需要下载对应浏览器的 Driver，并将其设置到环境变量中才可以正确地操作浏览器。那么如果浏览器的 Driver 版本不能正确地执行代码，则会报什么错误？如果浏览器 Driver 版本正确但没有将 Driver 设置到环境变量中，则又会报什么错误？带着这两个疑问，笔者将进行针对性测试。

1. 浏览器 Driver 版本错误

例如在实际工作中，Chrome 浏览器的版本进行了自动升级，但笔者并没有下载及升级相应的 Chrome Driver，此时执行原有的代码 Selenium 的报错如下：

```
#浏览器 Driver 版本错误
selenium.common.exceptions.SessionNotCreatedException: Message: session not created: This
version of ChromeDriver only supports Chrome version 102
Current browser version is 108.0.5359.72 with binary path
C:\Users\test\AppData\Local\Google\Chrome\Application\chrome.exe
```

当 Chrome Driver 版本不正确时，Selenium 报错为 SessionNotCreatedException。提示目前的 Chrome Driver 只能支持 102 版本的 Chrome 浏览器，当前 Chrome 浏览器的版本是 108，所以读者如果在工作中遇到这种报错，则应该下载对应版本的 Chrome Driver 进行替换。

2. 浏览器 Driver 没有设置环境变量

如果读者在搭建 Selenium 环境时忘记了将 Chrome Driver 配置到环境变量中，则此时执行代码 Selenium 的报错如下：

```
#浏览器 Driver 没有设置环境变量
selenium.common.exceptions.WebDriverException: Message: 'chromedriver' executable needs to be
in PATH. Please see
https://sites.google.com/a/chromium.org/chromedriver/home
```

当 Chrome Driver 没有被配置到环境变量中时，Selenium 报错为 WebDriverException。提示 Chrome Driver 需要被配置到环境变量 PATH 中。

5.2.2 导航到网页

以上面的例子打开浏览器后，浏览器中显示的内容为空白，原因是笔者没有指定跳转到哪个具体的网址，接下来笔者将使用自研项目对页面跳转进行测试。

笔者在本地启动自研的测试项目，地址为 http://localhost:8080/，其中 localhost 表示网站的 IP 地址是本机，8080 表示网站的端口。浏览器页面跳转到指定网站的代码很简单，只需调用 WebDriver 的 get() 方法，代码如下：

```
#导航到网页
driver.get('http://localhost:8080/Login')
```

示例中，笔者在 get() 方法中传入了自研测试项目的首页地址，执行代码后可以跳转到自研测试项目首页，浏览器的效果如图 5-6 所示。

5.2.3 最大化浏览器

当笔者启动浏览器并跳转到需要测试的网址后发现了一个问题，即浏览器没有在计算机上全屏显示。如果想要浏览器最大化，则只需调用 WebDriver 的 maximize_window() 方法，该方法不需要传入任何参数即可实现浏览器最大化，代码如下：

```
#最大化浏览器
driver.maximize_window()
```

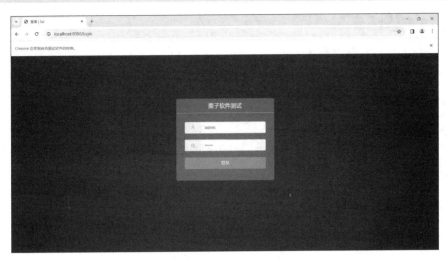

图 5-6　跳转到测试网址

5.2.4　关闭浏览器

假设笔者的自动化测试用例执行完毕，此时就需要关闭脚本打开的浏览器。Selenium 中关闭浏览器的方法有两种，一种是使用 WebDriver 的 close() 方法，另一种是使用 WebDriver 的 quit() 方法。接下来笔者将介绍这两种方法的不同。

1. 关闭当前窗口

假设笔者在自动化测试过程中打开了两个窗口，如图 5-7 所示。

图 5-7　浏览器打开两个窗口

此时当前窗口是第 2 个窗口。当笔者只想关闭第 2 个窗口时，可以调用 WebDriver 的 close() 方法，该方法不需要传任何参数，代码如下：

```
#关闭当前窗口
driver.close()
```

2. 退出驱动并关闭所有窗口

在上述例子中，当笔者想关闭所有窗口时，需要调用 WebDriver 的 quit() 方法，也不需要传任何参数即可关闭所有窗口，当关闭所有窗口同时 Driver 也就跟着退出了，代码如下：

```
# 退出驱动,关闭所有窗口
driver.quit()
```

5.2.5 总结

以上代码虽然没有涉及使用 Selenium 操作元素,但每个测试用例在开始和结束时都会执行这些代码,所以笔者对代码进行了总结,后期还会对这些代码进行二次封装,代码如下:

```
//第5章/new_selenium/my_sel_0.py
from selenium import webdriver
# 打开浏览器
driver = webdriver.Chrome()
# 导航到网页
driver.get('http://localhost:8080/Login')
# 最大化浏览器
driver.maximize_window()
# 关闭所有浏览器
driver.quit()
```

5.3 WebDriver 元素定位

通过前面的学习,读者已经可以进入需要测试的网站。接下来读者可以思考一下手工测试会做哪些操作,然后根据手工测试思路进行自动化测试学习。以登录为例,手工测试会先找到用户名和密码输入框,输入用户名和密码,然后单击登录。自动化测试的步骤跟手工测试一样,读者也需要先定位用户名、密码、登录按钮这 3 个元素。

5.3.1 开发者工具

定位元素的工具有很多,前端开发经常会打开浏览器的开发者工具进行定位。打开开发者工具的方式有两种,一种是按 F12 快捷键;另一种是在网页上右击,选择"检查"。开发者工具打开后如图 5-8 所示,右边有代码的部分就是开发者工具。

在图 5-8 中,读者在开发者工具中单击最左边的箭头按钮,然后单击用户名输入框,这样就可以定位到用户名输入框的前端代码,代码如下:

```
<input class="el-input__inner" id="username" type="text" autocomplete="off" placeholder="username">
```

示例中,用户名输入框是一个 input 标签,并且 type 属性为 text。input 标签的属性包含 placeholder 属性、class 属性、id 属性等,这些属性在实际工作中都可以用来帮助定位元素。

5.3.2 id 属性定位

以用户名输入框为例,笔者首先尝试使用 id 属性定位元素,原因是 id 属性在开发过程

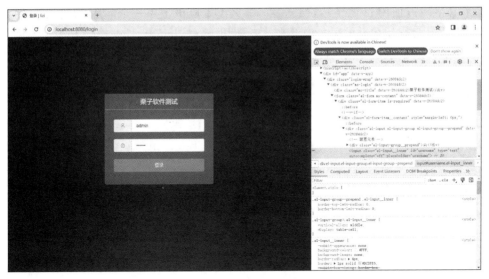

图 5-8 开发者工具

中是唯一的,所以使用 id 属性定位元素一定是唯一的。笔者再次观察用户名输入框的 id 属性,代码如下:

```
< input class = "el - input__inner" id = "username" type = "text" autocomplete = "off" placeholder = "username">
```

示例中,用户名输入框 id 属性值为 username,使用 id 定位元素只需调用 WebDriver 的 find_element_by_id()方法,参数需要传入用户名输入框 id 属性的值,代码如下:

```
//第5章/new_selenium/my_sel_1.py
from selenium import webdriver

#打开浏览器
driver = webdriver.Chrome()
#导航到网页
driver.get('http://localhost:8080/Login')
#最大化浏览器
driver.maximize_window()
#id 定位
element = driver.find_element_by_id("username")
print(type(element))

#执行结果
<class 'selenium.webdriver.remote.webelement.WebElement'>
```

示例中,笔者使用 WebDriver 的 find_element_by_id()方法定位用户名输入框,并将方法返回值赋值给 element 变量,接着打印 element 变量的类型。从执行结果可以看出,element 变量的类型是 WebElement,表示定位成功。

现在读者可以使用 id 属性定位到元素，那么读者应该考虑一个问题，如果定位的元素不存在，则代码会有什么提示呢？接下来笔者使用 find_element_by_id()方法传入错误的参数值，演示元素不存在时代码的报错，代码如下：

```python
//第 5 章/new_selenium/my_sel_1.py
from selenium import webdriver

#打开浏览器
driver = webdriver.Chrome()
#导航到网页
driver.get('http://localhost:8080/Login')
#最大化浏览器
driver.maximize_window()
#id 定位
element = driver.find_element_by_id("username2")
print(type(element))
print(element)

#执行结果
selenium.common.exceptions.NoSuchElementException: Message: no such element: Unable to locate element: {"method":"css selector","selector":"[id="username2"]"}
```

示例中，笔者调用 find_element_by_id()方法时将参数故意错误地写成 username2，由于在前端代码中 id=username，所以 id=username2 元素是不存在的。此时执行代码读者可以看到执行结果中报错 NoSuchElementException，表示元素不存在，并且指明了 id="username2"部分发生了错误，这些报错信息足以让笔者找到问题所在。

5.3.3 name 属性定位

为了演示 name 属性定位元素，笔者特意在密码的 input 标签中添加了 name 属性，并将 name 属性的值设置为 password，前端代码如下：

```html
<input class="el-input__inner" name="password" type="password" autocomplete="off" placeholder="password">
```

相信读者根据前面 id 属性定位所学知识，可以猜到 name 属性定位元素只需调用不同的方法。这里笔者就调用 WebDriver 的 find_element_by_name()方法，传入元素 name 属性值实现 name 属性元素定位，代码如下：

```python
//第 5 章/new_selenium/my_sel_2.py
from selenium import webdriver

#打开浏览器
driver = webdriver.Chrome()
#导航到网页
driver.get('http://localhost:8080/Login')
#最大化浏览器
```

```
driver.maximize_window()
#name 定位
element = driver.find_element_by_name("password")
print(type(element))

#执行结果
<class 'selenium.webdriver.remote.webelement.WebElement'>
```

示例中,笔者调用 WebDriver 的 find_element_by_name()方法并传入了密码输入框 name 属性值 password。从执行结果可以看出,密码输入框也是一个 WebElement,表示定位成功。

5.3.4 class 属性定位

HTML 中标签的 class 属性对应的是标签的样式,由于样式并非 UI 自动化测试的重点内容,所以笔者在前面的章节中并没有进行重点介绍,读者可以简单地将样式理解为元素长什么样子、什么颜色等。

以登录按钮为例,笔者使用开发者工具查看登录按钮的前端代码,代码如下:

```
<div class="login-btn" data-v-26084dc2="">
<button class="el-button el-button--primary" type="button" data-v-26084dc2="">
<span>登录</span></button>
</div>
```

在前端代码中,button 标签有 class 属性,button 标签外层的 div 容器也有 class 属性,那么应该选择哪个 class 属性值进行定位呢? 笔者这里选择的是 div 标签的 class 属性值,因为 div 标签的 class 属性值更加明确地表示了是一个登录按钮,定位代码如下:

```
//第5章/new_selenium/my_sel_3.py
from selenium import webdriver

#打开浏览器
driver = webdriver.Chrome()
#导航到网页
driver.get('http://localhost:8080/Login')
#最大化浏览器
driver.maximize_window()
#class 定位
element = driver.find_element_by_class_name("login-btn")
print(type(element))

#执行结果
<class 'selenium.webdriver.remote.webelement.WebElement'>
```

示例中,笔者使用 WebDriver 的 find_element_by_class()方法,传入 div 标签的 class 属性值 login-btn,从执行结果中可以看出 class 属性定位成功。由于 div 标签相当于容器,它包含了 button 标签,所以定位到 div 标签也就相当于定位到了 button 标签。读者可以根据 HTML 结构尝试理解标签之间的关系,这样有助于对后面元素定位的学习。

5.3.5 CSS 选择器定位

CSS(Cascading Style Sheets)是一种语言,该语言用来描述 HTML 和 XML 的元素显示样式。CSS 语言中有 CSS 选择器,在 Selenium 中也可以使用这些选择器来对元素进行定位操作。笔者在此简单地总结了 CSS 选择器的一些基本用法,见表 5-1。关于 CSS 选择器的具体细节读者可以翻阅相关书籍进行详细学习,这里不进行过多讲解。

表 5-1 CSS 选择器

选 择 器	格 式	备 注
点(.)	.xx	class 选择器
井号(#)	#xx	id 选择器
[attribute=value]	[name=password]	属性选择器

表 5-1 中笔者只介绍了 3 个选择器,即 class 选择器、id 选择器和属性选择器,使用上面这 3 种选择器就可以把前面学到的 id 属性定位、name 属性定位和 class 属性定位使用 CSS 选择器进行实现。

使用 CSS 选择器定位需要用到 WebDriver 的 find_element_by_css_selector()方法,该方法的参数可以使用 id 选择器、class 选择器、属性选择器。笔者还是以登录为例,分别用这 3 种不同的选择器定位用户名输入框、密码输入框和登录按钮,代码如下:

```
#第5章/new_selenium/my_sel_4.py
from selenium import webdriver

#打开浏览器
driver = webdriver.Chrome()
#导航到网页
driver.get('http://localhost:8080/Login')
#最大化浏览器
driver.maximize_window()
#用户名定位:id选择器
element_username = driver.find_element_by_css_selector("#username")
print(type(element_username))
#密码定位:属性选择器
element_password = driver.find_element_by_css_selector("[name='password']")
print(type(element_password))
#登录按钮定位:class选择器
element_login_btn = driver.find_element_by_css_selector(".login-btn")
print(type(element_login_btn))

#执行结果
<class 'selenium.webdriver.remote.webelement.WebElement'>
<class 'selenium.webdriver.remote.webelement.WebElement'>
<class 'selenium.webdriver.remote.webelement.WebElement'>
```

示例中，笔者统一使用 find_element_by_css_selector() 方法定位登录页面的 3 个元素，定位 3 个元素时的区别在于传入的参数不同。定位用户名输入框时使用"♯id 属性值"格式，表示使用的是 CSS 的 id 选择器；定位密码输入框时在方括号中输入标签"name 属性＝属性值"，表示使用的是 CSS 的属性选择器；定位登录按钮时使用". class 属性值"格式，表示使用的是 CSS 的 class 选择器。从执行结果可以看出，使用 CSS 选择器定位 3 个元素均可以成功。

5.3.6 link text 定位

link text 定位从字面意思上就可以猜测出，这是使用 a 标签的文本来定位的。笔者以百度首页左上角"新闻"链接为例，先按 F12 键打开开发者工具，然后抓取前端代码，代码如下：

```
<a href="http://news.baidu.com" target="_blank" class="mnav c-font-normal c-color-t">新闻</a>
```

从上述代码可以看出，a 标签的文本是"新闻"二字，只要读者稍加思索就可以想到，应该调用 WebDriver 的 find_element_by_link_text() 方法定位该元素，代码如下：

```python
//第 5 章/new_selenium/my_sel_5.py
from selenium import webdriver

#打开浏览器
driver = webdriver.Chrome()
#导航到网页
driver.get('https://www.baidu.com')
#最大化浏览器
driver.maximize_window()
#link text 定位
element = driver.find_element_by_link_text("新闻")
print(type(element))

#执行结果
<class 'selenium.webdriver.remote.webelement.WebElement'>
```

示例中，读者需要注意两个问题。第 1 个问题，笔者使用百度首页作为测试页面，所以在调用 WebDriver 的 get() 方法时，需要传入的参数应该改为百度首页地址；第 2 个问题，使用 WebDriver 的 find_element_by_link_text() 方法定位 a 标签元素时，需要传入 a 标签的文字"新闻"。从执行结果可以看出定位元素成功。

5.3.7 partial link text 定位

partial link text 定位与 link text 定位方式基本相同，partial link text 的英文意思是使用部分文本对 a 标签元素进行定位，从字面意思可以看出，定位 a 标签元素时只需传入标签部分文字便可以定位成功。定位时使用 WebDriver 的 find_element_by_partial_link_text()

方法，代码如下：

```python
//第 5 章/new_selenium/my_sel_6.py
from selenium import webdriver

# 打开浏览器
driver = webdriver.Chrome()
# 导航到网页
driver.get('https://www.baidu.com')
# 最大化浏览器
driver.maximize_window()
# partial link text 定位
element = driver.find_element_by_partial_link_text("闻")
print(type(element))

# 执行结果
<class 'selenium.webdriver.remote.webelement.WebElement'>
```

示例中，笔者还是使用百度首页进行测试，但在调用 find_element_by_partial_link_text() 方法时只传入了新闻的"闻"字，从执行结果可以看出，只传入 a 标签的部分内容也是可以定位成功的。

5.3.8　tag name 定位

tag name 定位的意思就是通过标签的名字进行定位，但由于一般在同一个页面中同名标签会有多个，所以使用标签名定位并不一定能定位到唯一的标签。笔者还是以登录页面为例，演示如何定位 input 标签元素，代码如下：

```python
//第 5 章/new_selenium/my_sel_7.py
from selenium import webdriver

# 打开浏览器
driver = webdriver.Chrome()
# 导航到网页
driver.get('http://localhost:8080/Login')
# 最大化浏览器
driver.maximize_window()
# link text 定位
element = driver.find_element_by_tag_name("input")
print(type(element))

# 执行结果
<class 'selenium.webdriver.remote.webelement.WebElement'>
```

示例中，笔者调用 WebDriver 的 find_element_by_tag_name() 方法定位 input 标签元素，所以传入的参数就是 input。从执行结果可以看出定位成功，但读者需要注意的是，当页面包含多个 input 标签时定位到的是第 1 个 input 标签。例如登录页面包含用户名和密码两个输入框,使用 find_element_by_tag_name()方法定位到的是用户名输入框。

5.3.9 xpath 表达式定位

xpath 是 XML path 的简称,它是一种用来确定 XML 文档中查找信息的语言,HTML 可以看作 XML 的一种实现。xpath 定位是笔者后续章节中一直使用的定位方式,读者需要重点关注。对于有 id 属性或 name 属性等唯一属性的元素,可以使用简单的 xpath 进行定位,如果元素没有唯一属性,则可以使用 xpath 轴进行定位。

1. xpath 定位

对于已经有唯一属性的元素来讲 xpath 定位非常简单,只需找到标签元素并使用唯一属性。笔者总结了 xpath 简单语法供读者参考,见表 5-2。

10min

表 5-2 xpath 简单语法

语 法	格 式	备 注
/	/html/body/div	从根节点开始选取
//	//input	从 input 标签开始选取
@	//input[@id='username']	选取 input 标签的 id 属性
text()	//span[text()='登录']	文本定位
contains()	//div[contains(@class,'login-btn')]	模糊定位

接下来笔者以登录页面为例,使用 xpath 定位登录页面上的所有元素,代码如下:

```
//第 5 章/new_selenium/my_sel_8.py
from selenium import webdriver

# 打开浏览器
driver = webdriver.Chrome()
# 导航到网页
driver.get('http://localhost:8080/Login')
# 最大化浏览器
driver.maximize_window()
# 用户名定位
element_username = driver.find_element_by_xpath("//input[@id='username']")
print(type(element_username))
# 密码定位
element_password = driver.find_element_by_xpath("//input[@name='password']")
print(type(element_password))
# 登录按钮定位
element_login_btn_1 = driver.find_element_by_xpath("//div[@class='login-btn']")
element_login_btn_2 = driver.find_element_by_xpath("//span[text()='登录']")
element_login_btn_3 = driver.find_element_by_xpath("//div[contains(@class,'login-btn')]")
print(type(element_login_btn_1))
print(type(element_login_btn_2))
print(type(element_login_btn_3))

# 执行结果
```

```
<class 'selenium.webdriver.remote.webelement.WebElement'>
<class 'selenium.webdriver.remote.webelement.WebElement'>
<class 'selenium.webdriver.remote.webelement.WebElement'>
<class 'selenium.webdriver.remote.webelement.WebElement'>
<class 'selenium.webdriver.remote.webelement.WebElement'>
```

示例中,笔者调用 WebDriver 的 find_element_by_xpath()方法定位元素,由于不同元素有不同的唯一属性,所以笔者分别传入了 id 属性、name 属性、class 属性进行定位。对于登录按钮笔者特意使用了多种属性进行定位,包括 class 属性、text()文本、contains()模糊定位,目的是让读者在使用 xpath 定位元素时有更多的选择,以便更容易地进行定位。

2. xpath 轴定位

除了基础定位方法外 xpath 还有轴定位方法,即当所要定位的标签元素没有唯一的属性可以定位,但亲戚节点很好定位时,读者可以使用 xpath 轴先定位元素的亲戚节点,然后通过亲戚节点找到想要的元素。笔者总结了 xpath 轴定位的语法,见表 5-3。

表 5-3 xpath 轴定位的语法

轴	备注
ancestor	选取当前节点的所有先辈(父、祖父等)
ancestor-or-self	选取当前节点的所有先辈(父、祖父等)及当前节点本身
attribute	选取当前节点的所有属性
child	选取当前节点的所有子元素
descendant	选取当前节点的所有后代元素(子、孙等)
descendant-or-self	选取当前节点的所有后代元素(子、孙等)及当前节点本身
following	选取文档中当前节点的结束标签之后的所有节点
namespace	选取当前节点的所有命名空间节点
parent	选取当前节点的父节点
preceding	选取文档中当前节点的开始标签之前的所有节点
preceding-sibling	选取当前节点之前的所有同级节点
self	选取当前节点

其实读者只要明白轴语法英文单词的意思,大概就会猜到轴是用来做什么的了,需要注意的细节就是轴语法如何使用。由于笔者将在后面小节中介绍一个 Firefox 浏览器 xpath 定位插件,有了此插件读者可以很方便地获取标签元素的 xpath,所以笔者在此只举一些简单的例子。这些例子没有实际意义,但足以让读者理解 xpath 轴语法应该如何应用,具体如下。

(1) 找到 input 节点的祖先节点 form: //input[@id='username']/ancestor::form。

(2) 找到 input 节点的父亲节点 div: //input[@id='username']/parent::div。

(3) 找到 input 节点的兄弟节点 div: //input[@id='username']/following-sibling::div。

(4) 找到 input 节点的儿子节点 div: //input[@id='username']/child::div。

(5) 找到 input 节点的后代节点 div: //input[@id='username']/descendant::div。

5.3.10 By 模块定位

上述笔者所讲述的单个元素的定位方法还有另外一种写法,即通过 By 模块声明定位的方法。当读者使用 By 声明定位方法时,需要调用 WebDriver 的 find_element()方法,该方法需要传入两个参数,第 1 个参数是 By 模块操作的属性,第 2 个参数是属性值。By 模块定位方法见表 5-4。

表 5-4 By 模块定位方法

方法	备注
find_element(By.ID, "")	id 定位
find_element(By.NAME, "")	name 定位
find_element(By.CLASS_NAME, "")	class name 定位
find_element(By.CSS_SELECTOR, "")	css 选择器定位
find_element(By.LINK_TEXT, "")	链接文本定位
find_element(By.PARTIAL_LINK_TEXT, "")	链接部分文本定位
find_element(By.TAG_NAME, "")	标签名定位
find_element(By.XPATH, "")	xpath 定位

虽然笔者在后面的章节中不常使用 By 模块进行元素定位,但笔者还是以登录页面为例,以 By 模块的方式实现页面元素的定位,代码如下:

```
//第 5 章/new_selenium/my_sel_9.py
from selenium import webdriver
from selenium.webdriver.common.by import By

# 打开浏览器
driver = webdriver.Chrome()
# 导航到网页
driver.get('http://localhost:8080/Login')
# 最大化浏览器
driver.maximize_window()
# 用户名定位
element_username = driver.find_element(By.ID, "username")
print(type(element_username))
# 密码定位
element_password = driver.find_element(By.NAME, "password")
print(type(element_password))
# 登录按钮定位
element_login_btn = driver.find_element(By.CLASS_NAME, "login-btn")
print(type(element_login_btn))

# 执行结果
<class 'selenium.webdriver.remote.webelement.WebElement'>
<class 'selenium.webdriver.remote.webelement.WebElement'>
<class 'selenium.webdriver.remote.webelement.WebElement'>
```

示例中,笔者使用的是 find_element()方法。当笔者想通过 id 定位用户名输入框时,向第 1 个参数传入 By.ID;向第 2 个参数传入用户名输入框 id 属性的值,其他元素定位以此类推。

5.3.11 定位多个元素

除了需要定位单个元素之外,读者在工作中还可能需要定位多个元素,定位多个元素的方法是 find_elements_by_id()等。定位单个元素和定位多个元素的区别在于定位单个元素使用的是以 find_element 开头的方法,而定位多个元素使用的是以 find_elements 开头的方法。具体见表 5-5。

表 5-5 多个元素定位

方 法	备 注
find_elements_by_id()	id 定位
find_elements_by_name()	name 定位
find_elements_by_class_name()	class 属性定位
find_elements_by_css_selector()	css 选择器定位
find_elements_by_link_text()	链接文本定位
find_elements_by_partial_link_text()	链接部分文本定位
find_elements_by_tag_name()	标签名定位
find_elements_by_xpath()	xpath 定位

在登录页面中包含两个 input 标签元素,如果读者想定位这两个 input 标签,则可以使用 WebDriver 的 find_elements_by_tag_name()方法,代码如下:

```
//第 5 章/new_selenium/my_sel_10.py
from selenium import webdriver

#打开浏览器
driver = webdriver.Chrome()
#导航到网页
driver.get('http://localhost:8080/Login')
#最大化浏览器
driver.maximize_window()
#定位多个元素
elements = driver.find_elements_by_tag_name("input")
print(elements)

#执行结果
[< selenium.webdriver.remote.webelement.WebElement (session = "41ec4d5809f71e41a0bb57538a68cabd",
element = "519ACF5ED6582097A49DEC45664A4F24_element_2") >, < selenium.webdriver.
remote.webelement.WebElement (session = "41ec4d5809f71e41a0bb57538a68cabd", element =
"519ACF5ED6582097A49DEC45664A4F24_element_3")>]
```

示例中,笔者使用 find_elements_by_tag_name()方法并传入 input 作为参数,意思是定位到页面上所有的 input 标签元素。从执行结果可以看出,定位到了两个 input 标签。

如果读者想要操作每个 input 标签元素,则可以使用 for 循环进行遍历,代码如下:

```
elements = driver.find_elements_by_tag_name("input")
for element in elements:
    print(element)
```

如果读者仅需要操作某个 input 标签元素,则可以通过下标获取指定元素,前提是读者已经知道 input 标签在 HTML 文档中的顺序。例如笔者想要操作用户名输入框,则需要执行的元素的下标为 0,代码如下:

```
element = driver.find_elements_by_tag_name("input")[0]
print(element)
```

5.3.12 XPath 插件

在前后端分离的开发过程中,前端开发工程师不可能在每个标签中都添加 id 或 name 之类的唯一属性,所以在实际测试工作中,笔者一般统一使用 xpath 方式进行定位。由于 xpath 定位有一定难度,逐级书写会影响测试进度,所以笔者将介绍一款 Firefox 浏览器插件来解决这一问题。读者可以打开附件组件管理器,搜索 Ruto-XPath Finder 然后进行安装,如图 5-9 所示。

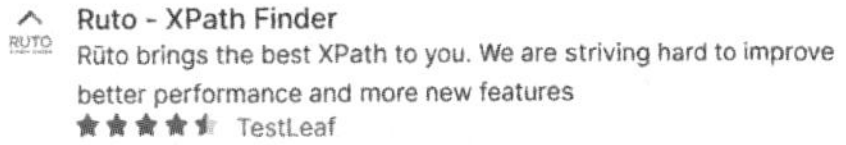

图 5-9 Ruto-XPath 插件

安装好 Ruto 插件后,Firefox 浏览器的右上角就会出现 Ruto 的图标。开启 Ruto 后单击想要进行 xpath 定位的标签元素,就可以得到元素的多个 xpath,读者可以选择其中比较容易理解的 xpath 进行使用,如图 5-10 所示。

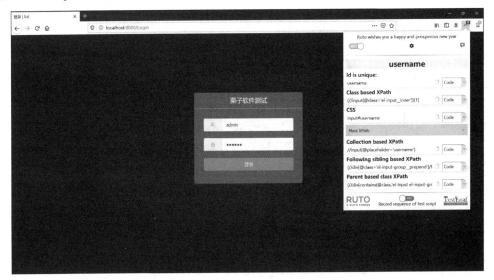

图 5-10 Ruto-XPath 插件的使用

还是以登录页面为例，笔者使用 Ruto 插件获取不同的 xpath，看一看是否能够成功定位元素，代码如下：

```python
# 第 5 章/new_selenium/my_sel_11.py
from selenium import webdriver

# 打开浏览器
driver = webdriver.Chrome()
# 导航到网页
driver.get('http://localhost:8080/Login')
# 最大化浏览器
driver.maximize_window()
# 用户名定位
element_username = driver.find_element_by_xpath("//input[@placeholder = 'username']")
print(type(element_username))
# 密码定位
element_password = driver.find_element_by_xpath("//input[@placeholder = 'password']")
print(type(element_password))
# 登录按钮定位
element_login_btn = driver.find_element_by_xpath("//div[@class = 'login-btn']//button[1]")
print(type(element_login_btn))

# 执行结果
<class 'selenium.webdriver.remote.webelement.WebElement'>
<class 'selenium.webdriver.remote.webelement.WebElement'>
<class 'selenium.webdriver.remote.webelement.WebElement'>
```

示例中，3 个元素的 xpath 都是由 Ruto 插件获取的。对于用户名输入框和密码输入框，Ruto 插件使用 placeholder 属性进行定位；登录按钮定位更加精确，先使用 class 属性定位到登录按钮的父 div 标签，再在父 div 标签中找到第 1 个 button 标签。从执行结果可以看出，Ruto 插件获取的 xpath 完全可以正常使用，不会报任何错误。

5.4 WebDriver 基本操作

学习完标签元素定位后，接下来的工作就是去操作元素了。本节中，笔者会使用第 4 章 HTML 基础中的内容进行演示，后面的章节再过渡到笔者自己开发的测试项目上进行二次演示，这样既能兼顾学习的完整性，同时又能达到更好的学习效果。

5.4.1 输入操作

在 HTML 基础中笔者写了一个简单的登录页面，包括用户名输入框、密码输入框和一个登录按钮，代码如下：

```html
用户名:<input type = "text" name = "username"><br>
密码:<input type = "password" name = "password"><br>
<button>登录</button>
```

1. 输入操作

要对输入框进行输入操作,需要调用 WebDriver 的定位方法获取 Webelement,然后再调用 WebElement 的 send_keys()方法,代码如下:

```
//第 5 章/new_selenium/my_sel_html_1.py
from selenium import webdriver

driver = webdriver.Chrome()
driver.get('F:\\a-lizi-workspace\\lizitest-1\\new_html\\test2.html')
driver.maximize_window()
#输入操作
driver.find_element_by_xpath("//input[@name = 'username']").send_keys('admin')
driver.find_element_by_xpath("//input[@name = 'password']").send_keys('123456')
```

示例中,笔者调用 send_keys()方法并传入用户名和密码,用户名和密码输入成功,如图 5-11 所示。

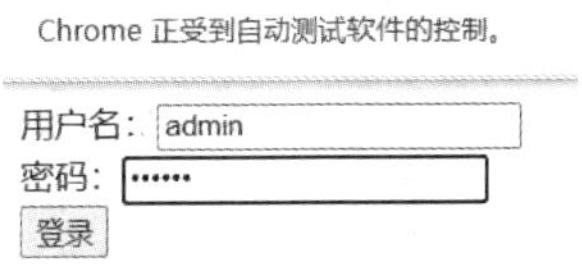

2. 清空操作

当用户名和密码为空时,以上输入操作没有任何问题,但当用户名和密码有默认值时,读者会发现脚本输入的内容会

图 5-11 输入结果

被追加到原内容的后边,这样就会造成登录失败,那么如何解决这一问题呢?

笔者对登录的 HTML 代码进行了简单修改,给用户名和密码标签增加了 value 属性,这样用户名和密码就有了默认值,代码如下:

```
用户名:<input type = "text" name = "username" value = "user1"><br>
密码:<input type = "password" name = "password" value = "123456"><br>
<button>登录</button>
```

为了解决输入框默认值问题,笔者在定位完元素之后,首先调用 WebElement 的 clear()方法,然后调用该元素的 send_keys()方法,这样就能先清除默认值,然后输入新的用户名和密码,代码如下:

```
//第 5 章/new_selenium/my_sel_html_2.py
import time
from selenium import webdriver

driver = webdriver.Chrome()
driver.get('F:\\a-lizi-workspace\\lizitest-1\\new_html\\test2.html')
driver.maximize_window()
time.sleep(2)
#输入操作
element_username = driver.find_element_by_xpath("//input[@name = 'username']")
element_username.clear()
element_username.send_keys('admin')
element_password = driver.find_element_by_xpath("//input[@name = 'password']")
element_password.clear()
element_password.send_keys('123456')
```

示例中,笔者先定位元素,然后依次调用 WebElement 的 clear()方法和 send_keys()方法,结果达到了先清空后输入的目的。另外,笔者在代码中使用了 time 模块的 sleep()方法,该方法是让代码等待几秒,其目的是让读者看清清空操作的过程。

5.4.2 单击操作

单击操作不仅指单击按钮,单选框、复选框也是通过单击进行操作的,接下来将一一讲解不同标签元素的单击操作。

1. 按钮单击

还是以登录按钮为例,单击"登录"按钮需要调用 WebElement 的 click()方法,代码如下:

```python
//第 5 章/new_selenium/my_sel_html_3.py
import time
from selenium import webdriver

driver = webdriver.Chrome()
driver.get('F:\\a-lizi-workspace\\lizitest-1\\new_html\\test2.html')
driver.maximize_window()
time.sleep(2)
#输入操作
element_username = driver.find_element_by_xpath("//input[@name = 'username']")
element_username.clear()
element_username.send_keys('admin')
element_password = driver.find_element_by_xpath("//input[@name = 'password']")
element_password.clear()
element_password.send_keys('123456')
#单击操作
element_button = driver.find_element_by_xpath("//button[text() = '登录']")
element_button.click()
```

示例中,笔者使用文本属性定位登录按钮,然后调用 click()方法对其进行单击操作。

2. 单选框单击

在操作单选框之前,先回忆下单选按钮的前端代码,代码如下:

```html
<!-- 单选 -->
<input type = "radio" name = "sex" value = "male" checked = "checked">男<br>
<input type = "radio" name = "sex" value = "female">女<br>
```

示例中,单选框默认选中的选项是"男",如果笔者想单击选择"女"选项,则需要调用 WebElement 的 click()方法,代码如下:

```python
//第 5 章/new_selenium/my_sel_html_4.py
from selenium import webdriver

driver = webdriver.Chrome()
driver.get('F:\\a-lizi-workspace\\lizitest-1\\new_html\\test4.html')
```

```python
driver.maximize_window()
#选择女
driver.find_element_by_xpath("//input[@value = 'female']").click()
```

示例中，笔者通过观察得出 input 标签元素的 value 属性可以区分两个单选框，所以笔者使用 value 属性进行定位并进行单击操作，执行结果如图 5-12 所示。

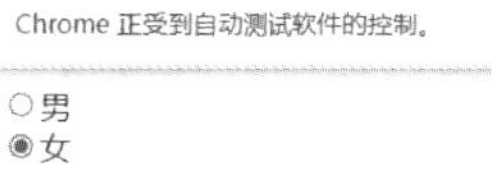

图 5-12　单选结果

3. 复选框单击

在操作复选框之前，先回忆下多选按钮的前端代码，代码如下：

```html
<!-- 多选 -->
<input type = "checkbox" name = "vehicle" value = "Bike">自行车<br>
<input type = "checkbox" name = "vehicle" value = "Car" checked = "checked">汽车
```

示例中，复选框默认选中的选项是"汽车"。接下来笔者想在选择时先判断选项是否已被选中，如果没有被选中，则进行单击操作，如果已被选中，则打印该选项已经被选中无须再选择，代码如下：

```python
//第 5 章/new_selenium/my_sel_html_5.py
from selenium import webdriver

driver = webdriver.Chrome()
driver.get('F:\\a - lizi - workspace\\lizitest - 1\\new_html\\test4.html')
driver.maximize_window()
#定位所有复选框
elements = driver.find_elements_by_xpath("//input[@name = 'vehicle']")
#遍历并选择
for element in elements:
    if element.is_selected():
        print("{} 选项已经被选中无须再选择!".format(element.get_attribute("value")))
        continue
    else:
        element.click()

#执行结果
Car 选项已经被选中无须再选择!
```

示例中，笔者调用 WebDriver 的 find_elements_by_xpath()方法获取所有的复选框，然后使用 for 循环对所有复选框进行遍历。调用 WebElement 的 is_selected()方法判断当前复选框是否被选中，如果已被选中，则打印提示并继续循环；如果没被选中，则调用 WebElement 的 click()方法选中该复选框。执行结果如图 5-13 所示。

图 5-13　多选结果

值得注意的是，如果想取消复选框，则只需调用 WebElement 的 click()方法对其进行单击，希望读者不要将事情复杂化，记住复选框都是单击操作即可。

5.4.3 下拉列表操作

下拉列表操作比较特殊,操作过程中涉及一个 Select 类。读者需要先实例化 Select 类,然后调用 select_by_visible_text()方法传入选择项的文本进行选择。

首先回忆下下拉列表 HTML 代码,代码如下:

```html
<select name="city">
    <option value="beijing">北京</option>
    <option value="shanghai">上海</option>
    <option value="guangzhou" selected>广州</option>
    <option value="shenzhen">深圳</option>
</select>
```

代码中,下拉列表默认被选中的选项是"广州",笔者想将被选中的选项变为"北京",代码如下:

```python
//第 5 章/new_selenium/my_sel_html_6.py
from selenium import webdriver
from selenium.webdriver.support.select import Select

driver = webdriver.Chrome()
driver.get('F:\\a-lizi-workspace\\lizitest-1\\new_html\\test5.html')
driver.maximize_window()
# 定位元素
select_element = driver.find_element_by_xpath("//select[@name='city']")
# 实例化 Select 对象
select = Select(select_element)
# 选择北京
select.select_by_visible_text("北京")
```

示例中,笔者导入了 Select 类,当时实例化 Select 时传入的是 select 标签元素的 xpath,实例化之后就可以调用 Select 类的 select_by_visible_text()方法,传入"北京"进行选中操作。执行结果如图 5-14 所示。

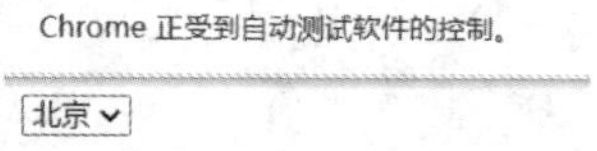

图 5-14 下拉选中结果

当然,选中下拉列表中的选项有多种方法,笔者在这里做了简单总结,读者可以在需要时选择不同的方法,见表 5-6。

表 5-6 下拉选择方法

方法	备注
select_by_visible_text()	通过文本选中
select_by_value()	通过 value 属性选中
select_by_index()	通过下标选中

5.4.4 文件上传操作

文件上传操作在前端开发中一般使用 input 标签并将其 type 属性设置为 file。当用户选择需要上传的文件时,前端开发人员会按照需求对文件进行相应处理。接下来笔者将介绍前端在上传文件时如何处理;WebDriver 如何实现文件上传;第三方工具如何实现文件上传,目的是让读者更加深入地了解文件上传的相关内容。

1. 文件上传实现

以前后端分离系统为例,笔者参考 ElementUI 中组件的属性,总结出前端开发人员在实现文件上传时一般会考虑以下几点,具体如下。

1)自动上传

ElementUI 中 el-upload 标签有一个 auto-upload 属性,一般单个文件上传时会将该属性设置为 True,表示自动上传文件,设置该属性后就不需要用户再单击一个上传按钮进行上传了。

2)判断文件类型和大小

在上传文件之前,前端开发人员可以调用 beforeUpload() 方法,在该方法中开发人员可以根据需求判断文件的类型或者文件的大小等。如果文件类型或文件大小不满足要求,则给出错误提示。

3)调用后端接口

当上传文件合法时,前端开发人员可以调用 uploadHttpRequest() 方法,在该方法中正式调用后端的上传接口进行文件上传。

2. 文件上传操作

明白了文件上传的原理后,读者就可以调用 WebElement 的 send_keys() 方法直接输入文件路径以实现上传功能了。

首先,回忆下简单的 HTML 文件上传代码,代码如下:

```
<input type="file" name="upload_input">
```

示例中,input 标签元素有 id 属性,所以笔者只需使用 id 属性进行 xpath 定位,然后在 send_keys() 方法中输入文件路径便可以实现文件上传,代码如下:

```python
//第5章/new_selenium/my_sel_html_7.py
from selenium import webdriver

driver = webdriver.Chrome()
driver.get('F:\\a-lizi-workspace\\lizitest-1\\new_html\\test6.html')
driver.maximize_window()
# 文件上传
driver.find_element_by_xpath("//input[@name='file_upload']").send_keys("D://测试.txt")
```

示例中，笔者使用 D 盘中名为"测试.txt"的文件进行上传，上传结果如图 5-15 所示。

图 5-15 文件上传结果

3. 第三方工具文件上传操作

当然，如果读者找不到 input 标签，无法对其进行输入操作，就需要使用第三方工具进行自动化文件上传操作。笔者这里讲解 Selenium 如何结合 Pywinauto 完成文件上传操作。

1）HTML 标签和 Windows 窗口

在使用第三方工具 Pywinauto 之前，读者应该弄明白什么是 HTML 网页，以及什么是系统窗口，如图 5-15 所示，"选择文件"按钮是 HTML 标签，Selenium 可以操作该按钮，单击"选择文件"按钮后弹出的是系统窗口，Selenium 不可以操作弹出的系统窗口，只能使用第三方工具进行操作，如图 5-16 所示。

图 5-16 文件选择系统弹窗

2）Pywinauto 安装

安装 Pywinauto 非常简单，使用 pip 命令进行安装即可，代码如下：

```
pip install pywinauto -ihttps://pypi.doubanio.com/simple/
```

3）Selenium＋Pywinauto 实现文件上传

Selenium 和 Pywinauto 工具结合使用时，Selenium 只能操作 HTML 标签，即只能执行到单击"选择文件"按钮，而单击按钮打开的 Windows 窗口则由 Pywinauto 工具操作。

（1）Selenium 单击 input 标签报错。

笔者直接调用 WebElement 的 click()方法单击 input 标签元素时系统会报错，提示如下：

```
#文件上传
driver.find_element_by_xpath("//input[@name = 'file_upload']").click()

#执行结果
selenium.common.exceptions.InvalidArgumentException: Message: invalid argument
```

如果想解决以上报错问题,则需要使用 Selenium 中的 ActionChains 动作链类,ActionChains 实例化该类后可以模拟移动、单击、双击等不同的鼠标动作。

(2) ActionChains 操作。

笔者将单击 input 标签元素代码修改为先定位 input 标签元素,然后通过 Driver 实例化 ActionChains 动作链,最后调用 ActionChains 的 click() 方法单击 input 标签元素,代码如下:

```
//第 5 章/new_selenium/my_sel_html_8.py
from selenium import webdriver
from selenium.webdriver import ActionChains


driver = webdriver.Chrome()
driver.get('F:\\a - lizi - workspace\\lizitest - 1\\new_html\\test6.html')
driver.maximize_window()
#单击选择文件按钮
file_input = driver.find_element_by_xpath("//input[@name = 'file_upload']")
action = ActionChains(driver)
action.click(file_input).perform()
```

示例中,笔者除调用了 ActionChains 的 click() 方法外,还调用了 perform() 方法。该方法是动作链执行方法,如果不写 perform() 方法,则 ActionChains 动作链是不会被执行的。

(3) Pywinauto 工具操作。

打开文件并选择系统弹窗后,接下来的工作就应该使用 Pywinauto 工具来完成了。实例化 Pywinauto 工具后可以通过 Windows 窗口的 title 找到该窗口,然后打开文件所在路径→输入文件名→单击"打开"按钮,即可完成文件上传操作,代码如下:

```
//第 5 章/new_selenium/my_sel_html_8.py
import time
import pywinauto
from pywinauto.keyboard import send_keys


#Pywinauto
app = pywinauto.Desktop()
#根据 title 找到弹出窗口
dialog = app['打开']
#在网址栏输入文件路径
dialog.window(found_index = 0, title_re = ". * 地址. * ").click()
send_keys("D:/test")              #在网址栏输入文件的路径
send_keys("{VK_RETURN}")          #按 Enter 键
time.sleep(2)
```

```
# 输入文件名
dialog["Edit"].type_keys("upload_file.txt")
# 单击打开按钮
dialog["Button"].click()
```

示例中,笔者已经在代码上标明了注释信息,这部分不是本书的重点内容,所以笔者不再做具体的解释,如果读者需要使用Pywinauto工具进行文件上传操作,则只需复制代码并更换上传文件的路径和文件名。

5.4.5 ActionChains 操作

既然在文件上传操作中提到了ActionChains类,接下来笔者就讲解ActionChains类的相关应用。ActionChains叫作动作链,当读者使用ActionChains类的方法时该方法不会被立即执行,而是按照顺序存放在一个队列中,只有当读者调用perform()方法时,队列中的方法才会依次被执行。

还是以登录为例,笔者使用ActionChains类重新编写元素的定位和操作,代码如下:

```
//第 5 章/new_selenium/my_sel_html_9.py
from selenium import webdriver
from selenium.webdriver import ActionChains

driver = webdriver.Chrome()
driver.get('F:\\a-lizi-workspace\\lizitest-1\\new_html\\test2.html')
driver.maximize_window()
# 找到元素
username = driver.find_element_by_xpath("//input[@name='username']")
password = driver.find_element_by_xpath("//input[@name='password']")
login = driver.find_element_by_xpath("//button[text()='登录']")
# 实例化动作链
action = ActionChains(driver)
# 编写动作
action.send_keys_to_element(username, 'admin')
action.send_keys_to_element(password, '123456')
action.click(login)
# 执行动作
action.perform()
```

示例中,笔者先定位出3个需要操作的标签元素,然后实例化ActionChains类,并使用action对象对3个标签元素进行动作编写,最后执行ActionChains类的perform()方法执行所有动作。

5.4.6 悬停操作

悬停的意思就是将鼠标停放在某个元素上。例如将鼠标悬停在百度的首页的右上角的"设置"上,此时就会出现多个设置功能选项,如图5-17所示。对这些功能选项直接进行定位操作时会报错,所以需要先将鼠标悬停在"设置"位置,待设置功能选项出现后再进行操作。

图 5-17 百度设置

接下来笔者将演示直接操作设置功能选项和鼠标悬停后操作设置功能选项,读者可以从中理解鼠标悬停的作用。

1. 直接操作

按照前面学习过的知识,如果要操作某个元素,则只需定位后操作,笔者依据这个思路对"高级设置"选项进行操作,代码如下:

```
//第 5 章/new_selenium/my_sel_html_10.py
from selenium import webdriver
import time

driver = webdriver.Chrome()
driver.get('https://www.baidu.com')
driver.maximize_window()
#鼠标不悬停,直接单击高级搜索
time.sleep(3)
driver.find_element_by_xpath("//span[text() = '高级搜索']").click()

#执行结果
selenium.common.exceptions.NoSuchElementException: Message: no such element: Unable to locate
element: {"method":"xpath","selector":"//span[text() = '高级搜索']"}
```

示例中,笔者直接定位并操作"高级搜索"选项,从执行结果可以看出,代码报错并提示找不到元素。

2. 悬停后操作

既然当直接定位并操作元素时代码会报错,那么就需要像功能测试一样,先将鼠标悬停在"设置"上,再单击"高级设置"选项,代码如下:

```
//第 5 章/new_selenium/my_sel_html_11.py
from selenium import webdriver
from selenium.webdriver import ActionChains
import time
```

```python
driver = webdriver.Chrome()
driver.get('https://www.baidu.com')
driver.maximize_window()
time.sleep(3)
#实例化动作链
action = ActionChains(driver)
#操作设置
setting = driver.find_element_by_xpath("//span[text() = '设置']")
action.move_to_element(setting).perform()
#操作高级搜索
search = driver.find_element_by_xpath("//span[text() = '高级搜索']")
action.click(search).perform()
```

示例中,笔者先定位"设置"按钮,然后使用 ActionChains 类中的 move_to_element()方法将鼠标移动到"设置"按钮上,然后定位"高级搜索"选项,使用 ActionChains 类中的 click()方法单击"高级搜索"选项。执行结果如图 5-18 所示。

图 5-18 百度高级搜索

值得注意的是,笔者在调用了 move_to_element()后直接调用了 perform()方法,原因是不调用 perform()方法鼠标是不会移动到"设置"按钮上的,而鼠标不移动到"设置"按钮上就不会显示"高级搜索"按钮,从而会造成定位操作"高级搜索"按钮时报错。

5.4.7 窗口切换操作

为了演示窗口切换操作,笔者对 a 标签的 HTML 代码进行修改,在 a 标签中添加一个

属性 target 并将其值设置为 blank,意思是单击 a 标签时打开一个新的窗口,代码如下:

```
<div>
    <a href = "https://www.baidu.com" target = "_blank">百度链接测试</a>
</div>
```

当读者单击 a 标签中的文字"百度链接测试"时浏览器会在新窗口打开百度首页,效果如图 5-19 所示。

图 5-19　两个窗口

接下来笔者将演示直接操作新窗口和窗口切换后操作新窗口,读者可以从中理解窗口切换的作用。

1. 直接操作

按照前面学习过的知识,如果要操作百度窗口的输入框,则只需定位后操作,笔者依据此思路编写百度输入框操作代码,代码如下:

```
//第 5 章/new_selenium/my_sel_html_12.py
import time
from selenium import webdriver

driver = webdriver.Chrome()
driver.get('F:\\a-lizi-workspace\\lizitest-1\\new_html\\test7.html')
driver.maximize_window()
#操作
time.sleep(1)
driver.find_element_by_xpath("//a[text() = '百度链接测试']").click()
time.sleep(1)
driver.find_element_by_xpath("//input[@id = 'kw']").send_keys("测试")

#执行结果
selenium.common.exceptions.NoSuchElementException: Message: no such element: Unable to locate
element: {"method":"xpath","selector":"//input[@id = 'kw']"}
```

示例中,打开百度首页后笔者使用代码直接向百度输入框中输入内容,从执行结果可以看出,Selenium 根本找不到百度输入框这个元素。

2. 窗口切换后操作

找不到百度输入框的原因是百度输入框存在于一个新的窗口中,如果想对新窗口的标签元素进行操作,则需要先切换到新窗口。浏览器中每个窗口都有一个窗口句柄,由于该句柄是窗口的唯一标识,所以笔者将使用窗口句柄进行窗口切换,代码如下:

```python
//第 5 章/new_selenium/my_sel_html_13.py
import time
from selenium import webdriver

driver = webdriver.Chrome()
driver.get('F:\\a-lizi-workspace\\lizitest-1\\new_html\\test7.html')
driver.maximize_window()
#操作
time.sleep(1)
driver.find_element_by_xpath("//a[text()='百度链接测试']").click()
time.sleep(1)
#获取所有窗口句柄
handles = driver.window_handles
#遍历窗口句柄
for handle in handles:
    #切换窗口
    driver.switch_to.window(handle)
    #判断窗口 title 是否包含"百度一下"
    if "百度一下" in driver.title:
        time.sleep(1)
        driver.find_element_by_xpath("//input[@id='kw']").send_keys("测试")
        break
    else:
        continue
```

示例中,笔者先调用 WebDriver 的 window_handles()方法获取所有的窗口句柄,然后对所有窗口句柄进行遍历。遍历过程中笔者先调用 WebDriver 的 switch_to.window()方法切换窗口,然后判断窗口的 title 中是否包含"百度一下"字样,如果包含,则操作百度输入框并终止循环,如果不包含,则继续循环。代码的执行效果如图 5-20 所示。

图 5-20 多窗口操作百度输入框

5.4.8 iframe 切换操作

当前端开发人员想要在一个页面中包含另一个页面时会使用 iframe 标签,当 Selenium 自动化测试要操作 iframe 标签包含的网页中的内容时需要切换到 iframe 之内。

1. iframe 前端代码

为了让读者更加容易地理解 iframe 标签,笔者修改了之前的 iframe 前端代码,新增 1 个 input 标签,用于输入,iframe 标签的 src 属性重新赋值为必应首页,代码如下:

```html
我的输入框:<input id="my_baidu"></br></br>
<iframe id="my_iframe" src="https://cn.bing.com/"
        width="100%" height="500" frameborder="0"
        allowfullscreen sandbox>
</iframe>
```

iframe 标签在浏览器中的效果如图 5-21 所示。

图 5-21　iframe 标签在浏览器中的效果

2. 不切换 iframe 操作

从浏览器的效果来看,笔者编写的输入框和必应的输入框在同一个窗口,按理应该可以直接定位操作,接下来笔者尝试直接操作 iframe 标签中的输入框,代码如下:

```python
# 第 5 章/new_selenium/my_sel_html_14.py
import time
from selenium import webdriver

driver = webdriver.Chrome()
driver.get('F:\\a-lizi-workspace\\lizitest-1\\new_html\\test9.html')
driver.maximize_window()
# 操作
time.sleep(2)
driver.find_element_by_xpath("//input[@id='my_baidu']").send_keys("栗子")
driver.find_element_by_xpath("//input[@id='sb_form_q']").send_keys("测试")

# 执行结果
selenium.common.exceptions.NoSuchElementException: Message: no such element: Unable to locate element: {"method":"xpath","selector":"//input[@id='sb_form_q']"}
```

示例中,笔者操作自定义 input 标签没有报错,操作 iframe 标签中的输入框时提示定位不到元素,证明 iframe 标签中的标签不可以直接操作。代码的执行效果如图 5-22 所示。

图 5-22　不切换 iframe 操作

3. 切换 iframe 操作

既然无法直接操作 iframe 中的标签，那么就应该先切换到 iframe 标签，然后对其内部的标签进行操作。切换到 iframe 标签需要先调用 WebDriver 的 switch_to()方法，通过方法返回调用 frame()方法，代码如下：

```
//第5章/new_selenium/my_sel_html_15.py
import time
from selenium import webdriver

driver = webdriver.Chrome()
driver.get('F:\\a-lizi-workspace\\lizitest-1\\new_html\\test9.html')
driver.maximize_window()
#操作
time.sleep(2)
driver.find_element_by_xpath("//input[@id='my_baidu']").send_keys("栗子")
#切换iframe
my_iframe = driver.find_element_by_xpath("//iframe[@id='my_iframe']")
driver.switch_to.frame(my_iframe)
driver.find_element_by_xpath("//input[@id='sb_form_q']").send_keys("测试")
```

示例中，笔者先定位 iframe 标签元素，然后调用 WebDriver 的 switch_to.frame()方法切换到 iframe 标签，最后操作必应输入框时不再报错。浏览器的效果如图 5-23 所示。

图 5-23　切换 iframe 操作

4. 退出 iframe 操作

当笔者切换到 iframe 标签操作完必应的输入框后,如果笔者想再次操作自定义输入框,就需要切换回来,不然代码还是会报错,即定位不到元素。从 iframe 标签切换回来需要调用 WebDriver 的 switch_to.default_content() 方法,代码如下:

```python
//第 5 章/new_selenium/my_sel_html_16.py
import time
from selenium import webdriver

driver = webdriver.Chrome()
driver.get('F:\\a-lizi-workspace\\lizitest-1\\new_html\\test9.html')
driver.maximize_window()
# 操作我的输入框
time.sleep(2)
driver.find_element_by_xpath("//input[@id='my_baidu']").send_keys("栗子")
# 切换 iframe
my_iframe = driver.find_element_by_xpath("//iframe[@id='my_iframe']")
driver.switch_to.frame(my_iframe)
driver.find_element_by_xpath("//input[@id='sb_form_q']").send_keys("测试")
# 切换回默认
driver.switch_to.default_content()
driver.find_element_by_xpath("//input[@id='my_baidu']").send_keys("666")
```

示例中,笔者先调用 WebDriver 的 switch_to.frame() 方法,以此切换到 iframe 标签,再操作其中的内容,然后调用 WebDriver 的 switch_to.default_content() 方法切换回默认窗口,在自定义输入框中输入 666,执行结果在浏览器中的效果如图 5-24 所示。

图 5-24 退出 iframe 操作

5.4.9 JavaScript 弹框操作

JavaScript 是 Web 编程语言,简称 JS。在 HTML 页面中可以使用 JavaScript 实现警告弹框或二次确认弹框。与 iframe 操作相同,如果读者想使用 Selenium 处理 JavaScript 的弹框,则需要先切换到 JavaScript 弹框,然后才能对其进行操作。

1. JavaScript 警告框

笔者写了一段简单的前端代码,代码包括一个输入框和一个手机号校验按钮,当读者单击手机号校验按钮时会弹出警告框,代码如下:

```html
//第 5 章/new_selenium/test13.html
<!DOCTYPE html>
<html lang="en">
<head>
    <meta charset="UTF-8">
    <title>我的窗口</title>
    <script>
        function myFunction(){
            alert("请输入正确的手机号!");
        }
    </script>
</head>
<body>
    <div>
        <p>手机号输入框:<input id="phone_num"></p>
        <input type="button" onclick="myFunction()" value="手机号校验">
    </div>
</body>
</html>
```

示例中,input 标签的 onclick 属性表示单击操作,当用户单击"手机号校验"按钮时,代码会调用 myFunction()方法,该方法会弹出一个警告框,提示用户输入正确的手机号,浏览器的效果如图 5-25 所示。

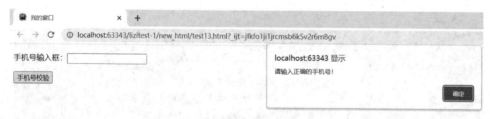

图 5-25 JavaScript 警告框

2. 警告框操作

从浏览器的效果来看,JavaScript 警告框也是在窗口内部,按理可以直接单击"确定"按钮,但实际上警告框操作需要切换到警告框,然后调用 Alert 类的 accept()方法进行确认,代码如下:

```python
//第 5 章/new_selenium/my_sel_html_17.py
import time
from selenium import webdriver

driver = webdriver.Chrome()
```

```
driver.get('F:\\a-lizi-workspace\\lizitest-1\\new_html\\test13.html')
driver.maximize_window()
#单击"手机号校验"按钮
time.sleep(1)
driver.find_element_by_xpath("//input[@id='phone_num']").send_keys('123')
driver.find_element_by_xpath("//input[@value='手机号校验']").click()
#处理消息提示框
time.sleep(1)
driver.switch_to.alert.accept()
```

示例中,笔者先调用 WebDriver 的 switch_to.alert 切换到警告框,然后调用 Alert 类 accept()方法单击警告框的"确定"按钮。

3. 再次操作输入框

根据 iframe 标签切换经验,从 iframe A 切换到 iframe B 完成操作后,需要再次切换到默认 iframe A 才可以继续对 iframe A 的元素进行操作。那么读者可以思考一下,切换到警告框完成操作后,是否还需要再次切换回来? 答案是不需要。接下来笔者演示操作完消息提示框后直接操作输入框,代码如下:

```
//第5章/new_selenium/my_sel_html_18.py
import time
from selenium import webdriver

driver = webdriver.Chrome()
driver.get('F:\\a-lizi-workspace\\lizitest-1\\new_html\\test13.html')
driver.maximize_window()
#单击"手机号校验"按钮
time.sleep(1)
driver.find_element_by_xpath("//input[@id='phone_num']").send_keys('123')
driver.find_element_by_xpath("//input[@value='手机号校验']").click()
#操作消息提示框
time.sleep(1)
driver.switch_to.alert.accept()
#直接操作输入框
driver.find_element_by_xpath("//input[@id='phone_num']").send_keys('456')
```

示例中,笔者先在输入框中输入"123",然后单击"手机号校验"按钮、单击消息提示框中的"确认"按钮,然后在没有进行任何切换操作的情况下直接在输入框内输入"456",操作成功后代码没有报错。浏览器的效果如图 5-26 所示。

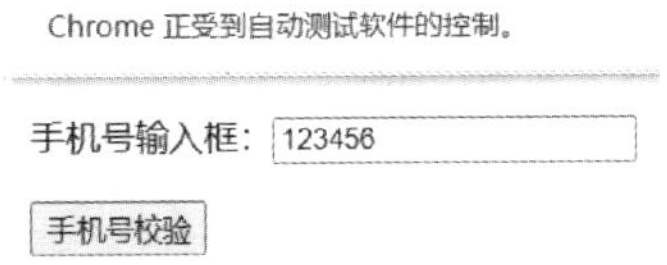

图 5-26 JavaScript 弹框无须切回到默认状态

4. JavaScript 二次确认框

JavaScript 除了可以实现警告框外,还可以实现二次确认框。笔者模拟系统中删除手机号时二次提示是否删除的功能,新建一个删除按钮,当用户单击"删除"按钮时,JavaScript 弹出二次确认提示框,询问是否删除,代码如下:

```html
//第5章/new_selenium/test14.html
<!DOCTYPE html>
<html lang="en">
<head>
    <meta charset="UTF-8">
    <title>我的窗口</title>

</head>
<body>
    <div>
        <p id="my_number">
            手机号:<input type="text" id="phone_num" disabled value="13611111111">
        </p>
        <input type="button" onclick="myFunction()" value="删除">
        <p id="result"></p>
    </div>
    <script>
    function myFunction(){
        var x;
        var r = confirm("是否删除?");
        if (r == true){
            document.getElementById("my_number").innerHTML = ""
            x = "数据已删除!";
        }
        else{
            x = "您已取消删除!";
        }
        document.getElementById("result").innerHTML = x;
    }
    </script>
</body>
</html>
```

示例中,笔者还是使用 input 标签的 onclick 属性。当用户单击"删除"按钮时,代码会调用 myFunction()方法,该方法会弹出一个二次确认框,让用户确认是否删除手机号,浏览器的效果如图 5-27 所示。

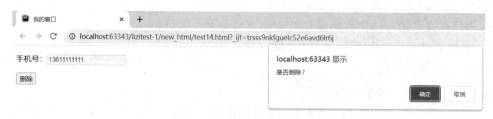

图 5-27 JavaScript 二次确认框

5. 二次确认框操作

有了 JavaScript 警告框的处理经验后，笔者认为 JavaScript 二次确认框的处理方式应该相同，所以笔者直接编写代码以查看执行结果是否正确，代码如下：

```
//第 5 章/new_selenium/my_sel_html_19.py
import time
from selenium import webdriver

driver = webdriver.Chrome()
driver.get('F:\\a-lizi-workspace\\lizitest-1\\new_html\\test14.html')
driver.maximize_window()
#单击"删除"按钮
time.sleep(1)
driver.find_element_by_xpath("//input[@value='删除']").click()
#处理删除弹框
time.sleep(1)
#driver.switch_to.alert.accept()           #确定
driver.switch_to.alert.dismiss()           #取消
```

示例中，笔者先调用 WebDriver 的 switch_to.alert 切换到二次确认框，然后调用 Alert 类 dismiss() 方法单击二次确认框的取消按钮，表示不删除手机号。读者可以参考警告框的操作，尝试单击二次确认框的确定按钮。

5.4.10 JavaScript 操作

Selenium WebDriver 除了可以处理 JavaScript 弹框外，还可以执行 JavaScript 命令。笔者先带领读者了解一下 JavaScript 如何定位标签元素，然后带领读者使用 JavaScript 处理下只读属性的标签元素。

1. JavaScript 基础

读者可以通过 JavaScript 中的 document 对象来定位、操作标签元素，所以接下来笔者将重点介绍 document 对象。

1）JavaScript 对象

JavaScript 的主要对象包括两个，一个是 window 对象；另一个是 document 对象。

（1）window 对象：在 JavaScript 中，一个浏览器窗口就是一个 window 对象。

（2）document 对象：window 对象存放了这个页面的所有信息，为了更好地分类处理这些信息，window 对象下面又分为很多对象，其中 document 对象包含了整个 HTML 文档，可以访问文档中的内容及其所有页面元素。JavaScript 通过 document 对象获取标签元素。

2）document 定位元素

笔者编写了一个简单的页面，页面中只包含一个输入框，代码如下：

```
//第 5 章/new_selenium/test15.html
<html lang = "en">
<head>
    <meta charset = "UTF-8">
</head>
<body>
    <div>
        <p id = "my_number">
            手机号:<input type = "text" id = "phone_num" disabled value = "13611111111">
        </p>
    </div>
</body>
</html>
```

图 5-28　只读输入框

示例中，input 标签元素为只读模式，输入框中的值为电话号"13611111111"，浏览器的效果如图 5-28 所示。

仔细观察 input 标签元素的属性，笔者发现 input 标签元素包含 id 属性，所以笔者决定使用 id 属性进行定位。首先需要按 F12 快捷键打开开发者工具，然后进入控制台页面并调用了 document 对象的 getElementById()方法，参数传入的是 input 标签的 id 属性值，代码如下：

```
document.getElementById('phone_num')
```

在控制台页面输入示例代码后，按 Enter 键后就可以看到控制台中打印出 input 标签元素，表示定位 input 标签元素成功，如图 5-29 所示。

图 5-29　JavaScript 的 id 定位

3) document 修改属性值

定位到标签元素后，读者可以通过 value 属性获取标签的值，代码如下：

```
document.getElementById('phone_num').value
```

如果读者想要修改标签元素的值，则可以先获取标签元素的值，然后对其进行重新赋值，代码如下：

```
document.getElementById('phone_num').value = 13622222222
```

```
#获取xpath对应的标签
document.evaluate("//input[@id = 'phone_num']", document, null, XPathResult.FIRST_ORDERED_
NODE_TYPE, null).singleNodeValue
```

示例中，singleNodeValue 用于匹配文档中的第 1 个节点，如果没有匹配到节点，则返回 null。控制台的效果如图 5-32 所示。

图 5-32　获取 input 标签元素

（3）获取 xpath 对应标签的 value 值。

获取 input 标签元素后，可以使用 value 属性获取 input 标签元素的值，代码如下：

```
#获取xpath对应标签的value值
document.evaluate("//input[@id = 'phone_num']", document, null, XPathResult.FIRST_ORDERED_
NODE_TYPE, null).singleNodeValue.value
```

笔者将 input 标签的 value 属性的默认值设置为"13611111111"，所以使用 JavaScript 命令获取的值也应该是该值，控制台的效果如图 5-33 所示。

图 5-33　获取 value 值

3. JavaScript 处理只读标签元素

笔者已经将 JavaScript 如何操作标签元素讲解了一遍，相信读者也有了一定的了解。接下来笔者将举例说明在 WebDriver 中如何使用 JavaScript 的 xpath 定位来处理只读标签的问题。

1）只读标签

为了让读者记忆深刻，笔者再次对 input 标签进行介绍，代码如下：

```
手机号:< input type = "text" id = "phone_num" disabled value = "13611111111">
```

示例中，input 标签元素的 disabled 属性表示标签只读，即用户不能修改其值。

2）WebDriver 操作只读标签

上述 input 标签元素如果使用 WebDriver 操作，则直接进行操作时代码会报错，代码如下：

```
//第 5 章/new_selenium/my_sel_html_21.py
import time
```

```
from selenium import webdriver

driver = webdriver.Chrome()
driver.get('F:\\a-lizi-workspace\\lizitest-1\\new_html\\test15.html')
driver.maximize_window()
#修改只读输入框
time.sleep(1)
driver.find_element_by_xpath("//input[@id='phone_num']").send_keys("136222222")

#执行结果
selenium.common.exceptions.ElementNotInteractableException: Message: element not interactable
```

示例中,执行结果提示元素不可交互,即元素为只读,表示不能被修改,所以如果读者想修改只读属性的元素,则需要借助 JavaScript 脚本进行操作。

3) WebDriver 执行 JavaScript 命令操作只读标签方法(1)

前面学习过如何使用 JavaScript 对标签元素进行定位和操作,但当时的操作都是在开发者工具的控制台中完成的。如果想使用 Selenium WebDriver 调用 JavaScript 命令,则需要用到 WebDriver 的 execute_script()方法,该方法的参数传入 JavaScript 命令即可,代码如下:

```
//第 5 章/new_selenium/my_sel_html_22.py
import time
from selenium import webdriver

driver = webdriver.Chrome()
driver.get('F:\\a-lizi-workspace\\lizitest-1\\new_html\\test15.html')
driver.maximize_window()
#执行 JavaScript 代码
time.sleep(1)
js_command = "document.evaluate({}, document, null, XPathResult.FIRST_ORDERED_NODE_TYPE, null)" \
            ".singleNodeValue" \
            ".removeAttribute('disabled')"\
            .format("\"//input[@id='phone_num']\"")
print(js_command)
driver.execute_script(js_command)
#修改只读输入框
driver.find_element_by_xpath("//input[@id='phone_num']").clear()
driver.find_element_by_xpath("//input[@id='phone_num']").send_keys("13622222222")

#执行结果
document.evaluate("//input[@id='phone_num']", document, null, XPathResult.FIRST_ORDERED_NODE_TYPE, null).singleNodeValue.removeAttribute('disabled')
```

示例中,笔者将 JavaScript 命令作为字符串赋值给 js_command 变量。值得注意的是,笔者在 JavaScript 命令中使用了 removeAttribute()方法,表示删除标签元素的属性。笔者的目的是删除 disabled 属性，所以在 removeAttribute()方法中传入 disabled 参数。

有了删除标签元素 disabled 属性的 JavaScript 命令后，笔者调用 WebDriver 的 execute_script()方法并传入该 JavaScript 命令，执行后即可删除 input 标签元素的 disabled 属性了。删除了 input 标签元素的只读属性之后就可以正常对其进行操作了，浏览器的效果如图 5-34 所示。

图 5-34 删除 disabled 属性后操作

4）WebDriver 执行 JavaScript 命令操作只读标签方法(2)

在开发过程中，前端开发人员可能不会设置 disabled 属性，而是设置了 readonly 属性，该属性也可以让输入框变为只读，代码如下：

```
手机号:< input type = "text" id = "phone_num" readonly value = "13611111111">
```

如果此时读者在 JavaScript 脚本的 removeAttribute()方法中仍然传入 disabled 参数，则执行代码后会报错，报错信息如下：

```
selenium.common.exceptions.InvalidElementStateException: Message: invalid element state
```

如果想要执行代码后不报错，则读者只需向 JavaScript 脚本的 removeAttribute()方法中传入 readonly 参数，其他代码无须修改，代码如下：

```
js_command = "document.evaluate({}, document, null, XPathResult.FIRST_ORDERED_NODE_TYPE, null)" \
             ".singleNodeValue" \
             ".removeAttribute('readonly')"\
             .format("\"//input[@id = 'phone_num']\"")
```

5.4.11 获取属性值与断言

在 UI 自动化测试过程中，如果读者进行了登录操作，则该如何判断登录是否成功呢？此时就需要找到系统登录后的一些特有内容，在自动化脚本执行登录后判断这些内容是否存在，在这个过程中涉及如何获取内容、如何进行判断，本节中笔者将对此一一进行介绍。

1. 获取属性值

读者可以根据需要，通过 WebElement 的 get_attribute()方法获取不同的属性值，如属性值、文本值、标签元素内部的标签等。笔者编写了一个简单的 HTML 代码，用于演示如何获取这些属性值，代码如下：

```
< div id = "hobby">< span>打篮球</span></div>
```

1）获取文本属性值

获取标签元素的文本内容，需要先获取标签元素，再使用 WebElement 的 get_attribute()

方法，向方法中传入参数名 innerText 即可，代码如下：

```
//第 5 章/new_selenium/my_sel_html_23.py
import time
from selenium import webdriver

driver = webdriver.Chrome()
driver.get('F:\\a-lizi-workspace\\lizitest-1\\new_html\\test16.html')
driver.maximize_window()
#获取标签元素
time.sleep(1)
hobby = driver.find_element_by_xpath("//div[@id='hobby']")
#获取文本信息
div_innerText = hobby.get_attribute("innerText")
print(div_innerText)

#执行结果
打篮球
```

示例中，笔者想获取 div 标签元素中包含的文本信息，首先定位 div 标签元素，然后使用该标签元素调用 get_attribute()方法，并传入 innerText，获取 div 标签中的文本内容"打篮球"。

2）获取属性值

获取标签元素属性值也需要先获取标签元素，再使用 WebElement 的 get_attribute()方法进行获取，但此时 get_attribute()方法的参数需要传入属性名，例如笔者想获取 id 属性值，则传入 id 即可，代码如下：

```
//第 5 章/new_selenium/my_sel_html_23.py
import time
from selenium import webdriver

driver = webdriver.Chrome()
driver.get('F:\\a-lizi-workspace\\lizitest-1\\new_html\\test16.html')
driver.maximize_window()
#获取标签元素
time.sleep(1)
hobby = driver.find_element_by_xpath("//div[@id='hobby']")
#获取 id 属性值
div_id = hobby.get_attribute("id")
print(div_id)
#执行结果
hobby
```

示例中，笔者想获取 div 标签元素的 id 属性值，还是先定位 div 标签元素，然后使用该标签元素调用 get_attribute()方法，并传入 id。获取 id 的属性值 hobby。

3）获取标签内部的 HTML

获取标签元素内部的 HTML，使用 WebElement 的 get_attribute()方法且参数需要传入 innerHTML，获取的内容包含内部的标签、内部标签的属性、内部的文本，代码如下：

```python
//第 5 章/new_selenium/my_sel_html_23.py
import time
from selenium import webdriver

driver = webdriver.Chrome()
driver.get('F:\\a-lizi-workspace\\lizitest-1\\new_html\\test16.html')
driver.maximize_window()
#获取标签元素
time.sleep(1)
hobby = driver.find_element_by_xpath("//div[@id='hobby']")
#获取 div 标签中的 HTML
div_innerHTML = hobby.get_attribute("innerHTML")
print(div_innerHTML)

#执行结果
<span>打篮球</span>
```

示例中,笔者想获取 div 标签元素内部的 HTML,首先定位 div 标签元素,然后使用该标签元素调用 get_attribute()方法,并传入 innerHTML。获取的内容包括 span 标签和内部的文本信息。

2. 断言

断言的意思就是判断是否符合预期结果,Python 中使用 assert 进行断言,如果断言的结果为 True,则代码不打印任何信息;如果断言结果为 False,则程序会触发异常并打印错误信息,代码如下:

```
#断言成功,即断言结果为 True
assert 1 == 1
#断言失败,即断言结果为 False
assert 1 == 2, "1 不等于 2"

#执行结果
AssertionError: 1 不等于 2
```

示例中,笔者先使用 assert 断言 1 等于 1,执行结果没有打印错误信息,说明断言 1 等于 1 的结果为 True;接着笔者又使用 assert 断言 1 等于 2,并设置在断言结果为 False 时打印"1 不等于 2",从执行结果可以看出打印了自定义的错误信息,即断言结果为 False。

3. 获取属性值并断言

有了对 Python 断言的基本了解之后,笔者将 UI 自动化测试代码和断言相结合,用例执行完成后对结果进行断言操作。

1) 页面跳转断言

在 UI 自动化测试中经常需要进行页面跳转,每次页面跳转之后读者可以断言跳转是否成功。

(1) 百度首页代码。

笔者首先展示百度首页的 HTML 代码，由于笔者将使用 title 进行断言，所有主要关注的也是 head 标签中的 title 标签，代码如下：

```html
<head>
    <meta charset="UTF-8">
    <title>百度一下,你就知道</title>
</head>
```

(2) 页面跳转断言。

要使用 title 进行断言，首先需要调用 WebDriver 的 title() 方法获取页面的 title 值，然后使用 assert 将获取的 title 值与预期 title 值进行比较，代码如下：

```python
#第5章/new_selenium/my_sel_html_25.py
import time
from selenium import webdriver

driver = webdriver.Chrome()
driver.get('https://www.baidu.com')
driver.maximize_window()
#页面跳转断言
time.sleep(1)
assert driver.title == "百度一下,你就知道", "跳转百度首页失败!"
print(driver.title)

#执行结果
百度一下,你就知道
```

示例中，笔者断言时添加了错误返回内容，当断言结果为 False 时打印"跳转百度首页失败!"，当断言结果为 True 时不打印任何内容。

读者可以思考下，如果断言页面跳转失败，则断言后边的打印语句是否还会继续执行？为了演示，笔者修改断言预期以让断言结果失败，代码如下：

```python
#第5章/new_selenium/my_sel_html_25.py
import time
from selenium import webdriver

driver = webdriver.Chrome()
driver.get('https://www.baidu.com')
driver.maximize_window()
#页面跳转断言
time.sleep(1)
#assert driver.title == "百度一下,你就知道", "跳转百度首页失败!"
assert driver.title == "百度一下", "跳转百度首页失败!"
print(driver.title)

#执行结果
```

```
Traceback (most recent call last):
  File "F:/a-lizi-workspace/lizitest-1/new_selenium_html/my_sel_html_25.py", line 10, in <module>
    assert driver.title == "百度一下", "跳转百度首页失败!"
AssertionError: 跳转百度首页失败!
```

示例中,断言失败,并且只打印了笔者自定义错误信息,没有再执行断言后的打印语句,所以读者需要记住断言失败时其后面的语句不会继续执行。

2) 文本断言

除了页面跳转可以断言外,新增用户的场景同样可以断言。在实际工作中新增用户单击"确定"按钮后,系统会跳转到用户列表页并重新请求列表数据,新增数据一般会放在列表的第1条。接下来以此场景为例,笔者演示新增用户后的断言操作。

(1) 表格示例代码。

笔者写了一段简单的 HTML 表格,表格中包含一条数据,即代表新增的一条数据,代码如下:

```
//第 5 章/new_selenium/test17.html
<div>
    <table border="1" id="user_table" width="500">
        <tr>
            <th>名称</th>
            <th>电话</th>
        </tr>
        <tr>
            <td>栗子测试</td>
            <td>15611111111</td>
        </tr>
    </table>
</div>
```

(2) 新增后断言。

假设需要规定用户名是唯一的,此时读者就可以获取表格中的用户名,然后将其与 UI 自动化测试时输入的用户名进行比较,代码如下:

```
//第 5 章/new_selenium/my_sel_html_26.py
import time
from selenium import webdriver

driver = webdriver.Chrome()
driver.get('F:\\a-lizi-workspace\\lizitest-1\\new_html\\test17.html')
driver.maximize_window()
#操作
time.sleep(1)
first_user = driver.find_element_by_xpath("//table[@id='user_table']//td[1]")
#断言
```

```
assert first_user.text == '栗子测试', '第 1 条数据不是栗子测试'
print(first_user.text)

# 执行结果
栗子测试
```

示例中,笔者调用 WebDriver 的 title() 方法获取标签元素的文本,然后将该文本与 UI 自动化输入内容进行比较,执行结果没有报错且打印了第 1 条数据的用户名,表示断言成功。

5.4.12 下载文件操作

笔者在实际工作中很少使用 UI 自动化测试进行下载操作,但各个公司要求不同,所以笔者在这里简单介绍下自动下载文件操作,其实使用 Selenium WebDriver 下载文件只需配置浏览器的一些参数,然后到下载文件页面单击需要下载的文件。接下来笔者将使用不同浏览器演示如何在 http://chromedriver.storage.googleapis.com/ 网站下载指定的 chromedriver。

1. Chrome 浏览器下载文件

当使用 Chrome 浏览器下载文件时,需要调用 WebDriver 的 ChromeOptions() 方法获取 Options 对象,然后调用 Options 的 add_experimental_option() 方法对浏览器进行设置,设置内容包括禁止下载弹窗,以及设置文件下载路径,设置完成后就可以通过单击下载链接直接下载了,代码如下:

```
//第 5 章/new_selenium/my_sel_html_27.py
import time
from selenium import webdriver

# 浏览器设置
options = webdriver.ChromeOptions()
prefs = {'profile.default_content_settings.popups': 0,  # 禁止弹出下载窗口
         'download.default_directory': os.getcwd()}  # 设置文件下载路径
options.add_experimental_option('prefs', prefs)
# 实例化驱动时传入设置参数
driver = webdriver.Chrome(chrome_options = options)
driver.get('http://chromedriver.storage.googleapis.com/index.html?path=111.0.5563.19/')
driver.maximize_window()
# 下载 Windows 的驱动
time.sleep(1)
driver.find_element_by_xpath("//a[text() = 'chromedriver_win32.zip']").click()
```

2. Firefox 浏览器下载文件

当使用 Firefox 浏览器下载文件时,需要调用 WebDriver 的 FirefoxProfile() 方法获取 FirefoxProfile 对象,然后调用 FirefoxProfile 的 set_preference() 方法对浏览器进行设置,设置内容包括设置下载路径和下载文件类型,设置完成后就可以通过单击下载链接直接下载

了,代码如下:

```python
//第 5 章/new_selenium/my_sel_html_28.py
import os
import time
from selenium import webdriver

# 浏览器设置
fp = webdriver.FirefoxProfile()
fp.set_preference("browser.download.folderList", 2)  # 可以自定义下载目录
fp.set_preference("browser.download.dir", os.getcwd())  # 指定下载目录
fp.set_preference("browser.helperApps.neverAsk.saveToDisk", "application/zip")  # 指定下载
                                                                                # 文件类型
# 实例化驱动时传入设置参数
driver = webdriver.Firefox(Firefox_profile = fp)
driver.get('http://chromedriver.storage.googleapis.com/index.html?path=111.0.5563.19/')
driver.maximize_window()
# 下载 Windows 的驱动
time.sleep(1)
driver.find_element_by_xpath("//a[text() = 'chromedriver_win32.zip']").click()
```

5.5 WebDriver 元素等待

在实际工作中有时在页面上明明可以看到控件,但代码依然报错并提示找不到元素。此时读者可以考虑是否代码运行得太快,即在控件还没有加载完成就开始定位元素,从而导致定位不到元素并报错。由此引出一个概念叫作元素等待,意思是等待元素加载完成后再进行操作。元素等待有 3 种方式:强制等待、隐式等待、显式等待。

5.5.1 强制等待

强制等待方式笔者已经在前面的代码中使用过了很多次,即 time.sleep()方法。之所以叫作强制等待是因为使用 sleep()方法设置 3s 等待时间后,代码就会等待 3s,不会智能地去判断到底应该等待几秒,所以叫作强制等待。以操作百度首页输入框为例,假设笔者设置打开首页 3s 后操作输入框,可能会发生如下问题。

(1)如果百度首页输入框在 1s 之内加载出来,则强制等待就会多等待 2s,导致脚本执行速度变慢。

(2)如果百度首页输入框在 10s 后才加载出来,则强制等待 3s 显然不够,脚本一定会报元素不存在。

虽然强制等待有缺点,但也不是说就一定不能使用。如果读者的测试场景是在新增数据提交后必须等待 2s 才能数据同步成功,就可以用 sleep()方法等待 2s,然后去做断言,读者需要记住所有的事物存在即合理。

5.5.2 隐式等待

隐式等待是全局性的等待,只需设置一次就可以在 WebDriver 的生命周期内一直生效。隐式等待设置了一个等待时间,当被操作元素在等待时间内加载完成时,可以正常操作该元素;当被操作元素在等待时间内未加载完成时,操作该元素时代码会报错。

1. 等待时间内可以找到元素

以操作百度首页输入框为例,假设需求是最多等待 10s,笔者调用 WebDriver 的 implicitly_wait()方法进行隐式等待,代码如下:

```
//第 5 章/new_selenium/my_sel_html_29.py
from selenium import webdriver
import time

driver = webdriver.Chrome()
driver.maximize_window()
print(time.strftime("%Y-%m-%d %X", time.localtime()))
driver.implicitly_wait(10)
driver.get("https://www.baidu.com/")
driver.find_element_by_xpath("//input[@id='kw']").send_keys("栗子测试")
print(time.strftime("%Y-%m-%d %X", time.localtime()))

#执行结果
2023-02-17 23:47:00
2023-02-17 23:47:03
```

示例中,笔者先使用 driver.implicitly_wait()方法设置隐式等待,将超时时间设置为 10s。从执行结果中可以看出,从打开百度到操作百度输入框用时 3s,说明隐式等待很智能,不需要等待 10s,定位到元素后就可以直接对其进行操作。

2. 等待时间内找不到元素

还是以操作百度首页输入框为例,为了让隐式等待超时,笔者故意将输入框的 xpath 改成错误的值,代码如下:

```
//第 5 章/new_selenium/my_sel_html_30.py
from selenium import webdriver
import time

driver = webdriver.Chrome()
driver.maximize_window()
print(time.strftime("%Y-%m-%d %X", time.localtime()))
driver.implicitly_wait(10)
driver.get("https://www.baidu.com/")
driver.find_element_by_xpath("//input[@id='kw2']").send_keys("栗子测试")
print(time.strftime("%Y-%m-%d %X", time.localtime()))

#执行结果
```

```
selenium.common.exceptions.NoSuchElementException: Message: no such element: Unable to locate
element: {"method":"xpath","selector":"//input[@id='kw2']"}
```

示例中，笔者故意将百度输入框的 xpath 写错，目的是让代码定位不到元素。此种情况下，隐式等待会在 10s 内不停地轮询寻找元素，到超时时间 10s 后，报错并提示定位不到元素。

5.5.3 显式等待

跟隐式等待不同，显式等待需要在每个需要操作的元素的前面进行声明。显式等待需要调用 WebDriverWait 类和 expected_conditions 模块。

1. WebDriverWait 类

WebDriverWait 类的主要作用是设置等待超时时间，在 WebDriverWait 类的使用过程中，笔者一般只传入驱动 driver 和超时时间 timeout 两个参数，其他使用默认值即可。格式如下：

```
WebDriverWait(driver,timeout,poll_frequency = 0.5,ignored_exceptions = None)
- driver:浏览器驱动.
- timeout:超时时间,单位:秒.
- poll_frequency:检测的间隔步长,默认为 0.5s.
- ignored_exceptions:超时后抛出的异常信息,默认抛出 NoSuchElementExeception.
```

2. expected_conditions 模块

expected_conditions 模块的主要作用是设置预期判断条件，在 expected_conditions 模块的使用过程中，判断条件可以有很多个，笔者在这里只列出了两个，这两个条件都是判断元素是否可见，只不过参数不同而已，一个是传定位器 locator；另一个是传元素 element，代码如下：

```
expected_conditions 模块
- visibility_of_element_located 类:判断元素是否可见,参数为定位器 locator.
- visibility_of 类:判断元素是否可见,参数为元素 element.
```

3. 显式等待应用

接下来笔者以百度输入框为例，分别使用定位器和元素进行显式等待操作。

1）定位器显式等待

定位器 locator 的获取需要调用 WebDriver 的 By 类，然后通过 locator 定位元素，代码如下：

```
#定位器 locator
locator = (By.XPATH, "//input[@id='kw']")
bd_input = WebDriverWait(driver, 10).until(expected_conditions.visibility_of_element_
located(locator))
```

2）元素显式等待

元素的获取笔者已经讲过很多次，只需调用 WebDriver 的 find_element_by_xpath()方

法,代码如下:

```
#元素 element
element = driver.find_element_by_xpath("//input[@id='kw']")
bd_input = WebDriverWait(driver, 10).until(expected_conditions.visibility_of(element))
```

4. 等待时间内可以找到元素

还是以百度首页输入框为例,笔者使用元素为参数进行显式等待,代码如下:

```
//第 5 章/new_selenium/my_sel_html_31.py
import time
from selenium import webdriver
from selenium.webdriver.support import expected_conditions
from selenium.webdriver.support.wait import WebDriverWait

driver = webdriver.Chrome()
driver.maximize_window()
print(time.strftime("%Y-%m-%d %X", time.localtime()))
driver.get("https://www.baidu.com/")
#显式等待
element = driver.find_element_by_xpath("//input[@id='kw']")  #定位到元素
bd_input = WebDriverWait(driver, 10).until(expected_conditions.visibility_of(bd_input))
#显式等待,条件是直到元素可见
#操作
bd_input.send_keys("栗子测试")
print(time.strftime("%Y-%m-%d %X", time.localtime()))

#执行结果
2023-02-19 08:53:10
2023-02-19 08:53:13
```

示例中,笔者使用 WebDriverWait 将超时时间设置为 10s,使用 expected_conditions 模块的 visibility_of 类将条件设置为元素可见。从执行结果可以看出,代码用了 3s 的时间完成了操作,说明显式等待也是智能等待。

5. 等待时间内找不到元素

笔者还是故意将百度首页输入框 xpath 写错,想以此来验证显式等待超时的情况,代码如下:

```
//第 5 章/new_selenium/my_sel_html_32.py
import time
from selenium import webdriver
from selenium.webdriver.support import expected_conditions
from selenium.webdriver.support.wait import WebDriverWait

driver = webdriver.Chrome()
driver.maximize_window()
print(time.strftime("%Y-%m-%d %X", time.localtime()))
```

```
driver.get("https://www.baidu.com/")
#显式等待
element = driver.find_element_by_xpath("//input[@id='kw2']") #定位到元素
bd_input = WebDriverWait(driver, 10).until(expected_conditions.visibility_of(bd_input))
#显式等待,条件是直到元素可见
#操作
bd_input.send_keys("栗子测试")
print(time.strftime("%Y-%m-%d %X", time.localtime()))

#执行结果
Traceback (most recent call last):
  File "F:/a-lizi-workspace/lizitest-1/new_selenium_html/my_sel_html_32.py", line 11, in <module>
    element = driver.find_element_by_xpath("//input[@id='kw2']")
selenium.common.exceptions.NoSuchElementException: Message: no such element: Unable to locate element: {"method":"xpath","selector":"//input[@id='kw2']"}
```

示例中,当代码执行时很快就提示不能定位到元素,这个提示是 find_element_by_xpath()方法提示的,所以代码并没有运行到 WebDriverWait,也就不能验证超时是否生效。

接下来笔者改用定位器显式等待的方式进行测试,代码如下:

```
//第5章/new_selenium/my_sel_html_33.py
import time
from selenium import webdriver
from selenium.webdriver.common.by import By
from selenium.webdriver.support import expected_conditions
from selenium.webdriver.support.wait import WebDriverWait

driver = webdriver.Chrome()
driver.maximize_window()
print(time.strftime("%Y-%m-%d %X", time.localtime()))
driver.get("https://www.baidu.com/")
#显式等待
locator = (By.XPATH, "//input[@id='kw2']")
bd_input = WebDriverWait(driver, 10).until(expected_conditions.visibility_of_element_located(locator)) #显式等待,条件是直到元素可见
bd_input.send_keys("栗子测试")
print(time.strftime("%Y-%m-%d %X", time.localtime()))

#执行结果
Traceback (most recent call last):
  File "F:/a-lizi-workspace/lizitest-1/new_selenium_html/my_sel_html_33.py", line 13, in <module>
    bd_input = WebDriverWait(driver, 10).until(expected_conditions.visibility_of_element_located(locator))
selenium.common.exceptions.TimeoutException: Message:
```

示例中,使用定位器进行显式等待执行时,代码运行到 WebDriverWait 后一直在不停地定位元素,直到10s后报错并提示 TimeoutException 表示定位元素超时,证明显式等待

生效。

在实际工作中页面上的每个标签元素的加载时间是不同的,而显式等待是针对每个标签元素进行等待的,那么当读者知道某个标签元素加载时间较长时,可以将等待时间设置得长一些,这样会比隐式等待更加灵活。

5.6 WebDriver 鼠标操作

对于鼠标操作,笔者在自动化测试代码编写过程中不经常使用,这里做一些简单介绍。鼠标操作一般包括单击、双击、右击、拖动、移动到元素上、按下左键等,这些操作方法都包含在 ActionChains 类中。

笔者在前面的小节中已经对 ActionChains 类介绍过多次,以鼠标悬停为例回顾如何使用鼠标操作单击百度首页设置中的"高级搜索"项,代码如下:

```python
//第 5 章/new_selenium/my_sel_html_34.py
from selenium import webdriver
from selenium.webdriver import ActionChains
import time

driver = webdriver.Chrome()
driver.get('https://www.baidu.com')
driver.maximize_window()
#实例化动作链
action = ActionChains(driver)
time.sleep(3)
#将鼠标移动到设置按钮上
setting = driver.find_element_by_xpath("//span[text() = '设置']")
action.move_to_element(setting).perform()
#鼠标单击高级搜索
search = driver.find_element_by_xpath("//span[text() = '高级搜索']")
action.click(search).perform()
```

示例中,将鼠标移动到指定标签元素需要调用 ActionChains 类的 move_to_element() 方法;鼠标单击操作需要调用 ActionChains 类的 click() 方法。需要注意的是,如果想让与鼠标操作相关的方法生效,则一定要调用 perform() 方法。

为了方便记忆,笔者对鼠标操作的方法进行了总结。

1. 基本操作

单击、双击、右击等都是鼠标的基本操作,代码如下:

```
action.move_to_element(元素).perform()        #移动到元素上
action.click(元素).perform()                  #单击元素
action.double_click(元素).perform()           #双击元素
action.context_click(元素).perform()          #在元素上右击
action.click_and_hold(元素).perform()         #在元素上单击并按下
```

2. 将元素1拖曳到元素2的位置

如果想将元素1拖曳到元素2的位置,则读者可以使用不同的方式实现。方式一,直接调用 action.drag_and_drop()方法;方式二,先调用 action.click_and_hold()方法实现鼠标左键单击元素1不放,然后调用 release()方法在元素2的位置释放鼠标;方式三,先调用 action.click_and_hold()方法实现鼠标左键单击元素1不放,然后调用 move_to_element()方法将鼠标移动到元素2处,最后调用 release()方法释放鼠标,代码如下:

```
action.drag_and_drop(元素1, 元素2).perform()
action.click_and_hold(元素1).release(元素2).perform()
action.click_and_hold(元素1).move_to_element(元素2).release().perform()
```

3. 将元素移动到指定位置

如果想将元素移动到指定位置,则有两种不同的方式。方式一,可以调用 ActionChains 类的 drag_and_drop_by_offset()方法,传入元素和指定坐标;方式二,可以先调用 ActionChains 类的 click_and_hold()方法按住元素,再调用 drag_and_drop_by_offset()方法移动到指定坐标,最后调用 release()方法释放鼠标,代码如下:

```
action.drag_and_drop_by_offset(元素, 400, 150).perform()
action.click_and_hold(元素).move_by_offset(400, 150).release().perform()
```

5.7 WebDriver 键盘操作

在 Selenium 中提供了 Keys 类,在该类中定义了不同的按键属性,读者可以通过调用属性来完成键盘操作或键盘组合操作。读者可以使用 WebElement 类的 send_keys()方法来模拟键盘上的所有按键操作。例如笔者想用键盘组合键实现全选、复制、粘贴等功能,代码如下:

```
//第5章/new_selenium/my_sel_html_35.py
from selenium import webdriver
from selenium.webdriver.common.keys import Keys
import time

driver = webdriver.Chrome()
driver.maximize_window()
#操作百度
driver.get('http://www.baidu.com')
time.sleep(2)
bd_input = driver.find_element_by_xpath("//input[@id='kw']")
bd_input.send_keys("栗子测试")
bd_input.send_keys(Keys.CONTROL, 'a')        #全选
bd_input.send_keys(Keys.CONTROL, 'c')        #复制
bd_input.send_keys(Keys.ENTER)               #按 Enter 键
#为了显示效果等待5s
```

```
time.sleep(5)
#操作必应
driver.get('https://cn.bing.com/')
time.sleep(2)
by_input = driver.find_element_by_xpath("//input[@id='sb_form_q']")
by_input.send_keys(Keys.CONTROL, 'v')          #粘贴
by_input.send_keys(Keys.BACK_SPACE)            #删除最后一个字
by_input.send_keys(Keys.ENTER)                 #按 Enter 键
```

示例中,当笔者想实现全选操作时,调用 send_keys()方法并传入两个参数 Keys.CONTROL 和'a',表示按组合键 Ctrl+A,其他键盘操作读者可以查看 Keys 类自行尝试。

5.8 本章总结

本章将 WebDriver API 中的重点内容一一进行了举例讲解,虽然还有一些内容没有讲到,但所讲解内容已经足够应对日常工作,对于没有讲解的内容如果读者在工作过程中遇到,则可以随时在网上进行查找分析。

学习了本章后,读者应该能够熟练地使用 Firefox 插件 Ruto-XPath Finder 找到每个元素的 xpath,并根据实际情况使用基本操作小节中的内容对元素进行操作。在元素操作过程中,读者需要注意使用显示等待来增加代码的稳定性和执行效率。对于定位不到的元素读者可以从三方面进行思考,第一考虑元素的 xpath 是否正确;第二考虑该元素是否在 iframe 中;第三考虑元素是否在另一个窗口。相信读者仔细学习本章内容后,不会再对 WebDriver API 感到陌生,遇到问题也能自己尝试解决。

第 6 章 Selenium WebDriver 实战

学习了 Selenium WebDriver API 基础后，读者就可以真正地进行 UI 自动化测试实战了，虽然目前还没有学习封装、单元测试框架等知识，但做简单的 UI 自动化测试还是没有问题的。读者只需根据实际需求，一行一行地编写代码，并在代码执行完毕后进行校验。虽然这种线性代码很原始，但一样可以达到简单地进行自动化测试的目的。

本章笔者用来实战的项目是自己开发的一个小项目，项目内容主要涉及用户的登录、增、删、改、查、文件上传等，基本覆盖了前面章节中学到的所以内容。项目是采用前后端分离的方式开发的，前端使用 ElementUI 进行开发，笔者会对 ElementUI 与原始 HTML 的不同点进行详细介绍。

6.1 登录实战

笔者会在实战过程中先分析前端代码，然后根据前端代码进行 UI 自动化代码编写。

6.1.1 登录代码分析

登录页面还是比较简单的，包括用户名输入框、密码输入框和一个登录按钮，唯一需要注意的是在登录页面的用户名和密码输入框中已经有了默认的内容。如果读者还记得前面学过的内容，则当看到输入框默认值时第 1 个想到的应该是 clear() 方法，即先清除输入框中的内容再对输入框进行操作。登录页面浏览器的效果如图 6-1 所示。

图 6-1 登录页面浏览器的效果(1)

在前端代码中，笔者只关心登录页面这 3 个主要控件，代码如下：

```
//第6章/new_selenium_pro_1/1_login_html.html
#用户名
<input class="el-input__inner" id="username" type="text" autocomplete="off" placeholder="username">
#密码
```

```
<input class="el-input__inner" name="password" type="password" autocomplete="off" placeholder="password">
#登录按钮
<button class="el-button el-button--primary" type="button" data-v-26084dc2="">
<span>登录</span></button>
```

示例中,笔者给用户名输入框增加了 id 属性,给密码输入框增加了 name 属性,其目的是让读者可以更简单地定位到标签元素,而登录按钮直接使用文本识别即可。相信读者不需要使用浏览器插件也能准确地写出每个控件的 xpath 路径。

6.1.2 登录代码实战

虽然笔者已经分析过,在输入用户名和密码之前需要先清空两个输入框中的内容再进行操作,但为了能够让读者印象深刻,笔者还是演示一下不清空输入框默认值,而直接进行输入操作会造成什么后果,代码如下:

```python
//第 6 章/new_selenium_pro_1/1_login1.py
from selenium import webdriver

driver = webdriver.Chrome()
driver.get('http://localhost:8080/Login')
driver.maximize_window()
#登录
driver.find_element_by_xpath("//input[@id = 'username']").send_keys("admin")
driver.find_element_by_xpath("//input[@name = 'password']").send_keys("123456")
driver.find_element_by_xpath("//span[text() = '登录']").click()
```

示例中,笔者先找到元素,然后直接使用 send_key()方法输入内容,使用 click()方法单击"登录"按钮,虽然代码没有报错,但是登录还是提示失败了,原因是代码在原有默认用户名和密码的基础上追加了新的用户名和密码,浏览器的效果如图 6-2 所示。

接下来笔者在输入用户名和密码之前都调用 clear()方法进行清空操作,然后进行用户名和密码的输入,单击"登录"按钮后登录成功,代码如下:

图 6-2 登录页面浏览器的效果(2)

```python
//第 6 章/new_selenium_pro_1/1_login2.py
from selenium import webdriver

driver = webdriver.Chrome()
driver.get('http://localhost:8080/Login')
driver.maximize_window()
#登录
driver.find_element_by_xpath("//input[@id = 'username']").clear()
driver.find_element_by_xpath("//input[@id = 'username']").send_keys("admin")
```

```
driver.find_element_by_xpath("//input[@name = 'password']").clear()
driver.find_element_by_xpath("//input[@name = 'password']").send_keys("123456")
driver.find_element_by_xpath("//span[text() = '登录']").click()
```

6.2 新增用户实战

如果想进行用户的新增操作,则需要先单击菜单进入相应页面,所以本节中笔者先介绍如何进入菜单页,然后进行用户新增操作。

6.2.1 菜单栏代码分析

登录成功后会进入系统首页,如果读者想进入账号管理页面新增用户,就需要单击左侧的账号管理菜单,然后才能进行下一步操作,所以笔者先进行菜单栏分析。菜单栏浏览器的效果如图6-3所示。

菜单栏的前端源码笔者就不一一介绍了,这种菜单栏的xpath用文本一定可以识别出来,所以笔者直接编写单击账号管理菜单的代码,代码如下:

图6-3 菜单栏浏览器的效果

```
//第6章/new_selenium_pro_1/2_menu1.py
from selenium import webdriver

driver = webdriver.Chrome()
driver.get('http://localhost:8080/Login')
driver.maximize_window()
#登录
driver.find_element_by_xpath("//input[@id = 'username']").clear()
driver.find_element_by_xpath("//input[@id = 'username']").send_keys("admin")
driver.find_element_by_xpath("//input[@name = 'password']").clear()
driver.find_element_by_xpath("//input[@name = 'password']").send_keys("123456")
driver.find_element_by_xpath("//span[text() = '登录']").click()
#账号管理
driver.find_element_by_xpath("//li[text() = '账号管理']").click()

#执行结果
selenium.common.exceptions.NoSuchElementException: Message: no such element: Unable to locate
element: {"method":"xpath","selector":"//li[text() = '账号管理']"}
```

示例中,笔者单击"登录"按钮后直接单击了账号管理菜单,此时执行结果报错并提示定位不到元素。当出现这个错误时,读者应该第1个想到是不是xpath写错了,但经过笔者的反复确认,账号管理菜单的xpath并没有错。此时读者应该想到的下一个排错方向就是脚本是否运行得太快,即在进入首页后是否需要等待账号管理菜单加载成功后再进行单击操作,那么笔者就按照这个方向来修改代码。

既然要添加等待操作,那么笔者就带大家回忆一下等待的3种方式:强制等待、隐式等待和显式等待。这里为了减少代码并能达到智能等待的目的,笔者选择添加隐式等待,代码如下:

```python
# 第6章/new_selenium_pro_1/2_menu2.py
from selenium import webdriver

driver = webdriver.Chrome()
driver.get('http://localhost:8080/Login')
driver.maximize_window()
# 隐式等待
driver.implicitly_wait(10)
# 登录
driver.find_element_by_xpath("//input[@id = 'username']").clear()
driver.find_element_by_xpath("//input[@id = 'username']").send_keys("admin")
driver.find_element_by_xpath("//input[@name = 'password']").clear()
driver.find_element_by_xpath("//input[@name = 'password']").send_keys("123456")
driver.find_element_by_xpath("//span[text() = '登录']").click()
# 账号管理
driver.find_element_by_xpath("//li[text() = '账号管理']").click()
```

示例中,在添加隐式等待之后代码不再报错,可以成功进入账号管理页面,说明定位不到元素的原因就是代码运行得过快。

6.2.2　新增按钮代码分析

在进行新增操作之前,除了要单击菜单进入账号管理页面以外,还需要在账号管理页面中单击新增按钮来打开新增弹窗。新增按钮浏览器的效果如图6-4所示。

图 6-4　新增按钮浏览器的效果

由于新增按钮xpath太过简单,只需按照文本内容进行定位,所以笔者直接编写代码来操作"新增json"按钮,看一下是否能打开新增弹窗,代码如下:

```python
# 单击新增 json 按钮
driver.find_element_by_xpath("//span[text() = '新增json']").click()

# 执行结果
selenium.common.exceptions.NoSuchElementException: Message: no such element: Unable to locate element: {"method":"xpath","selector":"//span[text() = '新增json']"}
```

示例中,在执行结果中报错并提示定位不到元素,但是经过笔者仔细检查,发现标签的xpath并没有错误,从表面上找不到任何原因,所以笔者决定再次查看前端代码,代码如下:

```
< span > 新增 json </ span >
```

新增json按钮的前端代码虽然很简单,但是笔者经过仔细观察发现文字的前后都有一个空格,所以笔者在 xpath 的文字前后也加上空格,再次执行代码就可以通过了。

此问题是笔者根据实际经验进行编写的,在实际工作中有时可能总也找不到定位失败的原因,读者可以尝试找到元素并复制其中的属性值或文字,或者使用 xpath 插件获取 xpath,避免人工编写时与前端代码差一两个空格而造成不必要的麻烦。

6.2.3 新增用户代码分析

新增用户弹框的控件就比较复杂了,包含单选框、复选框、下拉列表、日期选择框等,浏览器的效果如图 6-5 所示。

图 6-5 新增页面浏览器的效果

笔者还是先带领大家看一下新增用户弹框的各个控件是如何实现的,其目的是分析如何运用 xpath 定位元素,对于较难识别的控件笔者将进行详细分析,而对于容易识别的控件笔者只做简单说明。

1. 用户名输入框

用户名输入框是一个 input 标签,但从该标签的属性来看并没有什么好用的属性可以进行 xpath 定位,所以笔者决定从用户名输入框前面的 label 标签入手获取用户名输入框的 xpath。因为 label 标签有文本信息,所以比较方便 xpath 定位。定位到 label 标签后只需使用 xpath 轴定位方法 following 找到 label 后边的第 1 个 input 标签。前端代码如下:

```
#用户名
<label class="el-form-item__label" style="width: 80px;">用户名</label>
<input class="el-input__inner" type="text" autocomplete="off">
```

2. 性别单选按钮

笔者在页面上选择性别时,发现单击单选按钮或旁边的文字都可以选中想要的性别,所以将两个标签的前端代码都获取出来。笔者决定使用单击旁边文字的方法选择性别，这里也是为了让读者明白代码可以根据实际情况进行编写，不需要死记硬背一种方式，要学会随机应变。前端代码如下：

```
//第6章/new_selenium_pro_1/2_user_add.html
#性别
<input class="el-radio__original" type="radio" value="male" aria-hidden="true" name="" tabindex="-1">
<span class="el-radio__label">男</span>
<input class="el-radio__original" type="radio" value="female" aria-hidden="true" name="" tabindex="-1"></span>
<span class="el-radio__label">女</span>
```

3. 学历下拉列表

读者如果记得 HTML 基础中的下拉标签，就会发现 HTML 基础中的下拉标签是 select 标签，但在笔者开发的前端页面代码中使用的是 input 标签，所以虽然学历控件外表看来是下拉列表，但在进行 UI 自动化测试之前读者一定要先分析前端是如何实现的，不能直接使用 select 标签的 xpath 定位方法。笔者这里使用单击的方式进行学历选择，单击一共分为两次，第 1 次单击"请选择"input 标签，第 2 次单击"博士"span 标签。前端代码如下：

```
//第6章/new_selenium_pro_1/2_user_add.html
#学历
<input class="el-input__inner" type="text" readonly="" autocomplete="off" placeholder="请选择">
<li class="el-select-dropdown__item"><span>博士</span></li>
<li class="el-select-dropdown__item"><span>硕士</span></li>
<li class="el-select-dropdown__item"><span>本科</span></li>
<li class="el-select-dropdown__item"><span>大专</span></li>
```

4. 日期选择框

日期选择框在学习 HTML 基础时没有讲到，但读者看到此控件也不必慌张，首先需要做的就是查看日期选择框外表是什么样子的，以及单击后弹出选择日期是什么样子的，如图 6-6 所示。

分析日期时间选择控件功能后，笔者决定当选择日期时单击此刻按钮，这样可以更方便地选择日期时间，而不需要考虑年份、月份和具体时间。这样就需要先找到请选择日期控件的前端代码，再找到此刻控件的前端代码，分析是否方便定位。查看前端代码后，笔者分析日期选择框和学历下拉列表的操作应该是一样的，即都是先单击 input 标签，再单击 span 标签。前端代码如下：

图 6-6 日期选择浏览器的效果

```
#入职日期
<input class="el-input__inner" name="" ariadescribedby="el-popper-7944" type="text" autocomplete="off" placeholder="选择日期">
<span>此刻</span>
```

5．爱好多选按钮

爱好多选按钮和性别单选按钮一样，即单击文字也可以选择爱好，所以笔者只获取了文字部分的 span 标签，进行 xpath 定位时直接单击 span 标签即可。前端代码如下：

```
#爱好
<span class="el-checkbox__label">跑步</span>
<span class="el-checkbox__label">游泳</span>
<span class="el-checkbox__label">篮球</span>
```

6．个人简介输入框

笔者在 HTML 基础讲解中没有介绍 textarea 标签，textarea 标签的意义在于可以输入多行文本，标签中的 row 属性用来控制标签的输入行数。进行 xpath 定位时可以直接使用标签名定位，因为一般页面上只会有一个 textarea 标签，前端代码如下：

```
<textarea class="el-textarea__inner" rows="5" autocomplete="off" style="min-height: 33px;"></textarea>
```

7．确定按钮

确定按钮前端代码也比较简单，笔者只获取了文字部分的 span 标签，进行 xpath 定位时只需按文本定位，前端代码如下：

```
<span>确定</span>
```

6.2.4 新增用户代码实战

笔者还是按照前端代码分析的顺序编写各个控件的自动化测试代码，这样读者可以更清晰、更有针对性地学习如何定位元素。

1．用户名输入框

先定位 label 标签，再根据 xpath 轴定位 input 标签，代码如下：

```
#输入用户名、密码
driver.find_element_by_xpath("//label[text()='用户名']/following::input[1]").send_keys("栗子用户1")
driver.find_element_by_xpath("//input[@type='password']").send_keys("123456")
```

2．性别单选按钮

实现单击文字选中所需性别，代码如下：

```
#选择性别
driver.find_element_by_xpath("//span[text()='女']").click()
```

3. 学历下拉列表

实现先单击输入框,再单击博士,代码如下:

```
#选择学历
driver.find_element_by_xpath("//input[@placeholder = '请选择']").click()
driver.find_element_by_xpath("//span[text() = '博士']").click()
```

4. 日期选择框

实现先单击输入框,再单击此刻按钮,代码如下:

```
#选择日期
driver.find_element_by_xpath("//input[@placeholder = '选择日期']").click()
driver.find_element_by_xpath("//span[text() = '此刻']").click()
```

5. 爱好多选按钮

跟性别单选按钮一样,实现单击文字后选择所需爱好,代码如下:

```
#选择爱好
driver.find_element_by_xpath("//span[text() = '游泳']").click()
```

6. 个人简介输入框

由于textarea标签在页面中是唯一的,所以只需按照标签定位,代码如下:

```
#个人简介
driver.find_element_by_xpath("//textarea").send_keys("栗子测试第1个用户")
```

7. 确定按钮

直接使用文本定位即可,代码如下:

```
#确定
driver.find_element_by_xpath("//span[text() = '确定']").click()
```

8. 总结

示例中,笔者省略了打开新增弹窗之前的代码,读者在自己编写UI自动化测试代码时一定要记得加上。代码的执行结果并没有报错,说明笔者对前端代码的分析还是比较准确的,读者如果不能熟练地掌握分析的技巧,则可以多看几遍前端代码分析小节,因为定位是UI自动化测试的第1步,只有第1步做好了才能更好地进行下面的学习。

由于业务需求中新增用户会根据新增时间进行倒序排列,所以为了让读者看到新增效果,笔者将第1条数据展示出来,如图6-7所示。

ID	用户名	性别	学历	入职时间	操作
112	栗子用户1	女	博士	2023-02-28 01:23:27	编辑 删除

图6-7 用户列表

9. 断言

在自动化测试过程中需要进行结果校验，此时就需要结合前面学习过的断言实现。前面笔者已经介绍过新增数据会展示在用户列表的第 1 行，那么只要获得第 1 行的用户名和新增时的用户名进行比较就可以验证是否新增成功了。

1) 用户列表前端代码

笔者获取了用户列表的第 1 行数据的代码，其目的是观察列表的第 1 个用户名如何获取，前端代码如下：

```html
//第 6 章/new_selenium_pro_1/2_user_list.html
<table class = "el-table__body" cellspacing = "0" cellpadding = "0" border = "0" style = "width: 555px;">
    <tbody>
    <tr class = "el-table__row">
            <td class = "el-table_1_column_1 is-center ">
                <div class = "cell">112</div>
            </td>
            <td class = "el-table_1_column_2 is-center ">
                <div class = "cell">栗子用户1</div>
            </td>
    </tr>
    </tbody>
</table>
```

示例中，很容易看出 table 标签的 class 属性是唯一的，代表的是表格体的样式。在表格中每条数据就是一个 tr，数据中的每个字段就是一个 td，td 中包含的 div 中的文本就是笔者想找的用户名所在之处。获取新增用户名可以先找 table 标签，再使用子孙轴 descendant 找到 div，最后通过 get_attribute() 方法获得文本信息。

2) 断言代码

经过前端代码分析，用户名在第 1 行数据的第 2 个字段，所以包含用户名的 div 标签的下的标取值为 2 即可，代码如下：

```python
//第 6 章/new_selenium_pro_1/2_user_add.py
#用户名断言
time.sleep(1)
new_user = driver.find_element_by_xpath("//table[@class = 'el-table__body']//descendant::div[2]").get_attribute("innerText")
assert new_user == "栗子用户1", "断言:新增用户失败!"
print(new_user)

#执行结果
栗子用户1
```

示例中，笔者在断言之前增加了 1s 等待时间，其目的是关闭新增弹窗后给系统 1s 时间刷新列表，如果不等待刷新列表，则会取到原来排在第 1 个的用户名。另外笔者运用了 xpath 轴定位、获取文本信息、assert 断言相关知识，希望读者可以多加练习，以便日后工作中可以熟练地应用。

当然只断言用户名也不一定能代表新增用户成功,因为新增用户还有很多字段没有断言,如果其他字段有错误,则新增用户也不能算是成功,这就需要具体情况具体分析。笔者认为 UI 自动化测试是在功能测试之后及前端代码稳定之后进行的,即所有字段正确性在功能测试阶段已经人工验证完毕,所以才只验证一个用户名就认为新增用户成功。如果其他人认为需要验证新增的所有字段,则这种做法也是可行的,而且更加准确。读者需要根据公司的情况自行选择如何进行校验,不要人云亦云。

6.3 查询用户实战

查询用户和新增用户在同一个页面,所以单击账号管理菜单后也可以进行查询用户操作。

6.3.1 查询用户代码分析

笔者在项目中实现的查询功能比较简单,只有一个用户名字段用于查询,输入用户名后单击查询按钮即可查询出相应的用户。浏览器的效果如图 6-8 所示。

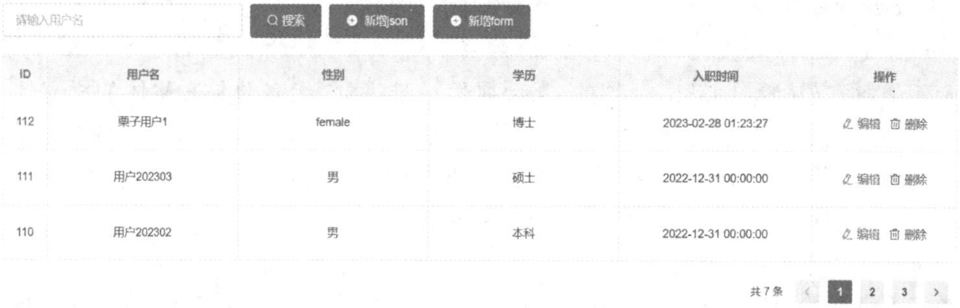

图 6-8 查询及用户列表

1. 查询输入框及按钮

用户名输入框可以使用 placeholder 属性定位,按钮直接使用文本定位即可,前端代码如下:

```
#输入框
<input class="el-input__inner" type="text" autocomplete="off" placeholder="请输入用户名">
#查询按钮
<span>搜索</span>
```

2. 用户列表

用户列表前面已经简单介绍过,这里可以再复习下列表前端代码。用户列表的目的还是用于断言,所以获取查询后的用户名可以先找 table 标签,再使用子孙轴 descendant 找到 div,最后通过 get_attribute() 方法获得文本信息,前端代码如下:

```
//第6章/new_selenium_pro_1/2_user_list.html
#用户列表
<table class = "el-table__body" cellspacing = "0" cellpadding = "0" border = "0" style = "width: 555px;">
<tbody>
    <tr>
        <td>
            <div class = "cell">112</div>
        </td>
        <td>
            <div class = "cell">栗子用户1</div>
        </td>
    </tr>
</tbody>
</table>
```

3. 翻页控件

对于翻页控件,笔者主要关注共多少条数据和下一页按钮。例如需要对查询结果进行校验,就需要用到对查询结果总条数进行遍历,校验每个结果是否正确。span 标签可以用 class 属性定位,button 标签也可以用 class 属性定位,因为这两个标签的 class 属性都是唯一的。前端代码如下:

```
#共多少条
<span class = "el-pagination__total">共 7 条</span>
#下一页
<button type = "button" class = "btn-next"><i class = "el-icon el-icon-arrow-right"></i>
</button>
```

6.3.2 查询用户代码实战

经过上面的分析,笔者编写了如下代码。在以下代码中如何定位元素已经不再是重点内容,读者需要重点关注的是如何进行遍历断言。

1. 查询输入框及按钮

使用 placeholder 属性定位输入框,使用文本定位查询按钮,代码如下:

```
#查询
driver.find_element_by_xpath("//input[@placeholder = '请输入用户名']").send_keys('用户')
driver.find_element_by_xpath("//span[text() = '搜索']").click()
```

2. 翻页控件

笔者根据 class 属性可以获取"共 X 条"文本信息,但笔者需要的是用户总数的数字,经过仔细观察"共 X 条"3 个字之间有空格,可以调用 split() 方法将获取的文本信息用空格分隔,获取分隔后的下标为 1 的元素即可,代码如下:

```
#共 X 条数据
total = driver.find_element_by_xpath("//span[@class = 'el-pagination__total']").get_attribute("innerText").split(" ")[1]
```

```
print("The number of users is: " + total)
#下一页按钮
next_btn = driver.find_element_by_xpath("//button[@class = 'btn-next']")
```

3. 断言

在前面输入框代码中输入的查询条件是"用户"二字,所以笔者在断言时也需要校验查询结果用户名中是否所有数据都包含"用户"二字。笔者已经可以获取查询结果的总条数,难点在于结果列表中每个用户名的位置是变化的,所以 xpath 信息也需要进行相应变化;另外查询结果列表目前每页显示 3 条数据,如果查询结果为多页,则笔者需要每校验完 3 条数据后就单击下一页按钮,直到所有查询结果校验完毕为止,代码如下:

```
//第 6 章/new_selenium_pro_1/3_user_search.py
#断言
i = 0                #循环次数标识
line_num = 1         #单击下一页计数
while(i < int(total)):
    #拼接用户名控件 xpath
    username_xpath = "//table[@class = 'el-table__body']//tr[{}]//descendant::div[2]".format(line_num)
    print(username_xpath)
    #获取用户名
    user_name = driver.find_element_by_xpath(username_xpath).get_attribute("innerText")
    print(user_name)
    #断言:用户名中包含用户二字
    assert "用户" in user_name, "断言:查询用户失败!"
    i += 1
    line_num += 1
    #如果第 3 行断言完成,则单击下一页
    if line_num > 3:
        next_btn.click()
        print("click next page button!")
        line_num = 1
    #翻页后等一秒,等待新数据加载
    time.sleep(1)

#执行结果
The number of users is: 7
//table[@class = 'el-table__body']//tr[1]//descendant::div[2]
栗子用户 2
//table[@class = 'el-table__body']//tr[2]//descendant::div[2]
栗子用户 1
//table[@class = 'el-table__body']//tr[3]//descendant::div[2]
用户 55555
click next page button!
//table[@class = 'el-table__body']//tr[1]//descendant::div[2]
用户 4444
//table[@class = 'el-table__body']//tr[2]//descendant::div[2]
```

```
用户 333
//table[@class = 'el-table__body']//tr[3]//descendant::div[2]
用户 22
click next page button!
//table[@class = 'el-table__body']//tr[1]//descendant::div[2]
用户 1
```

示例中的内容较多,笔者仅对重点内容进行讲解,具体如下。

1) 拼接用户名 xpath

在用户名的 xpath 中,第 1 行用户名的 xpath 应该包含 tr[1],第 2 行用户名的 xpath 应该包含 tr[2],以此类推。由于 line_num 的初始值为 1,并且在每次循环后笔者都对 line_num 值进行了加 1 操作,并判断如果 line_num 的值大于 3 就将 line_num 的值重新赋值为 1,所以笔者使用 format()方法将 xpath 中 tr 的下标替换为 line_num,以便每次循环时都可以获取所需的用户名,代码如下:

```
# 拼接用户名控件 xpath
username_xpath = "//table[@class = 'el-table__body']//tr[{}]//descendant::div[2]".format
(line_num)
...
line_num += 1
    if line_num > 3:
        ...
        line_num = 1
```

2) 单击下一页按钮

由于系统每页显示 3 条数据,要想遍历所有数据就需要每校验完 3 次单击下一页按钮,所以笔者使用 if 判断来控制单击下一页按钮的时机。另外读者应该特别注意的是,笔者在翻页后使用 sleep()方法等待了 1s,其目的是让翻页数据加载完成再获取用户名,避免由于脚本执行得太快而导致获取的还是未翻页之前的数据。如果读者不太理解,则可以注释 sleep()方法,并查看执行结果,代码如下:

```
# 如果第 3 行断言完成,则单击下一页
if line_num > 3:
    next_btn.click()
    print("click next page button!")
    line_num = 1
# 翻页后等一秒,等待新数据加载
time.sleep(1)
```

6.4 修改用户实战

修改用户信息和新增用户基本相同,所以笔者这里只介绍修改用户名的实现方式。

6.4.1 修改用户代码分析

编辑按钮在结果列表每条数据的操作列,单击编辑按钮会弹出编辑框,其内容和新增框一致,笔者在这里仅介绍有差异的内容。

1. 编辑按钮

编辑按钮可以使用文本定位,需要注意的是查询列表中每条数据后边都有一个编辑按钮,如果读者想操作某个指定编辑按钮,则需要指定编辑按钮的下标。前端代码如下:

```
#编辑按钮
< button class = "el - button el - button -- text" type = "button" data - v - e0b47cf6 = "">
< i class = "el - icon - edit"></i><span>编辑</span>
```

2. 密码输入框

密码输入框可以使用 type 属性定位,但密码输入框包含 disabled 属性,表示密码是只读的,前端代码如下:

```
< input class = "el - input__inner" type = "password" disabled autocomplete = "off">
```

6.4.2 修改用户代码实战

编辑操作自动化代码需要根据需求具体实现。如果需求是修改第 1 条数据的密码,则只需进入页面查找第 1 条数据进行编辑;如果需求是先查询再修改第 1 条数据的密码,则需要先查询再编辑。

1. 编辑按钮

笔者直接选择简单的方式进行编辑操作,即编辑列表的第 1 条数据,代码如下:

```
//第 6 章/new_selenium_pro_1/4_user_update.py
#编辑第 1 条记录
driver.find_element_by_xpath("//span[text() = '编辑'][1]").click()

#执行结果
Traceback (most recent call last):
    driver.find_element_by_xpath("//span[text() = '编辑'][1]").click()
selenium.common.exceptions.ElementNotInteractableException: Message: element not interactable
```

示例中,执行结果提示元素不可交互。元素不可交互报错说明元素已经可以被定位到,但元素不能进行单击操作。此时笔者的排错方法是在单击账号管理菜单后,尝试等待 1s 再操作编辑按钮,代码如下:

```
#编辑第 1 条记录
time.sleep(1)
driver.find_element_by_xpath("//span[text() = '编辑'][1]").click()
```

示例中,在使用 sleep()方法等待 1s 后代码不再报错。由此读者应该了解到虽然代码中使用了implicitly_wait()方法进行了隐式等待,但在实际测试过程中由于代码运行得很快,在页面加载完成后立刻操作元素还是会出现元素不可交互的错误,所以隐式等待不是万能的,强制等待也不是一无是处的。

2. 密码输入框

由于密码输入框是只读的,所以直接操作代码会报错,代码如下:

```
//第6章/new_selenium_pro_1/4_user_update.py
#修改密码
driver.find_element_by_xpath("//label[text() = '密码']/following::input[1]").clear()
driver.find_element_by_xpath("//input[type = 'password']").send_keys("6")

#执行结果
selenium.common.exceptions.InvalidElementStateException: Message: invalid element state:
Element is not currently interactable and may not be manipulated
```

示例中,直接操作只读密码输入框会提示元素状态无效,当前元素不可交互,可能无法操作。参考前边学过的知识,要解决操作只读控件的问题,需要先使用JavaScript删除元素只读属性,然后进行操作,代码如下:

```
//第6章/new_selenium_pro_1/4_user_update.py
#JavaScript 删除只读属性
js_command = "document.evaluate({}, document, null, XPathResult.FIRST_ORDERED_NODE_TYPE, null)" \
             ".singleNodeValue" \
             ".removeAttribute('disabled')"\
             .format("\"//input[@type = 'password']\"")
print(js_command)
driver.execute_script(js_command)
driver.find_element_by_xpath("//label[text() = '密码']/following::input[1]").clear()
driver.find_element_by_xpath("//input[type = 'password']").send_keys("6")
```

示例中,在笔者编写JavaScript命令时通过xpath指定操作哪个标签元素,通过removeAttribute()方法指定删除标签元素的哪个属性,然后调用WebDriver的execute_script()方法执行JavaScript命令。执行完JavaScript命令后再操作密码输入框就可以操作成功了。

6.5 删除用户实战

删除用户按钮和修改用户按钮一样,它们是在每行的最后边,值得注意的是删除用户时系统会弹出二次确认提示。

6.5.1 删除用户代码分析

接下来笔者先分析删除按钮代码,再单击"删除"按钮分析二次确认弹框代码。

1. 删除按钮

删除按钮可以使用文本进行定位,例如删除结果列表中的第 1 条数据,文本 xpath 编写时取下标为 1 的删除按钮。前端代码如下:

```
#删除按钮
<button class="el-button el-button--text red" type="button" data-v-e0b47cf6="">
<i class="el-icon-delete"></i><span>删除</span>
</button>
```

2. 二次确认弹框

单击"删除"按钮后会出现一个二次确认的弹框,其目的是为了防止错误删除。删除二次确认提示框如图 6-9 所示。

图 6-9 删除二次确认提示框

在前后端分离项目中,二次确认提示框可能并不是由 JavaScript 命令实现的,确定和取消按钮都是普通的 button 标签,所以需要根据代码的实际情况编写代码,前端代码如下:

```
//第 6 章/new_selenium_pro_1/5_user_del.html
#二次确认框
<div aria-label="提示" aria-modal="true" class="el-message-box">
    <div class="el-message-box__header">
    <div class="el-message-box__content">
    <div class="el-message-box__btns">
        <button class="el-button el-button--default el-button--small" type="button">
            <span>取消</span>
        </button>
        <button class="el-button el-button--default el-button--small el-button--primary undefined" type="button">
            <span>确定</span>
        </button></div></div>
```

示例中,如果读者足够细心就可以发现删除的二次提示框跟前面学过的不一样,前面学到的是 alert 弹框,这里使用的是基本的标签,因此可以推断出不需要使用 switch_to.alert.accept()方法进行切换操作,直接对确定和取消按钮进行单击即可。

6.5.2 删除用户代码实战

还是以删除结果列表的第 1 条数据为例,笔者将进行删除、二次确认、断言三项操作,其中断言方式是读者需要重点关注的。

1. 删除按钮

删除结果列表中的第 1 条数据，代码如下：

```
# 删除第 1 条数据
driver.find_element_by_xpath("//span[text() = '删除'][1]").click()
```

2. 二次确认弹框

二次确认弹框使用文本进行定位，直接单击"确认"按钮，代码如下：

```
driver.find_element_by_xpath("//span[text() = '确定']").click()
```

3. 断言

笔者在删除第 1 条数据之前保存第 1 条数据的用户名，在删除第 1 条数据之后再保存第 1 条数据的用户名，将两个用户名进行比较，代码如下：

```
// 第 6 章/new_selenium_pro_1/5_user_del.py
# 删除前保存
username_xpath = "//table[@class = 'el-table__body']//tr[1]//descendant::div[2]"
user_name = driver.find_element_by_xpath(username_xpath).get_attribute("innerText")
# 删除第 1 条数据
driver.find_element_by_xpath("//span[text() = '删除'][1]").click()
driver.find_element_by_xpath("//span[text() = '确定']").click()
# 删除后保存
new_username = driver.find_element_by_xpath(username_xpath).get_attribute("innerText")
# 断言
assert new_username != user_name, "断言失败:删除用户失败!"
```

示例中，笔者的断言方式不一定是正确的，如果系统中用户名可以重复，就有可能出现断言错误，所以断言时应该使用唯一的标识去做，例如用户的 ID 加用户名。读者可以自己尝试使用 ID 加用户名的方式进行断言，因为代码内容基本相同，所以笔者在这里就不再赘述了。

6.6 窗口操作实战

由于在笔者的项目中 iframe 和新窗口的代码都在外链测试菜单下，所以本小节除了会介绍窗口还会介绍 iframe 的操作。

6.6.1 窗口代码分析

9min

为了演示窗口的操作，笔者使用 iframe 将菜鸟网站内嵌到自己的网站中，如图 6-10 所示。

当读者进入菜鸟网站使用输入框进行查询时会重新打开一个窗口，即新 window，如图 6-11 所示。

接下来笔者将分析外链测试页面中的 iframe 和 window 的前端代码。

图 6-10　iframe 页面

图 6-11　多窗口页面

1. iframe

将其他网站嵌套在自己的网站内使用的是 iframe 标签,如果页面中只有一个 iframe 标签,则可以使用标签名进行定位;如果页面中有多个 iframe 标签,则可以使用下标定位。在笔者开发的项目中 iframe 标签有 id 属性,读者也可以使用 id 进行定位,代码如下:

```
#窗口1 - iframe
<iframe src="https://www.runoob.com/html/html-tutorial.html" id="cainiao" scrolling="yes" frameborder="0" style="width: 435px; height: 1518px;">
</iframe>
```

2. iframe 中的输入框

iframe 中的菜鸟网站的查询输入框有 id 和 name 属性,读者可以选择任意属性进行定位,代码如下:

```
#窗口1 - 检索框
<input class="placeholder" id="s" name="s" placeholder="搜索……" autocomplete="off" style="height: 44px;">
```

3. 新窗口查询结果

在嵌套的菜鸟网站输入内容后单击查询,系统会打开一个新窗口展示查询结果。查询结果列表的代码看起来比较复杂,其实读者只需关注 a 标签中的内容,代码如下:

```
//第6章/new_selenium_pro_1/6_result_window.html
#窗口2 - 查询结果
<div class = "archive-list">
    <div class = "archive-list-item">
        <div class = "post-intro" style = "width: 100%">
            <h2>
                <a target = "_blank" href = "http://www.runoob.com/python3/python3-function.html"
rel = "bookmark" title = " <em>Python3</em> 方法" onclick = "push_runoob_search(7303)">
                <em><em color = "red">python3</em></em> 方法
                </a>
                <i class = "fa fa-external-link"></i>
            </h2>
            <p>...</p>
        </div>
    </div>
    ...
    <div class = "archive-list-item"></div>
</div>
```

示例中,输入框 input 标签也有 id 属性,但网站没有看到查询按钮,所以笔者决定使用 Enter 键进行检索。为了方便读者进行校验,笔者将查询列表的前端代码也展示了出来,可以通过 div 属性 class="archive-list" 定位到整个查询列表,再使用 a 标签定位每个查询结果的标题信息,以便校验标题中是否存在所查询的内容。

6.6.2 窗口代码实战

窗口操作中读者需要关注的内容比较多,例如 iframe 和 window 需要切换、菜鸟网站没有查询按钮需要模拟单击 Enter 键进行查询、如何选择断言方式。

1. 未切换 iframe 报错

如果不切换 iframe 而直接操作菜鸟网站中的输入框,则代码会报定位不到元素错误,代码如下:

```
#查询
driver.find_element_by_xpath("//input[@id = 's']").send_keys("python3")
driver.find_element_by_xpath("//input[@id = 's']").send_keys(Keys.ENTER)

#执行结果
selenium.common.exceptions.NoSuchElementException: Message: no such element: Unable to locate
element: {"method":"xpath","selector":"//input[@id = 's']"}
```

2. iframe 切换

如果想操作菜鸟网站上的内容,则首先需要切换 iframe,调用 WebDriver 类中的 switch_to.frame() 方法即可,代码如下:

```
# iframe 切换
my_frame = driver.find_element_by_xpath("//iframe")
driver.switch_to.frame(my_frame)
```

3. iframe 中的输入框

由于菜鸟网站上没有查询按钮,所以需要调用 Keys 类的 ENTER 属性模拟单击 Enter 键操作,代码如下:

```
#查询
driver.find_element_by_xpath("//input[@id='s']").send_keys("python3")
driver.find_element_by_xpath("//input[@id='s']").send_keys(Keys.ENTER)
```

4. 未切换新窗口报错

不切换到新窗口而直接对查询结果进行断言一样会提示定位不到元素,代码如下:

```
//第 6 章/new_selenium_pro_1/6_window.py
#查询
my_frame = driver.find_element_by_xpath("//iframe")
driver.switch_to.frame(my_frame)
driver.find_element_by_xpath("//input[@id='s']").send_keys("python3")
driver.find_element_by_xpath("//input[@id='s']").send_keys(Keys.ENTER)
#获取查询结果
content_title = driver.find_element_by_xpath("//div[@class='archive-list']//descendant::a[1]").get_attribute("innerText")

#执行结果
selenium.common.exceptions.NoSuchElementException: Message: no such element: Unable to locate element: {"method":"xpath","selector":"//div[@class='archive-list']//descendant::a[1]"}
```

5. 新窗口切换

新窗口切换需要观察新窗口 title 的规律,根据 title 判断是否是新窗口,代码如下:

```
//第 6 章/new_selenium_pro_1/6_window.py
#切换到新窗口
handles = driver.window_handles
for handle in handles:
    #切换窗口
    driver.switch_to.window(handle)
    #根据 title 判断切换窗口是否是所需要的
    if "python3 的搜索结果" in driver.title:
        break
    else:
        continue
```

有的读者可能会认为窗口切换代码比较难,其实窗口切换只需做三件事:第一,获取所有窗口句柄;第二,遍历窗口句柄并切换窗口;第三,使用 title 判断是否为所需窗口,如果是,则结束循环,如果不是,则继续循环并切换到下一个窗口。

6. 新窗口查询结果断言

笔者采用最简单的断言方式,只获取结果列表中的第 1 条数据,如果第 1 条数据包含查询时输入的内容,则认为断言成功,代码如下:

```
//第6章/new_selenium_pro_1/6_window.py
content_title = driver.find_element_by_xpath("//div[@class='archive-list']//
descendant::a[1]").get_attribute("innerText")
print(content_title)
assert "python3" in content_title, "断言失败:查询内容中不包含 python3"
```

6.7 上传文件实战

5min

笔者将采用最简单的方式实现上传文件代码，即给 input 标签上传文件路径。

6.7.1 上传文件代码分析

读者如果还记得前面章节学过的内容，则应该知道上传就是一个输入框，只要在输入框输入想要上传的文件路径加文件名即可完成上传操作。浏览器的效果如图 6-12 所示。

图 6-12 上传文件页面

读者在查找上传的 input 标签时，可以先查找整个上传区域的 div 标签，然后逐级查找 input 标签，这样查找的目的性较强，能避免读者进行无头绪查找。或者可以在开发者工具中使用 Ctrl+F 快捷键进行查找，在查找到的所有内容中过滤出 input 标签即可。前端代码如下：

```
#上传文件容器
<div class="my_upload-demo" data-v-43037a87="">
    #输入框
    </div><input class="el-upload__input" type="file" name="file"></div>
</div>
```

6.7.2 上传文件代码实战

input 标签有 name 属性,所以笔者使用 name 属性进行定位,代码如下:

```
#单击上传文件菜单
driver.find_element_by_xpath("//li[text()='上传文件']").click()
#上传文件
driver.find_element_by_xpath("//input[@name='file']").send_keys("D:\\测试.xlsx")
```

示例中,笔者并没有添加断言,读者在实际项目中上传文件后可以到使用文件的地方查找文件进行断言,也可以直接断言上传文件后的提示信息,只要能证明上传文件成功即可,不要拘泥于形式。

6.8 本章总结

本章中笔者对自己开发的前后端分离项目进行了分析,项目虽小,但已经包含了自动化测试在实际工作中经常遇到的场景,如增、删、改、查、iframe 切换、窗口切换、文件上传等。笔者从前端代码分析开始一步步解读如何识别元素,然后将每个场景用自动化代码进行实现,最后对操作结果进行了断言。在前端代码分析和自动化代码编写的过程中,笔者都分享了一些自己的经验,希望读者能认真学习,熟练掌握这些基础知识。

第 7 章 关键字驱动封装

如果读者比较细心,则会从前面学过的章节中看出一些问题,在编写自动化测试脚本时会编写很多重复的代码。那么读者就应该思考这些脚本能不能被整合到一起,让调用者编写用例时更加简单,即能不能对代码进行封装,以便使调用更加简单。

笔者在这里不讲解封装的定义,读者可以形象化地将封装理解为对代码的归纳整理。如打开浏览器、进入系统首页、放大浏览器等代码每个测试用例都会使用,那么读者就可以对这些方法进行封装,封装之后其他人再调用时就会非常简单,如果封装的代码报错,则只需找到封装好的方法进行维护。这样既避免了代码重复,又提高了编码效率,还提高了维护效率,所以封装的好处还是很多的。读者也可以多去阅读其他人的代码,一般代码会进行封装,而不是以线性的方式一行行编写。

关键字驱动封装是 UI 自动化测试的一种封装方法,进行关键字驱动封装需要记住三点:操作对象、动作、值,即对一个对象做什么动作,做动作时传入什么值。笔者将在本章中把前面学过的代码逐步封装到一个类中,这样不论是在脚本中还是在测试平台中,调用者只需输入元素的 xpath、元素的动作和元素所需要的值便可以完成元素的操作。

7.1 初始化封装

初始化指的是实例化 WebDriver 及浏览器的相关操作,笔者将会对所有涉及的内容进行封装。

7.1.1 单浏览器封装

笔者的想法是封装一个类,调用者实例化该类时只需传入系统首页的地址便可以完成所有初始化操作。

1. 初始化线性代码

首先回顾下初始化线性代码,代码如下:

```
//第 7 章/new_selenium_pro_2/1_encapsulation_1.py
from selenium import webdriver
```

```python
driver = webdriver.Chrome()
driver.get('http://localhost:8080/Login')
driver.maximize_window()
driver.implicitly_wait(10)
```

示例中,笔者常用的初始化代码包括实例化 WebDriver、进入测试系统、最大化窗口、显式等待。

2. 初始化封装代码

笔者将封装一个 MyDriver 类,MyDriver 类封装时 __init__() 方法传入的参数为系统首页地址,另外笔者还在类中封装了一个 navi_to_page() 方法,其目的是让读者明白 driver 的 get() 方法不仅可以跳转到首页,当登录成功后也可以跳转到其他的指定页面,代码如下:

```python
//第 7 章/new_selenium_pro_2/1_encapsulation_2.py
from selenium import webdriver

class MyDriver():
    driver = None
    #初始化
    def __init__(self, url):
        self.driver = webdriver.Chrome()
        self.driver.maximize_window()
        self.navi_to_page(url)
    #页面跳转
    def navi_to_page(self, url):
        self.driver.get(url)

if __name__ == "__main__":
    driver = MyDriver("http://localhost:8080/Login")
```

示例中,笔者实例化 MyDriver 类时传入系统首页地址后,代码会自动实例化 Chrome 浏览器、放大窗口并调用封装的 navi_to_page() 方法并以此跳转到用户输入网址。经过封装后,调用者只需编写 1 行代码就可以达到原来 4 行代码一样的效果,大大提高了用例编写的效率。

细心的读者应该会注意到笔者在初始化封装时没有将隐式等待一并封装起来,原因是笔者想在此次封装过程中使用显式等待,在操作每个元素之前都等待该元素可见、可交互,确保自动化测试不受元素加载影响,从而使代码更加稳定。

7.1.2 多浏览器封装

上面的初始化封装存在一个问题,即只能使用 Chrome 浏览器进行自动化测试,当读者想使用 Firefox 浏览器进行测试时,封装的初始化方法是无法满足的。

1. 多浏览器封装 1

如果想满足可以指定浏览器进行测试的需求,则需要修改 MyDriver 类的初始化方法,让调用者传入浏览器名称,然后封装代码通过浏览器名称自动判断应该调用哪个浏览器进

行测试,代码如下:

```python
//第7章/new_selenium_pro_2/1_encapsulation_3.py
import sys
from selenium import webdriver
class MyDriver():
    driver = None
    #初始化
    def __init__(self, browser, url):
        if "chrome" == browser.lower():
            self.driver = webdriver.Chrome()
            self.driver.maximize_window()
            self.navi_to_page(url)
        elif "Firefox" == browser.lower():
            self.driver = webdriver.Firefox()
            self.driver.maximize_window()
            self.navi_to_page(url)
        else:
            print("请输入正确的浏览器名:{}或{}".format("chrome", "firefox"))
            #退出程序
            sys.exit(1)
    #页面跳转
    def navi_to_page(self, url):
        self.driver.get(url)

if __name__ == "__main__":
    driver = MyDriver("chrome", "http://localhost:8080/Login")
```

示例中,笔者修改了__init__()方法,新增加了一个参数 browser,表示传入需要启动的浏览器的名字。当调用者输入 chrome 或 firefox 时,先使用 lower()方法将字符串转换成小写,如果输入正确,则打开对应的浏览器并进行初始化操作,如果输入错误,则打印错误信息,并调用 sys.exit(1)方法退出代码。sys.exit()方法的参数可以传入 0 或其他值,当参数为 0 时表示正常退出,当参数为其他值时则表示异常退出。

2. 多浏览器封装 2

读者仔细观察上述代码会发现代码中有一些重复的部分,即放大浏览器和跳转到首页重复。解决重复代码的方式很简单,只需将代码中放大浏览器和跳转到首页代码提取出来,放在分支判断浏览器类型之后,代码如下:

```python
//第7章/new_selenium_pro_2/1_encapsulation_4.py
import sys
from selenium import webdriver
class MyDriver():
    driver = None
    #初始化
    def __init__(self, browser, url):
        if "chrome" == browser.lower():
            self.driver = webdriver.Chrome()
```

```python
        elif "firefox" == browser.lower():
            self.driver = webdriver.Firefox()
        else:
            print("请输入正确的浏览器名:{}或{}".format("chrome", "firefox"))
            #退出程序
            sys.exit(1)
    self.driver.maximize_window()
    self.navi_to_page(url)
```

7.2 等待封装

5min

在7.1节的初始化封装中,笔者并没有对隐式等待进行封装,原因是在实际工作中一般会采用显式等待,所以本节笔者将会对显式等待和强制等待代码进行封装。

7.2.1 等待代码回顾

在封装之前,笔者先回顾下强制等待和显式等待的代码。

1. 强制等待回顾

强制等待很简单,只需调用time模块的sleep()方法,代码如下:

```
#强制等待
time.sleep(1)
```

2. 显式等待回顾

显式等待就会稍微复杂一点,不仅需要调用WebDriverWait类的until()方法,还需要调用expected_conditions模块设置所需预期条件,代码如下:

```
#显式等待
locator = (By.XPATH, "xpath")  #定位器
#显式等待并返回元素
element = WebDriverWait(driver, 10).until(expected_conditions.visibility_of_element_
located(locator))
```

示例中,笔者使用expected_conditions模块的visibility_of_element_located类等待元素可见后才对元素进行操作。

7.2.2 等待代码封装

封装时读者可以先简单考虑下如何让调用者使用封装后的代码更加简单,不需要考虑方法中的具体逻辑,然后从不同角度出发让封装的代码更加实用。

1. 强制等待封装

在强制等待方法的封装内部调用了time模块的sleep()方法,看起来强制等待封装的意义不大,但经过封装之后调用者只需实例化MyDriver类就可以使用强制等待了,不用再

像原来一样每次都要导入 time 模块调用 sleep()方法,代码如下:

```
from selenium import webdriver

class MyDriver():
    ...
    #强制等待
    def sleep(self, second):
        time.sleep(second)
```

2. 显式等待封装

笔者在显式等待封装方法中,先根据 xpath 获取元素定位器,再将等待超时时间设置为 10s,如果超时时间内能够定位到元素,则返回该元素,如果超过 10s 仍然定位不到元素,则报错,代码如下:

```
//第 7 章/new_selenium_pro_2/1_encapsulation_5.py
from selenium import webdriver
from selenium.webdriver.common.by import By
from selenium.webdriver.support import expected_conditions
from selenium.webdriver.support.wait import WebDriverWait

class MyDriver():
    ...
    #显式等待
    def wait_element(self, xpath):
        locator = (By.XPATH, xpath)
        element = WebDriverWait(self.driver, 10).until(expected_conditions.visibility_of_element_located(locator))
        return element
```

示例中,笔者封装的显式等待方法 wait_element()是有返回值的,当元素可见时返回该元素,调用者获取元素后可以对元素进行输入、单击等基本操作。由于元素基本操作还没有封装,所以接下来对显式等待和强制等待所使用的代码进行演示。

3. 强制等待封装优化

在笔者封装的强制等待 sleep()方法中需要用户输入等待时长,一般情况下强制等待 1s 即可,所以笔者给 sleep()方法的参数添加了默认值 1,这样调用者在一般情况下只需直接使用该方法,不需要传入等待时间,代码如下:

```
#强制等待
def sleep(self, second = 1):
    time.sleep(second)
```

4. 显式等待封装优化

在笔者封装的显式等待方法 wait_element()中超时时间固定为 10s,对于一般系统来讲已经足够,但对于一些响应较慢的系统(如 ERP 系统)来讲是不够的,因为这种系统很多页面响应时长会超过 10s,所以笔者将超时时间改为参数且默认值为 10s,如果调用者需要

改动,则只需修改参数,代码如下:

```python
# 显式等待
def wait_element(self, xpath, second = 10):
    locator = (By.XPATH, xpath)
    element = WebDriverWait(self.driver, second).until(expected_conditions.visibility_of_element_located(locator))
    return element
```

7.3 基础操作封装

读者可以回顾下 WebDriver 实战部分的代码,不论登录还是增、删、改、查,大量代码用于完成输入、单击操作,基于这样的规律笔者将对输入、单击这类代码进行封装。

7.3.1 登录代码回顾

登录页面的主要代码为清空、输入、单击,代码如下:

```python
# 登录
driver.find_element_by_xpath("//input[@id = 'username']").clear()
driver.find_element_by_xpath("//input[@id = 'username']").send_keys("admin")
driver.find_element_by_xpath("//input[@name = 'password']").clear()
driver.find_element_by_xpath("//input[@name = 'password']").send_keys("123456")
driver.find_element_by_xpath("//span[text() = '登录']").click()
```

7.3.2 基础操作封装

这里的基础操作指的是清空、输入、单击操作,这些代码的使用率很高,对其进行封装非常有意义。

1. 清空和输入单独封装

看到登录代码后,笔者首先想到的是对清空操作进行单独封装,然后对输入操作进行单独封装,代码如下:

```python
//第 7 章/new_selenium_pro_2/1_encapsulation_6.py
import sys
import time
from selenium import webdriver
from selenium.webdriver.common.by import By
from selenium.webdriver.support import expected_conditions
from selenium.webdriver.support.wait import WebDriverWait

class MyDriver():
    ...
    # 清空
    def clear(self, xpath):
```

```
        #显式等待
        element = self.wait_element(xpath)
        element.clear()
    #输入
    def sendkeys(self, xpath, contents):
        #显式等待
        element = self.wait_element(xpath)
        element.send_keys(contents)
```

示例中,笔者在封装 clear()方法和 sendkeys()方法时都先调用了已经封装好的显式等待方法 wait_element(),这样在使用 clear()方法和 sendkeys()方法时会先显式等待元素,然后操作元素。

2. 清空和输入合并封装

笔者发现将清空和输入封装成两种方法调用起来比较麻烦,而且在实际使用过程中所有输入框都先清空再输入并不会带来其他问题,所以笔者决定将两种方法改成一种方法,代码如下:

```
//第7章/new_selenium_pro_2/1_encapsulation_7.py
import sys
import sys
import time
from selenium import webdriver
from selenium.webdriver.common.by import By
from selenium.webdriver.support import expected_conditions
from selenium.webdriver.support.wait import WebDriverWait

class MyDriver():
    ...
    #清空并输入
    def clear_and_sendkeys(self, xpath, contents):
        element = self.wait_element(xpath)
        element.clear()
        element.send_keys(contents)
```

示例中,笔者封装了 clear_and_sendkeys()方法,该方法中显式等待之后先调用 clear()方法,然后调用 sendkeys()方法,实现了一次性进行先清空再输入操作。

3. 单击封装

有了清空和输入的封装经验以后,单击操作的封装就变得非常高效简单了,只需先调用显式等待再调用单击操作,代码如下:

```
//第7章/new_selenium_pro_2/1_encapsulation_8.py
import sys
import sys
import time
from selenium import webdriver
```

```python
from selenium.webdriver.common.by import By
from selenium.webdriver.support import expected_conditions
from selenium.webdriver.support.wait import WebDriverWait

class MyDriver():
    ...
    #单击操作
    def click(self, xpath):
        #显式等待
        element = self.wait_element(xpath)
        element.click()
```

4. 封装使用

使用封装后的代码实现登录功能只需 4 行代码,代码如下:

```python
if __name__ == "__main__":
    driver = MyDriver("chrome", "http://localhost:8080/Login")
    driver.clear_and_sendkeys("//input[@placeholder = 'username']", "admin")
    driver.clear_and_sendkeys("//input[@placeholder = 'password']", "123456")
    driver.click("//span[text() = '登录']")
```

7.4 iframe 切换封装

在 WebDriver 基础和实战中,读者已经知道 iframe 中的标签元素是不能直接操作的,需要先切换到 iframe,再对 iframe 中的标签元素进行操作。切换到 iframe 后,如果再想操作 iframe 之外的标签元素,则需要切换回来。

7.4.1 iframe 代码回顾

iframe 切换的自动化代码很简单,只需先定位到 iframe 标签元素,然后调用 WebDriver 的 switch_to.frame()方法,返回后调用 switch_to.default_content()方法,代码如下:

```python
#定位 iframe 元素
my_iframe = driver.find_element_by_xpath("//iframe")
driver.switch_to.frame(my_iframe)          #切换到 iframe
driver.switch_to.default_content()         #切换回主文档
```

7.4.2 iframe 代码封装

由于 iframe 切换代码非常简单,所以封装起来也很简单。

1. iframe 切换封装

封装思路就是定义一种方法,该方法传入 iframe 的 xpath,然后使用 xpath 进行 iframe 跳转操作,代码如下:

```
//第7章/new_selenium_pro_2/1_encapsulation_9.py
import sys
import time
from selenium import webdriver
from selenium.webdriver.common.by import By
from selenium.webdriver.common.keys import Keys
from selenium.webdriver.support import expected_conditions
from selenium.webdriver.support.wait import WebDriverWait

class MyDriver():
    #...
    # iframe 切换
    def switch_to_iframe(self, xpath):
        iframe = self.wait_element(xpath)
        # 切换到 iframe
        self.driver.switch_to.frame(iframe)

    # 从 iframe 切换回主文档
    def switch_to_default(self):
        self.driver.switch_to.default_content()
```

示例中,笔者将切换 iframe 封装为 switch_to_iframe()方法,在该方法中还是先调用显式等待,然后根据返回的元素进行 iframe 切换。switch_to_default()方法为切换回主文档方法,其封装内容更为简单,只是调用了一下 WebDriver 的原有方法。

细心的读者会有所疑问,既然 WebDriver 的原有方法可以实现切换回主文档,而且代码也很简单,那为什么还要再封装切换回主文档的方法呢? 原因很简单,封装的目的就是让使用者调用笔者封装后的代码,不需要关注 WebDriver 是如何实现的,只需调用笔者封装的类中的方法就可以完成自动化测试。

2. 封装使用

笔者使用封装后的 switch_to_iframe()方法切换到 iframe 后,可以正常操作 iframe 中的标签元素,代码如下:

```
if __name__ == "__main__":
    # 登录
    # 切换到 iframe
    driver.switch_to_iframe("//iframe")
    driver.sendkeys("//input[@id='s']", "python3")
    driver.sendkeys("//input[@id='s']", Keys.ENTER)
```

7.5 窗口切换封装

窗口是第 2 个需要切换的内容,而且窗口的切换比 iframe 的切换复杂很多。许多初学者记不住窗口切换的代码,笔者也一样,在刚刚开始学习时也记不住,但经过封装后很容易就可以实现窗口切换操作了。

7.5.1 窗口切换代码回顾

窗口切换代码三要素：获取所有窗口句柄、遍历窗口句柄、根据 title 切换窗口，代码如下：

```python
//第 7 章/new_selenium_pro_2/1_encapsulation_10.py
handles = driver.window_handles
for handle in handles:
    # 切换窗口
    driver.switch_to.window(handle)
    # 根据 title 判断切换窗口是否是所需要的
    if "python3 的搜索结果" in driver.title:
        break
    else:
        continue
```

7.5.2 窗口切换代码封装

虽然窗口切换的代码较多，但封装的核心是让调用者传入 title 即可完成切换，读者只要抓住核心思想就可以轻松地进行封装。

1. 窗口切换封装

根据窗口切换的特点，笔者想只让用户输入 title 就可以完成切换操作，代码如下：

```python
//第 7 章/new_selenium_pro_2/1_encapsulation_10.py
import sys
import time
from selenium import webdriver
from selenium.webdriver.common.by import By
from selenium.webdriver.common.keys import Keys
from selenium.webdriver.support import expected_conditions
from selenium.webdriver.support.wait import WebDriverWait

class MyDriver():
    ...
    # 窗口切换
    def switch_to_window(self, title):
        # 获取窗口句柄
        handles = self.driver.window_handles
        for handle in handles:
            # 切换窗口
            self.driver.switch_to.window(handle)
            # 根据 title 判断切换窗口是否是所需要的
            if title in self.driver.title:
                break
            else:
                continue
```

示例中，笔者封装了 switch_to_window() 方法，该方法需要调用者传入 title，方法中的代码与未封装时的代码相同，只不过在 if 语句中使用用户传入的 title 进行判断。跟 iframe 切换不同的是，当调用者想要切换回原来的窗口时，还需要调用 switch_to_window() 方法，但只需传入原来窗口的 title。

2. 封装使用

封装之后窗口切换操作从多行代码变为 1 行代码，充分体现了封装的好处，代码如下：

```python
//第7章/new_selenium_pro_2/1_encapsulation_10.py
if __name__ == "__main__":
    # 登录
    # 切换到 iframe
    # 切换窗口
    driver.switch_to_window("python3 的搜索结果")
    content_title = driver.wait_element("//div[@class='archive-list']//descendant::a[1]").get_attribute("innerText")
    assert "python3" in content_title, "断言失败：查询内容中不包含 python3"
```

7.6 悬停操作封装

鼠标悬停操作虽然在项目实战章节中没有涉及，但在实际工作中有时还是会用得到的，所以笔者也对其进行了封装操作。

7.6.1 悬停代码回顾

悬停需要用到 ActionChains 类，首先需要调用 move_to_element() 方法将鼠标移动到标签元素上，再调用 perform() 方法执行悬停操作，代码如下：

```python
# 将鼠标悬停在百度首页的设置按钮上
setting = driver.find_element_by_xpath("//span[text()='设置']")
action = ActionChains(driver)              # 实例化动作链
action.move_to_element(setting)            # 将鼠标移动到元素上
action.perform()                           # 执行
```

7.6.2 悬停代码封装

悬停代码使用了 ActionChains 类模拟鼠标操作，但这并没有给封装带来难度，封装思想还是传入需要悬停的标签元素的 xpath 以完成悬停操作。

1. 悬停封装

笔者想让调用者传入 xpath 之后就可以实现悬停效果，代码如下：

```python
//第7章/new_selenium_pro_2/1_encapsulation_11.py
import sys
import time
```

```python
from selenium import webdriver
from selenium.webdriver import ActionChains
from selenium.webdriver.common.by import By
from selenium.webdriver.support import expected_conditions
from selenium.webdriver.support.wait import WebDriverWait

class MyDriver():
    ...
    #悬停
    def hover(self, xpath):
        element = self.wait_element(xpath)
        ActionChains(self.driver).move_to_element(element).perform()
```

示例中,笔者封装了 hover()方法,调用者只需传入 xpath 便可以实现悬停操作。读者应该留意到,只要封装传入 xpath 笔者都会先调用 wait_element()方法进行显式等待,希望读者在自行封装时也可以记住这一点。

2. 封装使用

笔者使用封装后的代码实现百度首页设置按钮 hover 功能,代码如下:

```python
if __name__ == "__main__":
    driver = MyDriver("chrome", "https://www.baidu.com")
    driver.hover("//span[text() = '设置']")
    driver.click("//span[text() = '高级搜索']")
```

7.7 获取元素文本封装

在切换窗口的测试代码中,笔者使用了获取元素文本的代码,先调用了封装后的 wait_element()方法,然后调用 get_attribute()方法获取文本,这很显然不是笔者想要的方式,于是笔者对获取文本的方法也进行封装。

7.7.1 获取文本代码回顾

获取文本需要先定位到元素,然后调用 get_attribute()方法进行获取,代码如下:

```
driver.wait_element("//div[@class = 'archive - list']//descendant::a[1]").get_attribute
("innerText")
```

7.7.2 获取文本代码封装

相信读者经过对其他方法进行封装的学习,当看到获取文本代码时很快就会想到封装的方式,还是通过 xpath 获取标签元素文本。

1. 获取文本代码封装

封装的方法可以通过 xpath 返回对应标签元素的文本,代码如下:

```
//第7章/new_selenium_pro_2/1_encapsulation_12.py
import sys
import time
from selenium import webdriver
from selenium.webdriver import ActionChains
from selenium.webdriver.common.by import By
from selenium.webdriver.common.keys import Keys
from selenium.webdriver.support import expected_conditions
from selenium.webdriver.support.wait import WebDriverWait

class MyDriver():
    ...
    # 获取文本
    def get_text(self, xpath):
        element = self.wait_element(xpath)
        text = element.get_attribute("innerText")
        return text
```

2. 封装使用

封装的 get_text() 方法从名字上看更加清晰易懂，使用上也更加简洁，代码如下：

```
if __name__ == "__main__":
    # 登录、切换到 iframe、切换窗口
    # 获取文本
    content_title = driver.get_text("//div[@class='archive-list']//descendant::a[1]")
    assert "python3" in content_title, "断言失败:查询内容中不包含 python3"
```

7.8 断言封装

首先笔者总结下在项目实战中用到的断言方法，然后针对这些断言方法相应地进行封装。

7.8.1 断言代码回顾

在项目实战中主要用到相等断言、不相等断言、包含断言。

1. 相等断言

在新增用户时，笔者使用的相等的断言，代码如下：

```
assert new_user == "栗子用户1", "断言:新增用户失败!"
```

2. 不相等断言

在删除用户时，笔者使用的是不等的断言，代码如下：

```
assert new_username != user_name, "断言失败:删除用户失败!"
```

3. 包含断言

在查询用户时,笔者使用的是包含的断言,代码如下:

```
assert "用户" in user_name, "断言:查询用户失败!"
```

7.8.2 断言代码封装

断言就是对比预期结果和实际结果是否相等,根据这个思路笔者封装时会考虑让调用者传入两个参数,一个是预期结果,另一个是实际结果。

1. 断言代码封装

笔者将封装 3 种方法,分别对应 3 种断言方式,代码如下:

```python
//第7章/new_selenium_pro_2/1_encapsulation_13.py
import sys
import time
from selenium import webdriver
from selenium.webdriver import ActionChains
from selenium.webdriver.common.by import By
from selenium.webdriver.common.keys import Keys
from selenium.webdriver.support import expected_conditions
from selenium.webdriver.support.wait import WebDriverWait

class MyDriver():
    ...
    #相等断言
    def assert_equal(self, expected_result, actual_result):
        assert str(expected_result) == str(actual_result), "断言失败:预期结果是:{};实际结果是:{}".format(expected_result, actual_result)
    #不相等断言
    def assert_unequal(self, expected_result, actual_result):
        assert str(expected_result) != str(actual_result), "断言失败:预期结果是:{};实际结果是:{}".format(expected_result, actual_result)
    #包含断言
    def assert_contain(self, expected_result, actual_result):
        assert str(expected_result) in str(actual_result), "断言失败:预期结果是:{};实际结果是:{}".format(expected_result, actual_result)
```

示例中,笔者在封装的 3 个断言方法中对一些细节进行了处理。第一,笔者调用 str() 方法将预期结果和实际结果都转换成字符串,避免因为数据类型不一致而导致出现错误;第二,笔者对断言失败进行了自定义错误提示,提示中将预期结果和实际结果打印了出来,方便使用者通过报错信息来快速定位问题。

2. 断言代码封装合并

读者可以仔细观察 3 个断言方法,其中的代码基本是相同的,所以读者也可以将这 3 种方法合并成一种方法,增加一个断言类型的参数,让调用者传参说明使用哪种断言,代码如下:

```
//第 7 章/new_selenium_pro_2/1_encapsulation_14.py
def result_assert(self, expected_result, actual_result, assert_type = 1):
    """
    :param self:
    :param expected_result: 预期结果
    :param actual_result: 实际结果
    :param assert_type: 断言类型:1 表示相等断言;2 表示不相等断言;3 表示包含断言
    :return:
    """
    if assert_type == 1:
        assert str(expected_result) == str(actual_result), "断言失败:预期结果是:{};实际结果是:{}".format(expected_result, actual_result)
    elif assert_type == 2:
        assert str(expected_result) != str(actual_result), "断言失败:预期结果是:{};实际结果是:{}".format(expected_result, actual_result)
    elif assert_type == 3:
        assert str(expected_result) in str(actual_result), "断言失败:预期结果是:{};实际结果是:{}".format(expected_result, actual_result)
    else:
        print("assert_type 错误,请输入正确的断言类型!")
```

示例中,笔者将 3 种方法合并成了一种方法,即 result_assert()方法。在该方法中添加了一个参数 assert_type,如果调用者传入 assert_type=1,则表示断言预期结果和实际结果相等;2 表示断言预期结果和实际结果不相等;3 表示断言实际结果包含预期结果。笔者还对该方法添加了方法注释,这样可以让调用者一下子就看明白方法参数和返回值的意义,这是一种较好的编码习惯,希望读者在开发过程中也能养成对方法进行注释的习惯。

7.9 关闭窗口封装

在自动化测试用例执行完以后,读者需要将自动化打开的浏览器关闭,这属于对自动化代码的清理工作。

7.9.1 关闭窗口代码回顾

虽然关闭窗口代码非常简单,但关闭代码可以分为两种,第 1 种是关闭当前窗口,第 2 种是关闭所有窗口并退出驱动,代码如下:

```
#关闭当前窗口
driver.close()
#关闭所有窗口,退出驱动
driver.quit()
```

7.9.2 关闭窗口代码封装

笔者对关闭当前窗口和关闭所有窗口分别进行封装,代码如下:

```python
//第7章/new_selenium_pro_2/1_encapsulation_15.py
import sys
import time
from selenium import webdriver
from selenium.webdriver import ActionChains
from selenium.webdriver.common.by import By
from selenium.webdriver.common.keys import Keys
from selenium.webdriver.support import expected_conditions
from selenium.webdriver.support.wait import WebDriverWait

class MyDriver():
    ...
    #关闭当前窗口
    def close(self):
        self.driver.close()
    #关闭所有窗口,退出驱动
    def quit(self):
        self.driver.quit()
```

7.10 异常捕获

如果读者不记得什么是异常捕获,则可以复习下前面的章节,简单来讲异常捕获就是提前对容易出异常的代码进行监控并给出异常处理办法。当程序出现异常时一般有两种处理方式,一种是当出现异常时让程序停止运行,另一种是当出现异常时进行提醒或处理后让程序继续运行,读者需要按照实际情况选择适合的处理方式。笔者将以页面跳转和显式等待为例简单地进行异常捕获演示。

7.10.1 页面跳转异常

首先笔者需要回顾下 MyDriver 类初始化代码,因为笔者在初始化 MyDriver 类时调用了页面跳转 navi_to() 方法,在其他场景下暂时未直接使用 navi_to() 方法。

1. 页面跳转回顾

笔者仅回顾 MyDriver 类的初始化方法和页面跳转方法,代码如下:

```python
//第7章/new_selenium_pro_2/1_encapsulation_2.py
class MyDriver():
    #初始化
    def __init__(self, url):
        self.driver = webdriver.Chrome()
        self.driver.maximize_window()
        self.navi_to_page(url)
    #页面跳转
    def navi_to_page(self, url):
        self.driver.get(url)
```

2. 页面跳转异常

笔者在 MyDriver 类的初始化方法中调用了页面跳转 navi_to() 方法,那么如果笔者在调用初始化方法时输入错误的 url 参数,则监测系统是否会报错,代码如下:

```
if __name__ == "__main__":
    driver = MyDriver("chrome", "http://localhost:80/Login")

#执行结果
selenium.common.exceptions.WebDriverException: Message: unknown error: net::ERR_CONNECTION_REFUSED
```

示例中,笔者将 url 的端口号改为 80,从而导致代码异常,报错内容为连接被拒绝。该报错显然是由 navi_to() 方法所导致的,所以笔者应该对 navi_to() 方法进行异常捕获。

7.10.2 页面跳转异常捕获

对于 MyDriver 类的初始化方法而言,如果页面跳转错误,则接下来的所有操作都没有必要再进行下去了,所以笔者的处理方式是捕捉到页面跳转异常就停止运行代码。

1. 页面跳转异常捕获

异常捕获方法是使用 try-except 语句,代码如下:

```
//第7章/new_selenium_pro_2/1_encapsulation_16.py
#页面跳转
def navi_to_page(self, url):
    try:
        self.driver.get(url)
    except Exception as e:
        print("页面跳转出现异常,url 是:{}".format(url))
        sys.exit(1)

if __name__ == "__main__":
    driver = MyDriver("chrome", "http://localhost:80/Login")

#执行结果
页面跳转出现异常,url 是:http://localhost:80/Login
OSError: [WinError 6] 句柄无效.
```

示例中,笔者使用 try-except 语句对容易发生异常的代码进行异常捕获,捕获到异常后除了打印提醒外,笔者还调用 sys.exit(1) 方法停止运行代码。

2. 页面跳转异常捕获优化

从异常捕获的执行结果可以看出异常捕获已经生效了,但在代码退出时报了另外一个错误,即提示句柄无效。笔者结合前面章节学过的内容,联想到大概是窗口句柄问题,所以决定在退出代码前先关闭窗口,代码如下:

```
//第7章/new_selenium_pro_2/1_encapsulation_16.py
#页面跳转
```

```python
def navi_to_page(self, url):
    try:
        self.driver.get(url)
    except Exception as e:
        print("页面跳转出现异常,url 是:{}".format(url))
        self.driver.quit()
        sys.exit(1)
if __name__ == "__main__":
    driver = MyDriver("chrome", "http://localhost:80/Login")

#执行结果
页面跳转出现异常,url 是:http://localhost:80/Login
```

示例中,笔者在退出代码之前添加了关闭所有窗口并退出驱动的代码 driver.quit(),执行代码后查看执行结果,此时不再报句柄无效异常。

7.10.3 显式等待异常

在笔者封装的 MyDriver 类中,每个操作元素的方法都会先调用显式等待方法,然后对标签元素进行操作。

1. 显式等待代码回顾

笔者封装显式等待方法时使用的是等待元素可见,即 visibility_of_element_located() 方法,代码如下:

```python
def wait_element(self, xpath, second=3):
    locator = (By.XPATH, xpath)
    element = WebDriverWait(self.driver, second).until(expected_conditions.visibility_of_element_located(locator))
    return element
```

2. 显式等待异常

如果笔者在封装的显式等待方法中传入错误的 xpath 就会导致定位不到元素,代码如下:

```python
if __name__ == "__main__":
    driver = MyDriver("chrome", "http://localhost:8080/Login")
    driver.clear_and_sendkeys("//input[@placeholder='username2']", "admin")

#执行结果
selenium.common.exceptions.TimeoutException: Message:
```

示例中,笔者将用户名的 xpath 故意写错,执行代码后报错提示 TimeoutException,表示获取元素时等待超时。当然这个也可能是由显式等待 3s 时间不够造成的,但笔者将等待时间设置为 10s 后,依然会提示这个错误,证明显式等待超时后会报此错误。

7.10.4 显式等待异常捕获

对于显式等待 wait_element() 方法而言,如果 xpath 错误,则可以考虑让代码停止运行,此外可以考虑让方法返回 None 值供调用者使用。这里笔者将在异常发生时打印提示信息并返回 None。

1. 显式等待异常捕获

笔者将分别捕捉超时异常和其他异常,代码如下:

```python
//第 7 章/new_selenium_pro_2/1_encapsulation_17.py
def wait_element(self, xpath, second = 3):
    locator = (By.XPATH, xpath)
    try:
        element = WebDriverWait(self.driver, second).until(expected_conditions.visibility_of_element_located(locator))
    except TimeoutException as e:
        print("显式等待元素超时,元素的 xpath 是:{}".format(xpath))
    except Exception as e:
        print("显式等待其他异常,元素的 xpath 是:{}".format(xpath))
    else:
        return element
```

示例中,笔者先捕捉 TimeoutException 异常,捕捉成功后打印显式等待元素超时;再捕捉 Exception 异常,表示捕捉其他所有异常,捕捉成功后打印显式等待其他异常。最终都会返回 element,但当发生异常时 element 的值为 None。

2. 封装使用

笔者再次使用 wait_element()方法查看异常捕获情况,代码如下:

```python
if __name__ == "__main__":
    driver = MyDriver("chrome", "http://localhost:8080/Login")
    driver.clear_and_sendkeys("//input[@placeholder = 'username2']", "admin")

# 执行结果
显式等待元素超时,元素的 xpath 是://input[@placeholder = 'username2']
AttributeError: 'NoneType' object has no attribute 'clear'
```

示例中,执行结果先打印了等待元素超时异常,这是笔者希望看到的,因为打印出错误原因可以更好地定位问题。另外,在发生异常之后代码还会继续往下执行,在执行过程中报错提示 None 类型的对象没有 clear()方法,说明异常捕获的返回值为 None,当 None 调用 clear()方法时报错。在实际应用中,调用者可以判断 wait_element()方法的返回值是否为 None,当返回值为 None 时跳过此条用例,并将用例执行结果标识为失败。

7.11 本章总结

本章对 WebDriver 的方法进行了二次封装,其目的是能让调用者所编写的代码更加简单,而且二次封装的代码可以应用于平台开发,虽然本书中没有介绍平台开发的内容,但相信读者在后面的学习和工作中会接触到平台开发的内容,到时再回过头来查看二次封装的内容,相信读者会有不同的感悟。

  本章封装的内容可能不够完美,在后面的章节中如果遇到需要修改的地方,则笔者将会回顾二次封装代码、指出问题所在,并对二次封装代码进行修改或优化,让二次封装的代码更加趋于完美,达到学完即可应用到实际工作中的目的。

  另外笔者在本章代码中故意保留了导入模块的代码,有的读者可能会认为这些代码是多余的,但从笔者的学习和培训经验看来,导入模块代码对于初学者十分重要,初学者即使使用IDE工具有时也不一定知道应该导入哪些模块,所以笔者对此部分内容进行了保留,有经验的读者可以忽略导入模块内容。

第 8 章 PageObject 封装

在第 7 章中笔者对 WebDriver 代码进行了二次封装，自动化测试人员调用封装代码可以很方便地编写出大量用例，然而，如果某天前端代码发生了调整，则自动化测试人员可能就需要对已有代码进行大量修改。例如登录用户名输入框的 xpath 发生了改变，那么自动化测试人员就需要找到所有用例中用到登录代码的地方修改每个 xpath，修改后再对每个修改的用例进行调试；再例如过几天登录需要新增 1 个验证码输入框，那么自动化测试人员还需要再次找到所有用例中使用登录的代码，向每个代码添加一个验证码的输入。当用例只有十几条时测试人员并不会感到有多大麻烦，但当用例有几百条或几千条时这个工作量就非常大了。

经过以上分析，读者一定会想到一件事情，那就是当页面元素发生变化时能不能只修改一个地方就可以完成脚本的修改，不用逐个对用例进行修改。答案是有的，这就是本章将要讲解的 PageObject 设计模式。

8.1 PageObject 模式简介

PageObject(PO)设计模式是在 UI 自动化测试中经常使用的设计模式。在该设计模式下，每个页面被设计为一个类，页面中的标签元素就是类的属性，对页面标签元素的操作就是类的方法，当然也可以将经常用的多步操作封装成一种方法。

还是以登录为例，采用了 PO 设计模式后，当登录用户名输入框 xpath 发生改变时，自动化测试人员只需到 LoginPage 类修改对应的 xpath，不再需要修改每个用例中的 xpath。当登录需要新增 1 个验证码输入框时，自动化测试人员只需到 LoginPage 类中找到登录方法，在登录方法中添加验证码操作，也不再需要修改每个用例的登录相关代码。这就是 PageObject 设计模式带来的好处。

在实现 PO 设计模式之前，笔者对代码进行分层，新建 common 文件夹存放共享的模块；新建 test_po 文件夹存放所有的 PO 模块。读者可以将 PO 模式理解为分层中的对象层，该层存放的是标签元素的 xpath 和标签元素的操作方法。具体如图 8-1 所示。

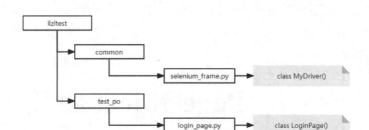

图 8-1 代码分层

8.2 登录 PO 封装

笔者还是从登录开始进行思考,先回顾登录代码,再考虑登录如何进行 PO 封装,并对此过程中遇到的问题进行解答。

8.2.1 登录代码回顾

使用二次封装代码进行登录操作,需要先初始化 MyDriver 类,然后输入用户名、密码,单击"登录"按钮,代码如下:

```python
if __name__ == "__main__":
    driver = MyDriver("chrome", "http://localhost:8080/Login")
    driver.clear_and_sendkeys("//input[@placeholder = 'username']", "admin")
    driver.clear_and_sendkeys("//input[@placeholder = 'password']", "123456")
    driver.click("//span[text() = '登录']")
```

8.2.2 登录封装

从登录代码中可以看出,登录页面需要操作 3 个标签元素,所以会用到 3 个 xpath。登录页面只有一个登录操作,所以可以封装一个登录方法。

1. 登录封装

笔者新建 LoginPage 类对登录页面进行封装,代码如下:

```python
//第 8 章/test_po/login_page.py
from common.selenium_frame import MyDriver

class LoginPage():
    username_xpath = "//input[@placeholder = 'username']"
    password_xpath = "//input[@placeholder = 'password']"
    login_xpath = "//span[text() = '登录']"

    def __init__(self, driver):
        self.driver = driver

    def login(self, username, password):
```

```
        self.driver.clear_and_sendkeys(self.username_xpath, username)
        self.driver.clear_and_sendkeys(self.password_xpath, password)
        self.driver.click(self.login_xpath)
```

示例中，笔者将登录页面中需要操作的用户名输入框、密码输入框和登录按钮的 xpath 写成了 LoginPage 类的属性，将登录操作封装成了 login() 方法，登录方法的参数为用户名和密码。当自动化测试人员想测试登录时只需实例化 LoginPage 类，然后调用 login() 方法传入参数。当登录页面元素发生变化时只需到 LoginPage 类中修改 xpath 和 login() 方法。

2．登录使用

当使用登录 PO 封装时需要先实例化 LoginPage 类，并且需要传入参数 driver，代码如下：

```
if __name__ == "__main__":
    driver = MyDriver("chrome", "http://localhost:8080/Login")
    login_page = LoginPage(driver)
    login_page.login("admin", "123456")
```

8.2.3 登录校验

笔者在二次封装的代码中没有对登录结果进行校验，这里笔者将补充登录校验内容。从页面显示效果来看登录成功会跳转到系统首页，所以笔者将采用首页 title 进行登录校验。

1．二次封装优化

由于二次封装的 MyDriver 类中还没有封装获取页面 title 的方法，所以笔者在 MyDriver 类和 LoginPage 类中增加 get_title() 方法，用于获取页面 title，代码如下：

```
#获取 title
def get_title(self):
    return self.driver.title
```

2．二次封装优化的使用

当二次封装了获取 title 的方法后，笔者将使用该方法进行登录校验，代码如下：

```
//第 8 章/test_po/login_page.py
if __name__ == "__main__":
    driver = MyDriver("chrome", "http://localhost:8080/Login")
    login_page = LoginPage(driver)
    login_page.login("admin", "123456")
    print(login_page.get_title())
    driver.assert_contain("系统首页", login_page.get_title())

#执行结果
登录 | lizi
AssertionError:断言失败:预期结果是:系统首页;实际结果是:登录 | lizi
```

示例中，笔者打印了 get_title() 方法所获取的 title 值，从执行结果中可以看出断言是失败的，原因是获取的 title 的值是"登录 | lizi"其中并不包含"系统首页"字样。

3. 报错优化

从上述执行结果可以看出，用户登录已经成功，但进行 title 比较时发现预期结果和实际结果不一致，笔者第 1 个想到的问题是代码运行的速度太快，从而导致获取的是没跳转之前的页面的 title，所以笔者决定从这一点出发尝试解决该报错问题，代码如下：

```python
//第 8 章/test_po/login_page.py
if __name__ == "__main__":
    driver = MyDriver("chrome", "http://localhost:8080/Login")
    login_page = LoginPage(driver)
    login_page.login("admin", "123456")
    driver.sleep(1)
    print(login_page.get_title())
    driver.assert_contain("系统首页", login_page.get_title())

#执行结果
系统首页 | lizi
```

示例中，笔者在断言之前使用 sleep() 方法等待了 1s，从执行结果可以看出等待 1s 后断言成功，证明问题已经得到解决。

8.3 账号管理 PO 封装

相比登录 PO 封装而言，账号管理需要封装的内容要多很多。因为账号管理页面有增、删、改、查这 4 个功能，每个功能涉及很多不同的元素，所以账号管理页面类中会有很多 xpath 和增、删、改、查方法。

8.3.1 进入账号管理页面封装

如果读者想对账号进行增、删、改、查操作，则必须先进入账号管理页面，所以笔者首先对进入账号管理页面进行封装，代码如下：

```python
//第 8 章/test_po/user_manage_page.py
from common.selenium_frame import MyDriver
from test_po.login_page import LoginPage

class UserManagePage():
    #菜单 xpath
    user_manage_page_xpath = "//li[text()='账号管理']"

    def __init__(self, driver):
        self.driver = driver
    #进入账号管理页面
```

```python
    def navi_to_user_manage_page(self):
        self.driver.click(self.user_manage_page_xpath)
```

示例中,笔者新建 UserManagePage 类对账号管理页面进行封装,由于进入账号管理页面只需单击菜单,所以笔者封装的 navi_to_user_manage_page()方法也只进行了简单的单击操作。

8.3.2 新增用户封装

新增用户的操作主要包括新增用户和校验两个步骤,笔者将从这两个方面进行讲解。

1. 新增用户封装

由于 MyDriver 类中已经封装了校验方法,所以笔者只需封装新增用户方法,代码如下:

```python
//第 8 章/test_po/user_manage_page.py
from common.selenium_frame import MyDriver
from test_po.login_page import LoginPage

class UserManagePage():
    #进入账号管理
    #新增 xpath
    add_user_btn_xpath = "//span[text()='新增 json']"
    username_xpath = "//label[text()='用户名']/following::input[1]"
    password_xpath = "//input[@type='password']"
    gender_xpath = "//span[text()='女']"
    education_xpath1 = "//input[@placeholder='请选择']"
    education_xpath2 = "//span[text()='博士']"
    date_xpath1 = "//input[@placeholder='选择日期']"
    date_xpath2 = "//span[text()='此刻']"
    hobby_xpath = "//span[text()='游泳']"
    brief_xpath = "//textarea"
    confirm_btn_xpath = "//span[text()='确定']"

    #新增用户
    def add_user(self, username, password, brief="栗子测试"):
        self.driver.click(self.add_user_btn_xpath)
        self.driver.sendkeys(self.username_xpath, username)
        self.driver.sendkeys(self.password_xpath, password)
        self.driver.click(self.gender_xpath)
        self.driver.click(self.education_xpath1)
        self.driver.click(self.education_xpath2)
        self.driver.click(self.date_xpath1)
        self.driver.click(self.date_xpath2)
        self.driver.click(self.hobby_xpath)
        self.driver.sendkeys(self.brief_xpath, brief)
        self.driver.click(self.confirm_btn_xpath)
```

示例中,笔者封装了 add_user()方法,该方法的参数分别为用户名、密码和简介。笔者的想法是只将需要输入的内容作为参数,其他单击选择的内容不变。当然读者也可以有自己的封装方式,只要符合系统规则即可。

另外,新增用户封装时代码比登录封装时多很多,主要原因是新增用户时需要操作的元素较多。虽然代码行数较多但没有难度,所以读者不要觉得麻烦,因为在一次封装之后,后期使用和维护时就会相当简单。

2. 新增用户封装的使用

当使用新增用户封装代码时需要实例化 UserManagePage 类,代码如下:

```python
//第 8 章/test_po/user_manage_page.py
if __name__ == "__main__":
    driver = MyDriver("chrome", "http://localhost:8080/Login")
    login_page = LoginPage(driver)
    login_page.login("admin", "123456")
    user_manage_page = UserManagePage(driver)
    user_manage_page.navi_to_user_manage()
    #新增
    user_manage_page.add_user("栗子测试 6", "123456")
```

示例中,笔者使用封装的 add_user() 方法进行新增操作,在该方法中笔者只传入了用户名和密码,因为 add_user() 方法的 brief 参数已经有了默认值,当不传 brief 参数时 Python 就会使用其默认值。

3. 新增用户校验

当需要对新增用户进行校验时,笔者会获取列表中的第 1 条数据的名字进行校验,所以笔者将会优化账号管理类,新增获取第 1 行数据名字的方法,然后进行校验。

1) 获取第 1 行数据名字封装

封装的主要内容是使用第 1 条数据用户名的 xpath 调用 MyDriver 类中的 get_text() 方法获取字符串,代码如下:

```python
//第 8 章/test_po/user_manage_page.py
from common.selenium_frame import MyDriver
from test_po.login_page import LoginPage

class UserManagePage():

    #进入账号管理、新增
    #列表中第 1 条数据名字的 xpath
    first_line_username_xpath = "//table[@class='el-table__body']//tr[1]//descendant::div[2]"

    #获取列表中的第 1 条数据的名字
    def get_first_username(self):
        return self.driver.get_text(self.first_line_username_xpath)
```

示例中,笔者在 UserManagePage 类中新增了 get_first_username() 方法,该方法的作

用是根据第 1 行数据名字的 xpath 返回用户名。

2）新增用户校验

有了 get_first_username()方法后笔者可以轻松地获取第 1 行数据的名字，然后调用 MyDriver 类的 assert_equal()方法进行断言，代码如下：

```
//第8章/test_po/user_manage_page.py
if __name__ == "__main__":
    #登录
    #新增
    user_manage_page.add_user("栗子测试7", "123456")
    first_username = user_manage_page.get_first_username()
    print(first_username)
    driver.assert_equal("栗子测试7", first_username)
```

8.3.3 查询用户封装

本项目中的用户查询操作非常简单，只需输入用户名并单击"查询"按钮，但查询校验比较麻烦，需要遍历所有结果并逐条校验用户名是否包含查询内容，当第 1 页校验完成后还需要进行下一页的校验，直到所有结果校验完成为止。笔者将会对查询和校验进行封装。

1. 查询用户封装

查询封装的目的是让调用者只传入查询内容便可以查询成功，代码如下：

```
//第8章/test_po/user_manage_page.py
from common.selenium_frame import MyDriver
from test_po.login_page import LoginPage

class UserManagePage():
    ...
    #查询 xpath
    search_input_xpath = "//input[@placeholder = '请输入用户名']"
    search_btn_xpath = "//span[text() = '搜索']"

    #查询用户
    def search_user(self, content):
        self.driver.sendkeys(self.search_input_xpath, content)
        self.driver.click(self.search_btn_xpath)
```

示例中，笔者在 UserManagePage 类中新增了 search_user()方法，该方法的参数是查询内容。

2. 查询用户封装的使用

笔者想要查询名字中包含"用户"两个字的用户名，代码如下：

```
if __name__ == "__main__":
#登录
#查询
user_manage_page.search_user("用户")
```

3. 查询用户校验

由于笔者使用遍历查询结果列表的方式对每条查询结果数据进行校验,所以这种遍历方式的代码量较大,笔者决定先进行封装。

1) 遍历校验封装

遍历校验封装需要考虑两个问题,第 1 个问题是封装的方法需要传入预期结果;第 2 个问题是封装的方法需要能控制遍历几次后进行翻页,代码如下:

```python
//第 8 章/test_po/user_manage_page.py
from common.selenium_frame import MyDriver
from test_po.login_page import LoginPage

class UserManagePage():
    ...
    # 查询结果遍历所需 xpath
    total_xpath = "//span[@class = 'el-pagination__total']"
    next_btn_xpath = "//button[@class = 'btn-next']"
    n_line_username_xpath = "//table[@class = 'el-table__body']//tr[{}]//descendant::div[2]"

    # 获取查询结果的姓名列表
    def assert_all_username(self, expected_value, nums_per_page = 10):
        i = 0
        line_num = 1
        username_list = []
        total = int(self.driver.get_text(self.total_xpath).split(" ")[1])
        while (i < total):
            xpath = self.n_line_username_xpath.format(line_num)
            user_name = self.driver.get_text(xpath)
            username_list.append(user_name)

            self.driver.assert_contain(expected_value, user_name)
            i += 1
            line_num += 1
            # 如果第 3 行断言完成,则单击下一页
            if line_num > nums_per_page:
                self.driver.click(self.next_btn_xpath)
                line_num = 1
                # 翻页后等一秒,等待新数据加载
                self.driver.sleep(1)
        print(username_list)
```

示例中,笔者封装了 assert_all_username()方法,该方法需要传入两个参数,即预期结果和翻页控制数。在方法中对查询结果进行遍历,使用 MyDriver 类的 assert_contain()方法断言每条数据的名字中是否包含预期结果值;使用 nums_per_page 参数来判断是否应该翻页。

笔者在该方法中添加了一个 username_list 列表,在每次循环时将用户名添加到该列表中,这样做的目的是适应不同的断言方式。例如,如果读者想通过一种方法先获取所有查询

结果的用户名列表,然后判断预期用户名是否在返回列表内,就可以注释 assert 代码并返回 username_list,然后断言预期用户名是否在 username_list 列表中。

2) 遍历校验的使用

笔者调用 assert_all_username()方法时传入的 nums_per_page 参数值为 3,因为项目中每页显示 3 条数据,代码如下:

```
if __name__ == "__main__":
    ...
    #查询
    user_manage_page.search_user("用户")
    user_manage_page.assert_all_username("用户",3)
```

8.3.4　编辑用户封装

编辑用户代码和校验跟新增用户基本一致,但在项目实战中笔者只编辑了用户名,所以其代码比新增用户简单很多。

1. 编辑用户封装

当笔者对编辑用户进行封装时,只想在第 1 条数据的用户名字后面加上一些内容,所以封装时使用的是 MyDriver 类中的 sendkeys()方法,代码如下:

```
//第 8 章/test_po/user_manage_page.py
from common.selenium_frame import MyDriver
from test_po.login_page import LoginPage

class UserManagePage():
    ...
    #编辑 xpath
    edit_btn_xpath = "//span[text()='编辑'][1]"
    edit_username_xpath = "//label[text()='用户名']/following::input[1]"
    edit_confirm_btn_xpath = "//span[text()='确定']"

    #编辑用户
    def edit_user(self, content):
        self.driver.click(self.edit_btn_xpath)
        self.driver.sendkeys(self.edit_username_xpath, content)
        self.driver.click(self.edit_confirm_btn_xpath)
```

示例中,笔者封装了 edit_user()方法,该方法调用了 MyDriver 类的 sendkeys()方法,sendkeys()方法在封装时并没有调用 clear()方法,所以在编辑用户时在用户名的后边会追加所添加的内容。

2. 编辑用户封装的使用

编辑用户的校验方式也是对第 1 条数据用户名进行校验,所以笔者此次将编辑和校验的代码编写在一起,代码如下:

```
//第 8 章/test_po/user_manage_page.py
if __name__ == "__main__":
    ...
    #编辑
    user_manage_page.edit_user("88")
    first_username = user_manage_page.get_first_username()
    print(first_username)
    driver.assert_contain("88", first_username)
```

示例中,笔者使用 edit_user()方法在第 1 条数据的用户名后面加上"88"字样,然后调用 get_first_username()方法获取第 1 条数据的用户名,最后调用 assert_contain()方法进行包含断言。

8.3.5 删除用户封装

删除用户和编辑用户一样,它们都围绕用户列表中的第 1 行数据进行操作。

1. 删除用户封装

删除操作很简单,只需单击第 1 条数据的删除按钮,然后单击弹出的二次确认框中的确认按钮,代码如下:

```
//第 8 章/test_po/user_manage_page.py
from common.selenium_frame import MyDriver
from test_po.login_page import LoginPage

class UserManagePage():
    ...
    #删除 xpath
    delete_btn_xpath = "//span[text() = '删除'][1]"
    delete_confirm_btn_xpath = "//span[text() = '确定']"
    #删除用户
    def delete_user(self):
        self.driver.click(self.delete_btn_xpath)
        self.driver.click(self.delete_confirm_btn_xpath)
```

示例中,笔者封装了 delete_user()方法,该方法调用了 MyDriver 类中的 click()方法,分别表示单击"删除"按钮和单击"二次确认"按钮。

2. 删除用户封装的使用

删除操作使用起来比较简单,但读者需要留意删除操作的校验方式。笔者首先使用在未删除第 1 条数据之前获取的用户名,然后在删除第 1 条数据之后再次获取第 1 行数据的用户名,将两个用户名进行不相等比较,代码如下:

```
//第 8 章/test_po/user_manage_page.py
if __name__ == "__main__":
    ...
    first_username1 = user_manage_page.get_first_username()
    print(first_username1)
```

```
            user_manage_page.delete_user()
            first_username2 = user_manage_page.get_first_username()
            print(first_username2)
            driver.assert_unequal(first_username1, first_username2)

#执行结果
栗子测试 888888
栗子测试 7
```

示例中,笔者在删除第 1 条数据之前获取的用户名为 first_username1,调用 delete_user()方法删除第 1 行数据后,再获取的第 1 行数据的用户名为 first_username2。最后调用 MyDriver 类的 assert_unequal()方法将两个用户名进行对比,结果不相等,证明删除成功。

8.4 外链测试 PO 封装

回顾下项目实战中的外链的相关内容,一共可以分为两部分,第一部分是进入 iframe 中实现查询操作;第二部分是进入新窗口校验查询结果是否正确。

8.4.1 外链测试封装

根据前面积累的经验,笔者仔细分析了外链测试所需封装的方法。第 1 步,由于需要进入外链测试页面,所以需要封装进入外链测试页面方法;第 2 步,由于需要在外链页面的 iframe 中进行查询,所以需要封装查询方法;第 3 步,由于需要对查询内容进行校验,所以需要封装校验方法。

1. 进入外链页面封装

进入外链测试页面只需单击菜单,代码如下:

```
//第 8 章/test_po/iframe_page.py
from selenium.webdriver.common.keys import Keys
from common.selenium_frame import MyDriver
from test_po.login_page import LoginPage

class IframePage():
    #菜单 xpath
    iframe_page_xpath = "//li[text()='外链测试']"

    def __init__(self, driver):
        self.driver = driver

    #进入外链测试页
    def navi_to_iframe_page(self):
        self.driver.click(self.iframe_page_xpath)
```

示例中,笔者封装了 navi_to_iframe_page()方法,方法中调用 MyDriver 类的 click()方法实现单击外链测试菜单。

2. 外链页面查询封装

要实现操作 iframe 中的输入框,首先需要跳转到 iframe 中,然后才能正常操作 iframe 中的标签元素,代码如下:

```python
//第 8 章/test_po/iframe_page.py
from selenium.webdriver.common.keys import Keys
from common.selenium_frame import MyDriver
from test_po.login_page import LoginPage


class IframePage():
    ...
    # iframe 元素的 xpath
    iframe_xpath = "//iframe"
    # iframe 内部输入框的 xpath
    search_input_xpath = "//input[@id = 's']"

    # 在 iframe 中进行查询
    def iframe_search(self, content):
        self.driver.switch_to_iframe(self.iframe_xpath)
        self.driver.clear_and_sendkeys(self.search_input_xpath, content)
        self.driver.sendkeys(self.search_input_xpath, Keys.ENTER)
```

示例中,笔者封装了 iframe_search()方法,该方法的参数是用户想要查询的内容。方法中首先调用 MyDriver 类中的 switch_to_iframe()方法,用于切换到 iframe 中,然后调用 clear_and_sendkeys()方法进行输入操作,最后由于 iframe 中的查询没有查询按钮,所以调用 sendkeys()方法模拟键盘单击 Enter 键进行查询。

3. 获取查询结果封装

由于此次校验笔者只校验查询结果列表的第 1 个元素是否包含查询内容,所以封装了一个获取第 1 个查询结果的方法,代码如下:

```python
//第 8 章/test_po/iframe_page.py
from selenium.webdriver.common.keys import Keys
from common.selenium_frame import MyDriver
from test_po.login_page import LoginPage

class IframePage():
    ...
    # 新窗口列表中的第 1 条数据
    def get_new_window_first_data(self, window_title):
        self.driver.switch_to_window(window_title)
        first_data = self.driver.get_text(self.first_data_xpath)
        return first_data
```

示例中,笔者封装了 get_new_window_first_data()方法,该方法的参数是窗口的 title。原因是在 iframe 中进行查询操作后会新打开一个窗口,查询结果在新窗口中展示。那么如果想要获取查询结果就需要先切换到新窗口,然后进行获取,所以笔者首先调用 MyDriver 类中的 switch_to_window()方法进行窗口跳转,然后调用 MyDriver 类的 get_text()方法获取第 1 条数据的查询结果。

8.4.2 外链测试封装的使用

外链测试封装在使用时,如果切换窗口成功,则校验可以成功,那么如果切换窗口失败,则代码会出现什么提示呢?笔者将从窗口切换成功和失败两个角度进行演示。

1. 外链测试封装的使用

笔者在 iframe 切换成功后进行查询操作,并对新窗口的查询结果进行校验,代码如下:

```
//第 8 章/test_po/iframe_page.py
if __name__ == "__main__":
    driver = MyDriver("chrome", "http://localhost:8080/Login")
    login_page = LoginPage(driver)
    login_page.login("admin", "123456")
    iframe_page = IframePage(driver)
    iframe_page.navi_to_iframe_page()
    # iframe 查询
    iframe_page.iframe_search("python")
    # 新窗口校验查询结果
    first_data = iframe_page.get_new_window_first_data("python3 的搜索结果")
    driver.assert_contain("python", first_data)
```

示例中,笔者使用 navi_to_iframe_page()方法先切换到 iframe 中,再调用 iframe_search()方法查询 python 相关内容,再在新窗口中获取查询结果中的第 1 条数据,最后用 MyDriver 类中的 assert_contain()方法判断查询结果的第 1 条数据是否包含查询内容。

2. 获取新窗口中的第 1 条数据报错

笔者调用 get_new_window_first_data()方法时故意传递错误的窗口 title,执行代码后查看代码会不会报错,代码如下:

```
if __name__ == "__main__":
    ...
    first_data = iframe_page.get_new_window_first_data("666")
    driver.assert_contain("python", first_data)
```

示例中,笔者传入错误的 title,但代码并没有报错,这时读者应该思考代码为什么没有报错?不是应该打印切换窗口错误吗?

3. 窗口切换代码回顾

如果想知道为什么没报错就需要回顾下窗口切换代码了,代码如下:

```
//第8章/common/selenium_frame.py
#窗口切换
def switch_to_window(self, title):
    #获取窗口句柄
    handles = self.driver.window_handles
    for handle in handles:
        #切换窗口
        self.driver.switch_to.window(handle)
        #根据title判断切换窗口是否是所需要的
        if title in self.driver.title:
            break
        else:
            continue
```

笔者结合窗口切换代码和iframe查询操作对错误的title代码不报错进行分析。iframe查询后一共有两个窗口,笔者传入错误的title后,第1次循环切换窗口后判断title不正确,进入下次循环；第2次循环也是先切换窗口后判断title不正确,循环结束。此时已经切换到了第2个窗口,所以项目中title传入任何值都不会报错。

4. 窗口切换封装优化

如果在自动化操作过程中有多个窗口,笔者想切换到任意一个窗口,则此时如果传入错误的title,则肯定会导致后边代码中的元素显式等待失败,所以需要加一个切换窗口成功的标识来判断窗口切换是否成功。如果切换窗口失败就打印相关信息,让调用者能够快速地定位问题,代码如下：

```
//第8章/common/selenium_frame.py
#窗口切换
def switch_to_window(self, title):
    flag = False
    #获取窗口句柄
    handles = self.driver.window_handles
    for handle in handles:
        #切换窗口
        self.driver.switch_to.window(handle)
        #根据title判断切换窗口是否是所需要的
        if title in self.driver.title:
            flag = True
            break
        else:
            continue
    if flag:
        pass
    else:
        print("切换窗口失败,窗口的title是:{}".format(title))
```

示例中,笔者在switch_to_window()方法中增加了一个flag变量作为标识,flag的初始值为False,当切换窗口成功时flag被赋值为True,这样在循环结束后可以判断flag的值,如果是 False,则打印切换窗口失败。

5. 窗口切换封装优化后的使用

MyDriver 类中的切换窗口代码优化后,笔者传入错误的窗口 title,代码会提示切换窗口失败,代码如下:

```python
//第 8 章/test_po/iframe_page.py
if __name__ == "__main__":
    ...
    first_data = iframe_page.get_new_window_first_data("666")
    driver.assert_contain("python", first_data)

#执行结果
切换窗口失败,窗口的 title 是:666
```

8.5 上传文件 PO 封装

在项目实战中,上传文件可以说是最简单的内容,所以在二次封装时没有封装上传文件的方法,因为上传文件使用的就是 send_keys()方法。

8.5.1 上传文件封装

上传文件的封装需要考虑三方面。第一,进入上传文件页面;第二,上传文件;第三,上传文件成功校验。笔者在此仅封装进入上传文件页面和上传文件代码,上传文件成功校验的代码留作大家的思考题,相信大家一定可以自行封装成功。

1. 进入上传文件页面封装

进入上传文件页面还是单击操作,代码如下:

```python
//第 8 章/test_po/upload_file_page.py
from common.selenium_frame import MyDriver
from test_po.login_page import LoginPage

class UploadfilePage():

    #菜单 xpath
    upload_file_page_xpath = "//li[text()='上传文件']"

    def __init__(self, driver):
        self.driver = driver

    #进入上传文件页面
    def navi_to_upload_file_page(self):
        self.driver.click(self.upload_file_page_xpath)
```

示例中,笔者封装了 navi_to_upload_file_page()方法,方法中依然调用 MyDriver 类中

的click()方法实现单击上传文件菜单。

2. 上传文件封装

实现上传文件只需找到页面中的input标签,然后在标签内输入文件的路径,代码如下:

```python
//第8章/test_po/upload_file_page.py
from common.selenium_frame import MyDriver
from test_po.login_page import LoginPage

class UploadfilePage():
    ...
    #上传文件xpath
    upload_file_input_xpath = "//input[@name='file']"
    #上传文件
    def upload_file(self, file_path):
        self.driver.sendkeys(self.upload_file_input_xpath, file_path)
```

示例中,笔者封装了upload_file()方法,该方法的参数是需要上传的文件的路径。

8.5.2 上传文件封装的使用

在笔者的项目中,上传文件需要操作的input标签并不能看到,所以对文件进行上传操作到底能否成功还是未知数。

1. 上传文件封装的使用

上传文件只需进入页面后直接输入文件路径,代码如下:

```python
//第8章/test_po/upload_file_page.py
if __name__ == "__main__":
    driver = MyDriver("chrome", "http://localhost:8080/Login")
    login_page = LoginPage(driver)
    login_page.login("admin", "123456")
    upload_file_page = UploadfilePage(driver)
    upload_file_page.navi_to_upload_file_page()
    upload_file_page.upload_file("D:\\测试.xlsx")

#执行结果
显式等待元素超时,元素的xpath是://input[@name='file']
AttributeError: 'NoneType' object has no attribute 'send_keys'
```

示例中,执行结果显示上传文件显式等待元素超时,证明没有定位到input标签元素。由于笔者在MyDriver类中单独封装了显式等待方法wait_element(),所以错误一定出在显式等待方法中。笔者查看input标签元素的xpath信息,发现xpath并没有错误,那错误究竟出现在哪里?

2. 显式等待封装回顾

由于报错出现在显式等待方法中,所以笔者先来回顾一下显式等待封装方法,代码

如下:

```
//第 8 章/common/selenium_frame.py
# 显式等待
def wait_element(self, xpath, second = 3):
    locator = (By.XPATH, xpath)
    try:
        element = WebDriverWait(self.driver, second).until(expected_conditions.visibility_of_element_located(locator))
    except TimeoutException as e:
        print("显式等待元素超时,元素的 xpath 是:{}".format(xpath))
    except Exception as e:
        print("显式等待其他异常,元素的 xpath 是:{}".format(xpath))
    else:
        return element
```

在上述代码中,可能出现问题的地方有两个,第 1 个是等待时间不足,笔者设置的默认等待时间是 3s;第 2 个是等待条件不满足,即 visibility_of_element_located 类不适用于文件上传的 input 标签元素。经过试验增加显式等待时间还是报同样的错误,所以笔者将解决问题的方向聚焦在 visibility_of_element_located 类上。

expected_conditions 模块调用 visibility_of_element_located 类表示等待元素存在并可见,但在文件上传页面上可以看出,input 标签元素并不可见,所以该方法可能不适用于文件上传的 input 标签元素,笔者需要找到适合的方法将其替换。

3. 显式等待封装优化

笔者进入 expected_conditions 模块查看所有等待条件类,发现有一个类只等待元素存在并不需要元素可见,这就是 presence_of_element_located 类。该类正好符合上传文件 input 标签元素的现状,所以笔者决定将显式等待条件替换成 presence_of_element_located,代码如下:

```
//第 8 章/common/selenium_frame.py
# 显式等待
def wait_element(self, xpath, second = 3):
    locator = (By.XPATH, xpath)
    try:
        element = WebDriverWait(self.driver, second).until(expected_conditions.presence_of_element_located(locator))
    except TimeoutException as e:
        print("显式等待元素超时,元素的 xpath 是:{}".format(xpath))
    except Exception as e:
        print("显式等待其他异常,元素的 xpath 是:{}".format(xpath))
    else:
        return element
```

4. 显式等待封装优化后的使用

MyDriver 类中的 wait_element()方法优化后,再次执行上传文件代码,代码不会再报

显式等待元素超时错误,代码如下:

```
//第 8 章/test_po/upload_file_page.py
if __name__ == "__main__":
    driver = MyDriver("chrome", "http://localhost:8080/Login")
    login_page = LoginPage(driver)
    login_page.login("admin", "123456")
    upload_file_page = UploadfilePage(driver)
    upload_file_page.navi_to_upload_file_page()
    upload_file_page.upload_file("D:\\测试.xlsx")
```

5. 总结

笔者在这里又一次对二次封装代码进行了修改,这是自动化测试过程中需要经历的过程,当封装代码不能满足当前系统测试要求时,读者就应该考虑修改封装的代码以解决问题。当然,当读者的框架经过成千上万次的测试后,就很少会再需要修改了。

8.6 本章总结

本章介绍了 PageObject 设计模式,笔者结合 MyDriver 类中二次封装的方法,将项目实战中的代码使用 PageObject 设计模式进行分层,其目的还是让调用者使用更简单、维护成本更低。

在 PageObject 进行封装时,笔者除了对页面的动作进行了封装之外,还对 MyDriver 类中有问题的方法进行了修改和优化,尽量让封装内容更加符合实际需求,但在 PageObject 封装的过程中也有一些不完美的地方,例如查询内容断言的封装可以封装到 MyDriver 中,这样所有涉及查询断言的代码就可以都使用这种方法,而不是每个涉及查询断言的页面都进行单独封装。

当然,笔者没有将查询断言封装到 MyDriver 类中还有其他的考虑,因为不一定每个查询都需要对所有结果进行断言,如果数据量成百上千,则还使用这种断言方式也是对自动化测试的一种不合理的设计。总之,读者学会 WebDriver 二次封装和 PageObject 的设计模式后,可以根据公司项目的实际情况找到适合自己公司的设计方式。

第 9 章 Unittest 封装

在使用 Unittest 单元测试框架之前,读者需要简单了解什么是单元测试。单元测试可以简单地理解为对开发者所写的代码进行测试,是指对代码的最小可测试单元进行测试,即对类中的方法进行测试。

使用单元测试框架的目的是更好地组织和执行测试用例,例如项目实战中每次执行测试之前都需要先打开网页,每次测试用例执行之后需要关闭浏览器,这些操作在 Unittest 中都可以得到统一处理。另外如何编写测试用例、如何组织测试用例、如何运行测试用例、如何进行断言,这些在 Unittest 单元测试框架中也都有相应的解决办法。

9.1 Unittest 基础

本书使用 Unittest2 版本,读者可以使用 pip 命令安装 Unittest2 包,使用时只需导入 Unittest2,代码如下:

```
import unittest2
```

在进行单元测试时,读者首先需要新建一个类,该类需要继承 Unittest2 的 TestCase 类,表示新建的类是一个测试用例类,代码如下:

```
class MyTest(unittest2.TestCase):
```

示例中,笔者新建 MyTest 类继承了 Unittest2 的 TestCase 类,所以 MyTest 类就是一个测试用例类。

那么如何在测试用例类中编写测试用例呢?测试用例就是类中的方法,不过测试用例方法需要以 test 开头,test 开头的测试用例方法是可以直接执行的,代码如下:

```
def test_1(self):
    print('测试用例方法 1')
```

执行 MyTest 类中的所有测试用例方法只需调用 unittest2.main() 方法,代码如下:

```
if __name__ == "__main__":
    unittest2.main()
```

读者了解了 Unittest2 的基本使用方法后就可以简单地进行单元测试了,当然 Unittest2 单元测试框架的内容还有很多,笔者将会进行一一讲解。

9.2 计算器单元测试

既然单元测试是对开发代码进行测试,那么笔者就编写一小段简单的代码,然后使用单元测试框架 Unittest2 对该代码简单地进行单元测试,其目的是让读者能够快速地了解单元测试。

9.2.1 开发代码

笔者编写的代码是一个简单的计算器类,类中有两种方法,这两种方法可以分别计算两个数的和和差,代码如下:

```
//第9章/test_unittest2/my_cal.py
class Cal():
    def add(self, x, y):
        return x + y
    def sub(self, x, y):
        return x - y
```

示例中,add()方法计算两个数的和,sub()方法计算两个数的差。

9.2.2 单元测试代码

根据 9.2.1 节的简单介绍,笔者将试着使用 Unittest2 框架编写一个加法的测试用例和一个减法的测试用例。

1. 单元测试代码

笔者根据 Unittest2 单元测试代码的要素对单元测试代码进行编写。第 1 步,导入 Unittest2 模块;第 2 步,新建测试类,该类需要继承 Unittest2 的 TestCase 类;第 3 步,编写代码,测试类中的方法需要以 test 开头,代码如下:

```
//第9章/test_unittest2/my_cal.py
from test_unittest2.my_cal import Cal
import unittest2

#测试用例类需要继承 unittest2.TestCase
class MyTest(unittest2.TestCase):
    cal = Cal()
    # test case 必须用 test 开头
    def test_add(self):
```

```
        print('------ test_add')
        result = self.cal.add(2, 3)
        self.assertEqual(result, 8)
    # test case 必须用 test 开头
    def test_sub(self):
        print('------ test_sub')
        result = self.cal.sub(10, 3)
        self.assertEqual(result, 7)
```

示例中,笔者新建 MyTest 类并继承了 Unittest2 的 TestCase 类,MyTest 类中的单元测试方法 test_add()方法和 test_sub()方法均以 test 开头。另外,Unittest2 的 TestCase 类中封装了多种断言方法,笔者直接使用 assertEqual()方法进行相等断言。

2. 单元测试执行

笔者直接调用 unittest2.main()方法执行用例,代码如下:

```
if __name__ == "__main__":
    unittest2.main()
```

笔者的加法测试所计算的是 2 加 3,断言时故意填写的结果为 8,断言结果应该为失败;减法测试所计算的是 10 减 3,断言时填写的结果为 7,断言结果应该为成功。执行结果如图 9-1 所示。

```
Ran 2 tests in 0.006s

FAILED (failures=1)

Failure
Traceback (most recent call last):
  File "F:\a-lizi-workspace\lizitest-1\venv\lib\site-packages\unittest2\case.py", line 67, in testPartExecutor
    yield
  File "F:\a-lizi-workspace\lizitest-1\venv\lib\site-packages\unittest2\case.py", line 625, in run
    testMethod()
  File "F:\a-lizi-workspace\lizitest-1\test_unittest2\my_cal_unittest.py", line 14, in test_add
    self.assertEqual(result, 8)
  File "F:\a-lizi-workspace\lizitest-1\venv\lib\site-packages\unittest2\case.py", line 836, in assertEqual
    assertion_func(first, second, msg=msg)
  File "F:\a-lizi-workspace\lizitest-1\venv\lib\site-packages\unittest2\case.py", line 829, in _baseAssertEqual
    raise self.failureException(msg)
AssertionError: 5 != 8
```

图 9-1 测试执行结果

图 9-1 中执行结果"Ran 2 tests in 0.006s"表示运行了两个用例,共用时 0.006s。failures=1 表示有一个测试用例执行失败,失败原因是断言错误,即 AssertionError:5!=8。

3. 单元测试单独执行

除了可以调用 unittest2.main()方法执行全部用例外,读者还可以单独执行某个测试用例,方法是直接单击用例左侧的"开始"按钮,如图 9-2 所示。

```python
3      from test_unittest2.my_cal import Cal
4      import unittest2
5
6      # 测试用例类需要继承 unittest2.TestCase
7      class MyTest(unittest2.TestCase):
8          cal = Cal()
9
10         # test case 必须用test开头
11         def test_add(self):
12             print('------test_add')
13             result = self.cal.add(2, 3)
14             self.assertEqual(result, 5)
15
16         # test case 必须用test开头
17         def test_sub(self):
18             print('------test_sub')
19             result = self.cal.sub(10, 3)
20             self.assertEqual(result, 7)
21
22     if __name__=="__main__":
23         unittest2.main()
```

图 9-2　PyCharm 单独执行用例

9.3　Unittest 详解

前面仅仅介绍了 Unittest2 单元测试框架的最简单的功能，其实 Unittest2 包含四大核心内容，分别是 TestFixture、TestCase、TestSuite、TestRunner，其中 TestFixture 用于测试环境的准备和还原；TestCase 用于编写测试用例；TestSuite 用于将多个测试用例集合在一起，从而组成测试套件；TestRunner 用于执行测试用例。

9.3.1　TestFixture

TestFixture 用于测试环境的准备和还原，那么测试用例执行需要准备什么环境和还原什么呢？以自动化测试项目实战为例，读者在执行每个测试用例之前需要先登录，在执行测试用例之后需要关闭浏览器，其中登录就是测试准备，关闭浏览器就是还原。

1. setUp()方法和tearDown()方法

如果读者想在每条用例执行之前都执行登录操作，在每条用例执行之后都执行关闭浏览器操作，就需要使用 setUp()方法和 tearDown()方法。

1) 测试用例开发

如果要实现每条测试用例的准备和还原，则只需在测试用例类中编写一次 setUp()方法和 tearDown()方法，代码如下：

```
//第 9 章/test_unittest2/my_testcase_2.py
import unittest2

class MyTest2(unittest2.TestCase):
```

```
    def setUp(self):
        print('------登录')
    def test_adduser(self):
        print('------新增用户')
    def test_iframe_search(self):
        print('------外链查询测试')
    def tearDown(self):
        print('------关闭浏览器')
```

示例中,笔者在MyTest2类中新增了setUp()方法,打印了"------登录"字样,代表登录操作;新增了tearDown()方法,打印了"------关闭浏览器"字样,代表关闭浏览器操作。

2)测试用例的执行

执行用例还是使用unittest2.main()方法,代码如下:

```
//第9章/test_unittest2/my_testcase_2.py
if __name__ == "__main__":
    unittest2.main()

#执行结果
------登录
------新增用户
------关闭浏览器
------登录
------外链查询测试
------关闭浏览器
```

示例中,执行结果在每个用例执行之前打印了"------登录",在每个用例执行之后打印了"------关闭浏览器"。

2. setUpClass()方法和tearDownClass()方法

如果读者想在执行所有用例之前只执行一次登录操作,在执行所有用例之后只执行一次关闭浏览器操作,就需要使用setUpClass()方法和tearDownClass()方法。

1)测试用例开发

如果要实现所有测试用例只准备和还原一次,则只需在测试用例类中编写一次setUpClass()方法和tearDownClass()方法,代码如下:

```
//第9章/test_unittest2/my_testcase_3.py
import unittest2

class MyTest2(unittest2.TestCase):
    @classmethod
    def setUpClass(cls):
        print('------登录')
    def test_adduser(self):
        print('------新增用户')
    def test_iframe_search(self):
```

```
        print('------外链查询测试')
    @classmethod
    def tearDownClass(cls):
        print('------关闭浏览器')
```

示例中,笔者在 MyTest2 类中新增了 setUpClass()方法,打印了"------登录"字样,代表登录操作;新增了 tearDownClass()方法,打印了"------关闭浏览器"字样,代表关闭浏览器操作。值得注意的是,setUpClass()方法和 tearDownClass()方法都是类方法,使用类方法需要注意两点,第1点,需要添加类方法装饰器,即@classmethod;第2点,参数需要传 cls,而不是 self。

2) 测试用例的执行

执行用例还是使用 unittest2.main()方法,代码如下:

```
//第 9 章/test_unittest2/my_testcase_3.py
if __name__ == "__main__":
    unittest2.main()

# 执行结果
------登录
------新增用户
------外链查询测试
------关闭浏览器
```

示例中,执行结果在所有用例开始之前打印了"------登录",在所有用例执行之后打印了"------关闭浏览器"。

3. 总结

在实际工作中到底使用 setUp()方法、tearDown()方法、setUpClass()方法还是 tearDownClass()方法完全取决于测试人员,只要选择的方式适合公司项目即可。笔者在实际工作中会经常使用 setUpClass()方法和 tearDownClass()方法,读者可以作为参考。

9.3.2 TestCase

一个类继承了 unittest2.TestCase,那么它就是一个测试用例,一个完整的测试用例包括测试前环境准备、测试用例方法、测试后环境还原。需要注意的是,如果继承了 unittest2.TestCase 的类中的方法想要被执行,则该方法只能以 test 开头,不以 test 开头的方法不会被执行。

1. 测试用例开发

笔者新建一个测试用例方法和一个非测试用例方法,代码如下:

```
//第 9 章/test_unittest2/my_testcase_4.py
import unittest2
```

```
class MyTest2(unittest2.TestCase):

    #非测试用例,不会被执行
    def add_user(self):
        print('------ add_user')
    #测试用例会被执行
    def test_search_user(self):
        print('------ test_search_user')
```

示例中,由于 add_user() 方法没有以 test 开头,所以是非测试用例方法;由于 test_search_user() 方法以 test 开头,所以是测试用例方法。

2. 测试用例的执行

使用 unittest2.main() 方法执行用例时,test_search_user() 方法会被执行,add_user() 方法不会被执行,代码如下:

```
//第 9 章/test_unittest2/my_testcase_4.py
if __name__ == "__main__":
    unittest2.main()

#执行结果
------ test_search_user
Ran 1 test in 0.005s
```

示例中,执行结果只打印了 test_search_user 字样,表示只执行了 test_search_user() 方法,没有以 test 开头的 add_user() 方法没有被执行。

9.3.3 TestSuite

TestSuite 用来将多个测试用例集合在一起,从而组成测试套件,其目的是让测试人员可以一次性加载多条用例进行测试,那么如何将多个测试用例集合在一起就是读者应该关注的问题。

组成测试套件的常用方法有 4 种。第 1 种,将单个测试用例添加到测试套件;第 2 种,先将需要测试的多个用例写入列表,再添加到测试套件;第 3 种,将需要测试的用例类写入列表,再添加到测试套件;第 4 种,将测试用例文件添加到测试套件。

1. 测试用例类

笔者编写两个测试用例类用于测试,其目的是使用不同类中的测试用例组成想要的测试套件,代码如下:

9min

```
//第 9 章/test_unittest2/my_testcase_5.py
import unittest2

class MyTest1(unittest2.TestCase):
    def test_1(self):
        print('------ MyTest1 test_1')
    def test_2(self):
```

```
            print('------ MyTest1 test_2')

class MyTest2(unittest2.TestCase):
    def test_3(self):
        print('------ MyTest2 test_3')
    def test_4(self):
        print('------ MyTest2 test_4')
```

2. 将单个测试用例添加到测试套件

测试套件的使用主要分为两步。第1步，实例化测试套件；第2步，将用例添加到测试套件。将单个测试用例添加到测试套件使用 addTest() 方法，代码如下：

```
//第9章/test_unittest2/my_testcase_6.py
import unittest2
from test_unittest2.my_testcase_5 import MyTest1, MyTest2

if __name__ == "__main__":
    suit = unittest2.TestSuite()
    suit.addTest(MyTest1("test_1"))
    suit.addTest(MyTest2("test_3"))
    unittest2.TextTestRunner().run(suit)

#执行结果
------ MyTest1 test_1
------ MyTest2 test_3
```

示例中，笔者使用 TestSuit 类实例化测试套件，然后调用测试套件的 addTest() 方法分别添加了两个测试用例，分别是 MyTest1 类中的 test_1() 方法和 MyTest2 类中的 test_3() 方法，其中 addTest() 方法的参数格式为"类名(方法名)"从执行结果可以看出两个测试用例都被执行了。

细心的读者可以发现笔者将测试用例执行代码写在了单独的文件中，原因是如果将此代码写在测试用例类文件中，则执行时所有用例都会被执行，读者可以自行尝试以便加深印象。

3. 将多个测试用例添加到测试套件

将多个测试用例添加到测试套件使用的是 addTests() 方法，并且该方法传入的参数是用例列表，代码如下：

```
//第9章/test_unittest2/my_testcase_6.py
import unittest2
from test_unittest2.my_testcase_5 import MyTest1, MyTest2

if __name__ == "__main__":
    suit = unittest2.TestSuite()
    suit.addTests([MyTest1("test_1"), MyTest2("test_3")])
```

```
unittest2.TextTestRunner().run(suit)

#执行结果
------MyTest1 test_1
------MyTest2 test_3
```

示例中,笔者给 addTests()方法传入测试用例的列表,执行后结果正确。学会了 addTests()方法后读者就可以一次性添加多个需要执行的测试用例了。

4. 将测试用例类添加到测试套件

如果测试用例类中的所有方法都需要执行,则一个个添加测试用例还是比较麻烦。此时笔者会使用新的方式来加载需要执行的测试用例类,代码如下:

```
//第9章/test_unittest2/my_testcase_6.py
import unittest2
from test_unittest2.my_testcase_5 import MyTest1, MyTest2

if __name__ == "__main__":
    cases1 = unittest2.TestLoader().loadTestsFromTestCase(MyTest1)
    cases2 = unittest2.TestLoader().loadTestsFromTestCase(MyTest2)
    suit = unittest2.TestSuite()
    suit.addTests([cases1, cases2])
    unittest2.TextTestRunner().run(suit)

#执行结果
------MyTest1 test_1
------MyTest1 test_2
------MyTest2 test_3
------MyTest2 test_4
```

示例中,笔者通过 TestLoader 类的 loadTestsFromTestCase()方法加载了 MyTest1 类和 MyTest2 类中的所有用例,然后使用 addTests()方法加载测试用例类列表,从执行结果可以看出两个类中的所有用例均被执行了。

5. 将测试用例文件添加到测试套件

虽然笔者现在已经可以指定测试用例类执行用例了,但如果想要执行不同文件中的所有测试用例类,则笔者还是需要一个个添加测试用例类,此时就需要用一个新的方式来加载测试用例文件夹下的所有测试用例类,代码如下:

```
//第9章/test_unittest2/my_testcase_6.py
import os
import unittest2

if __name__ == "__main__":
    current_path = os.getcwd()
    print(current_path)
    suit = unittest2.defaultTestLoader.discover(current_path, 'my_testcase_5.py')
```

```
    unittest2.TextTestRunner().run(suit)

#执行结果
------ MyTest1 test_1
------ MyTest1 test_2
------ MyTest2 test_3
------ MyTest2 test_4
```

示例中,笔者改用 TestLoader 类的 discover()方法实例化测试套件,该方法需要传入两个参数,分别是文件路径和需要测试类的文件名。由于测试用例执行文件和测试用例文件在同一目录下,所以笔者使用 os.getcwd()方法获取当前文件路径作为第1个参数;在第2个参数的位置笔者传入 my_testcase_5.py 文件名,表示执行当前目录下文件名为 my_testcase_5 的文件中的测试用例。从执行结果可以看出 my_testcase_5 文件下的所有测试用例均被执行了。

如果读者想执行指定文件路径下的所有测试用例文件,则只需把示例中的 my_testcase_5 类名改为"*",其中"*"代表所有。例如"my_testcase_*"表示以"my_testcase_"开头的所有文件。

9.3.4 TestRunner

TestRunner 用于执行测试用例,在前面的章节中笔者已经使用过很多次,只不过没有过多地给读者讲解。

1. verbosity 默认参数值执行用例

笔者执行测试用例调用的是 TextTestRunner 类中的 run()方法,代码如下:

```
//第9章/test_unittest2/my_testcase_6.py
if __name__ == "__main__":
    ...
    unittest2.TextTestRunner().run(suit)
#执行结果
F.
================================================================
FAIL: test_1 (test_unittest2.my_testcase_5.MyTest1)
----------------------------------------------------------------
Traceback (most recent call last):
    ...
    AssertionError: 1 != 3
----------------------------------------------------------------
Ran 2 tests in 0.001s
FAILED (failures = 1)
```

示例中,执行用例方法非常简单,只需在 TextTestRunner 类的 run()方法中传入测试条件 suit,此处笔者主要讲解执行结果中的测试报告。在测试用例执行代码中,笔者初始化 TextTestRunner 类时没有添加任何参数,但该类初始化方法中默认给 verbosity 参数赋值为 1,所以 TextTestRunner()和 TextTestRunner(verbosity=1)是一样的。verbosity 参数可以控制输出报告格式,其值可以是 0、1、2 这 3 个数。

笔者在 MyTest1 类的 test_1()方法中使用相等断言 1 等于 3,执行代码后截取了部分执行结果,第 1 行"F."中 F 表示测试失败,"."表示测试成功,即执行了两个用例,其中一个失败,另一个成功。第 2 行指出失败的测试用例是 my_testcase_5 文件中 MyTest1 类中的 test_1()方法。接下来指出断言失败的细节信息,即 1 不等于 3。

2. verbosity=0 执行用例

当参数 verbosity 等于 0 时,Unittest2 不会列出每个测试用例是否执行通过或失败,代码如下:

```
//第 9 章/test_unittest2/my_testcase_6.py
if __name__ == "__main__":
    ...
    unittest2.TextTestRunner(verbosity = 0).run(suit)
#执行结果
======================================================================
FAIL: test_1 (test_unittest2.my_testcase_5.MyTest1)
----------------------------------------------------------------------
Traceback (most recent call last):
    ...
    AssertionError: 1 != 3
----------------------------------------------------------------------
Ran 2 tests in 0.001s
FAILED (failures = 1)
```

示例中,笔者将 TextTestRunner()方法的参数 verbosity 设置为 0,执行结果与参数值为 1 时几乎一致,唯一不同的是没有显示测试用例执行结果总结,即没有显示"F."。

3. verbosity=2 执行用例

当参数 verbosity 等于 2 时,Unittest2 会详细列出每个测试用例是否执行通过或失败,代码如下:

```
//第 9 章/test_unittest2/my_testcase_6.py
if __name__ == "__main__":
    ...
    unittest2.TextTestRunner(verbosity = 2).run(suit)
#执行结果
test_1 (test_unittest2.my_testcase_5.MyTest1) ... FAIL
test_3 (test_unittest2.my_testcase_5.MyTest2) ... ok
======================================================================
FAIL: test_1 (test_unittest2.my_testcase_5.MyTest1)
----------------------------------------------------------------------
Traceback (most recent call last):
    ...
    AssertionError: 1 != 3
----------------------------------------------------------------------
Ran 2 tests in 0.000s
FAILED (failures = 1)
```

示例中，笔者将 TextTestRunner() 方法的参数 verbosity 设置为 2，从执行结果中很容易可以看出不同之处，即执行结果前两行很明确地指出哪个类及哪个用例方法执行失败，哪个类及哪个用例方法执行成功，所以读者在实际测试过程中将 verbosity 设置为 2 比较合适。

9.3.5 用例执行顺序

按照习惯性的认知，在测试类中的方法应该按照编写的顺序来执行，但 Unittest2 测试用例类中的方法不是这样执行的。

1. 测试用例代码

笔者想按顺序执行登录、新增用户、查询用户用例，编写代码如下：

```python
//第 9 章/test_unittest2/my_testcase_7.py
import unittest2

class MyTest3(unittest2.TestCase):
    def test_login(self):
        print('------ test_login')
    def test_add_user(self):
        print('------ test_add_user')
    def test_search_user(self):
        print('------ test_search_user')
```

2. 测试用例的执行

笔者直接在 MyTest2 类文件中执行测试用例，代码如下：

```python
//第 9 章/test_unittest2/my_testcase_7.py
if __name__ == "__main__":
    unittest2.main()

#执行结果
------ test_add_user
------ test_login
------ test_search_user
```

示例中，笔者无论执行多少次执行顺序都是新增、登录、查询。这里就可以肯定方法执行顺序与编写顺序无关。那么方法执行顺序与什么有关呢？Unittest2 测试用例的执行顺序与方法名 test 后边字母的 ASCII 顺序有关，可以理解为后边字母的顺序。

3. 改写测试用例

根据 Unittest2 的特性，笔者修改测试用例的方法名，在方法名 test 后边添加字母以达到控制测试用例执行顺序的目的，代码如下：

```python
//第 9 章/test_unittest2/my_testcase_8.py
import unittest2

class MyTest4(unittest2.TestCase):
```

```python
    def test_a_login(self):
        print('------ test_login')
    def test_b_add_user(self):
        print('------ test_add_user')
    def test_c_search_user(self):
        print('------ test_search_user')
```

示例中，笔者将原来的 test_login 方法名修改为 test_a_login，其目的是保障登录方法第 1 个被执行，对其他方法也进行了相应修改。

4. 改写测试用例后执行

执行用例的方式不做任何修改，还是在类中直接执行，代码如下：

```python
//第9章/test_unittest2/my_testcase_8.py
if __name__ == "__main__":
    unittest2.main()

# 执行结果
------ test_login
------ test_add_user
------ test_search_user
```

示例中，执行结果的顺序是登录、新增用户、查询用户，这符合笔者的预期，说明在测试用例方法中添加字母指定顺序生效。读者在自动化测试过程中也会遇到需要按照顺序执行用例的时候，所以一定要记住测试用例的执行顺序应该如何设置。

9.3.6 跳过用例

如果要想跳过测试类中的某个用例，则可以使用 Unittest2 的 skip 相关装饰器，使用 skip 相关装饰器可以有选择地跳过用例，包括直接跳过用例、当条件为 True 时跳过用例、当条件为 False 时跳过用例。

1. 无条件跳过用例

无条件跳过用例，只需在测试用例方法上方使用 skip 装饰器，代码如下：

```python
//第9章/test_unittest2/my_testcase_9.py
import unittest2

class MyTest5(unittest2.TestCase):
    def test_a_login(self):
        print('------ test_login')
    def test_b_add_user(self):
        print('------ test_add_user')
    @unittest2.skip("此次不测试查询!")
    def test_c_search_user(self):
        print('------ test_search_user')
```

示例中，笔者在查询测试用例方法的上方添加了 skip 装饰器，并传入参数，用于说明跳过用例的原因。

2. 无条件跳过用例的执行

为了更清楚地看出跳过用例的说明,笔者执行用例时将 TextTestRunner()方法的参数 verbosity 设置为 2,代码如下:

```
//第9章/test_unittest2/my_testcase_6.py
if __name__ == "__main__":
    current_path = os.getcwd()
    suit = unittest2.defaultTestLoader.discover(current_path, 'my_testcase_9.py')
    unittest2.TextTestRunner(verbosity = 2).run(suit)

#执行结果
test_a_login (my_testcase_9.MyTest5) ... ok
test_b_add_user (my_testcase_9.MyTest5) ... ok
test_c_search_user (my_testcase_9.MyTest5) ... skipped '此次不测试查询!'
```

示例中,执行结果明确地指出 test_c_search_user()方法被跳过,跳过的原因是"此次不测试查询!"。

3. 当条件为 True 时跳过用例

当条件为 True 时跳过用例,需要在测试用例方法的上方使用 skipIf 装饰器。例如要求生产环境不允许新增数据,此时可以使用 skipIf 装饰器过滤掉新增方法,代码如下:

```
//第9章/test_unittest2/my_testcase_9.py
import unittest2

class MyTest5(unittest2.TestCase):
    url = "http://www.lizi.com:8080/"
    def test_a_login(self):
        print('------ test_login')
    @unittest2.skipIf(url == "http://www.lizi.com:8080/", "生产环境跳过新增!")
    def test_b_add_user(self):
        print('------ test_add_user')
    def test_c_search_user(self):
        print('------ test_search_user')
```

示例中,笔者在新增用户测试用例方法的上方添加了 skipIf 装饰器并传入了两个参数。第 1 个参数用于判断条件,当条件为 True 时才会跳过该用例;第 2 个参数是跳过用例的原因。

为了确保判断条件参数的返回值为 True,笔者在类中定义了一个 url 属性,属性值为生产环境的首页地址。在 skipIf 装饰器的第 1 个参数传入 url 值等于生产环境,这样就能确保判断条件参数为 True。

4. 当条件为 True 时跳过用例执行

执行方式不变,代码如下:

```
//第9章/test_unittest2/my_testcase_6.py
if __name__ == "__main__":
```

```
    current_path = os.getcwd()
    suit = unittest2.defaultTestLoader.discover(current_path, 'my_testcase_9.py')
    unittest2.TextTestRunner(verbosity = 2).run(suit)

#执行结果
test_a_login (my_testcase_9.MyTest5) ... ok
test_b_add_user (my_testcase_9.MyTest5) ... skipped '生产环境跳过新增!'
test_c_search_user (my_testcase_9.MyTest5) ... ok
```

示例中,执行结果明确地指出 test_b_add_user()方法被跳过,跳过的原因是"生产环境跳过新增!"。

5. 当条件为 False 时跳过用例

当条件为 False 时跳过用例,需要在测试用例方法的上方使用 skipUnless 装饰器。还是以生产环境不允许新增数据为例,使用 skipUnless 装饰器也可以过滤掉新增方法,代码如下:

```
//第 9 章/test_unittest2/my_testcase_9.py
import unittest2

class MyTest5(unittest2.TestCase):
    url = "http://www.lizi.com:8080/"
    def test_a_login(self):
        print('------ test_login')
    @unittest2.skipUnless(url == "http://127.0.0.1:8080/", "生产环境跳过新增!")
    def test_b_add_user(self):
        print('------ test_add_user')
    def test_c_search_user(self):
        print('------ test_search_user')
```

示例中,此次笔者在新增用户测试用例方法的上方添加了 skipUnless 装饰器并传入了两个参数。第 1 个参数用于判断条件,当条件为 False 时跳过该用例;第 2 个参数是跳过用例的原因。为了确保判断条件参数的返回值为 False,笔者在 skipUnless 装饰器的第 1 个参数传入 url 值等于测试环境,这样就能确保判断条件参数为 False。

6. 当条件为 False 时跳过用例执行

执行方式不变,代码如下:

```
//第 9 章/test_unittest2/my_testcase_6.py
if __name__ == "__main__":
    current_path = os.getcwd()
    suit = unittest2.defaultTestLoader.discover(current_path, 'my_testcase_9.py')
    unittest2.TextTestRunner(verbosity = 2).run(suit)

#执行结果
test_a_login (my_testcase_9.MyTest5) ... ok
test_b_add_user (my_testcase_9.MyTest5) ... skipped '生产环境跳过新增!'
test_c_search_user (my_testcase_9.MyTest5) ... ok
```

示例中,执行结果明确地指出 test_b_add_user()方法被跳过,跳过的原因是"生产环境跳过新增!"。

9.3.7 断言

在 Unittest2 单元测试框架的 TestCase 类中已经封装了很多断言方法,如笔者在二次封装时讲到的相等断言、不等断言、包含断言在 Unittest2 中都存在。

1. 常用断言示例

这里的常用断言指的是相等、不等、包含这 3 种断言方式,代码如下:

```
//第 9 章/test_unittest2/my_testcase_10.py
import unittest2

class MyTest2(unittest2.TestCase):

    def test_a_login(self):
        print('------ test_login')
        self.assertEqual(1, 1, "断言失败:登录用例未通过!")
    def test_b_add_user(self):
        print('------ test_add_user')
        self.assertNotEqual(1, 2, "断言失败:新增用户用例未通过!")
    def test_c_search_user(self):
        print('------ test_search_user')
        self.assertIn("666", "栗子测试", "断言失败:查询用户用例未通过!")
```

示例中,Unittest2 相等断言使用 assertEqual()方法;不等断言使用 assertNotEqual()方法;包含断言使用 assertIn()方法。这 3 种方法的参数均为预期结果、实际结果和断言失败提示,读者可以根据测试用例的不同选择合适的断言方式。

2. 断言总结

当然,Unittest2 断言方式不仅有 3 种,笔者对所有断言方式进行了梳理总结,以便读者在需要时进行参考,见表 9-1。

表 9-1 Unittest2 断言

断言	备注
assertEqual(x, y)	断言 x 和 y 是否相等,如果相等,则测试用例通过
assertNotEqual(x, y)	断言 x 和 y 是否相等,如果不相等,则测试用例通过
assertIn(x, y)	断言 x 是否在 y 中,如果在 y 中,则测试用例通过
assertNotIn(x, y)	断言 x 是否在 y 中,如果不在 y 中,则测试用例通过
assertTrue(x)	断言 x 是否为 True,如果是 True,则测试用例通过
assertFalse(x)	断言 x 是否为 False,如果是 False,则测试用例通过
assertIsNone(x)	断言 x 是否为 None,如果是 None,则测试用例通过
assertIsNotNone(x)	断言 x 是否为 None,如果不是 None,则测试用例通过

9.4 登录用例封装

首先使用 Unittest2 框架对原来 PO 中的登录测试用例代码进行封装，封装主要考虑如何进行测试环境的准备、如何还原测试环境、登录用例如何封装。笔者新建了一个 test_cases 目录，用来存放所有 Unittest2 的测试用例。

9.4.1 登录用例代码回顾

首先回顾下在 PO 设计模式时登录代码测试用例是如何编写的，笔者在 login_page.py 文件中复制了登录测试用例代码，代码如下：

7min

```python
//第9章/test_po/login_page.py
if __name__ == "__main__":
    driver = MyDriver("chrome", "http://localhost:8080/Login")
    login_page = LoginPage(driver)
    login_page.login("admin", "123456")
    driver.sleep(1)
    print(login_page.get_title())
    driver.assert_contain("系统首页", login_page.get_title())
```

9.4.2 登录用例的主要功能

分析登录测试用例代码，测试环境的准备阶段会打开 Chrome 浏览器进入系统首页；登录用例的主要功能是完成登录并进行断言；还原测试环境阶段没有涉及，笔者暂定将关闭浏览器作为测试还原操作，代码如下：

8min

```python
//第9章/test_cases/login_case.py
import unittest2
from common.selenium_frame import MyDriver
from test_po.login_page import LoginPage

class LoginCase(unittest2.TestCase, MyDriver):

    def setUp(self):
        self.driver = MyDriver("chrome", "http://localhost:8080/Login")

    def test_login_success(self):
        login_page = LoginPage(self.driver)
        login_page.login("admin", "123456")
        #避免代码过快导致抓取登录页面的title
        self.driver.sleep(1)
        title = login_page.get_title()
        self.assertIn("系统首页", title)

    def tearDown(self):
        self.driver.quit()
```

示例中,笔者新建了 login_case.py 文件,文件中新建了 LoginCase 类,该类继承了 Unittest2 中的 TestCase 类和封装的 MyDriver 类。继承 Unittest2 中的 TestCase 类可以进行用例编写,继承封装的 MyDriver 类可以使用二次封装的方法。笔者在 setUp()方法中进行了 MyDriver 类实例化操作;在 tearDown()方法中执行了关闭所有窗口的操作;在 test_login_success()方法中进行登录和断言。

9.4.3 登录用例的执行

笔者在 test_cases 目录下新建了一个 cases_runner.py 文件专门用于执行测试用例,文件中使用添加测试用例文件的方式加载测试用例,代码如下:

```python
//第 9 章/test_cases/cases_runner.py
import os
import unittest2

if __name__ == "__main__":
    current_path = os.getcwd()
    suit = unittest2.defaultTestLoader.discover(current_path, 'login_case.py')
    unittest2.TextTestRunner(verbosity=2).run(suit)
```

示例中,笔者指定执行登录测试用例文件 login_case.py,所以执行用例时只执行该文件下面以 test 开头的方法,即 test_login_success()方法,代码如下:

```
#执行结果
test_login_success (login_case.LoginCase) ... ok
Ran 1 test in 7.035s
OK
```

从执行结果可以看出,LoginCase 类中的 test_login_success()方法执行时耗时 7.035s,执行结果成功。

9.4.4 登录失败用例封装

在自动化测试过程中读者可能还需要对用户名错误、密码错误的场景进行覆盖,那么就需要查看系统在用户名或密码错误之后的表现,然后修改对应的 PO 类和单元测试封装类中的代码。

1. 登录失败时系统的表现

当登录出现用户名错误或密码错误时,系统表现是提示"登录失败",如图 9-3 所示。

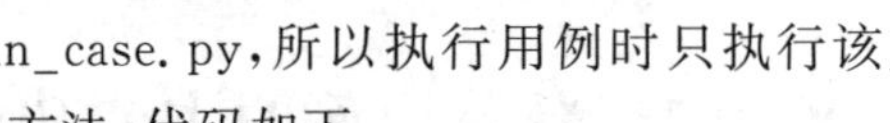

图 9-3 用户名或密码错误提示

笔者通过开发者工具抓取前端代码用于分析标签元素内容,发现用户名错误和密码错误给出的是同样的失败信息,所以仅需要分析一种失败的前端代码,代码如下:

```
<div id = "message_5" class = "el-message el-message--success" role = "alert">
    <i class = "el-message__icon el-icon-success"></i>
    <p class = "el-message__content">登录失败</p>
</div>
```

2. PO 中 LoginPage 类优化

笔者对获取登录失败的文本信息进行登录失败断言,所以 PO 中 LoginPage 类的优化内容为登录失败标签元素的 xpath 和获取登录失败文本信息,代码如下:

```
//第 9 章/test_po/login_page.py
class LoginPage():
    ...
    # 登录提示 xpath
    username_error_xpath = "//p[@class = 'el-message__content']"
    password_error_xpath = "//p[@class = 'el-message__content']"

    def get_username_error(self):
        result = self.driver.get_text(self.username_error_xpath)
        return result

    def get_password_error(self):
        result = self.driver.get_text(self.password_error_xpath)
        return result
```

示例中,笔者新增了用户名错误和密码错误标签元素的 xpath,又新增了两个获取失败文本的方法,分别为 get_username_error()方法和 get_password_error()方法。细心的读者可以发现两个 xpath 的内容相同,两种方法的内容也相同,原因是错误提示信息使用的是同一个标签元素。笔者本可以只写一个 xpath 和一种方法,但为了对初学者更加友好,暂时先对每个报错进行单独处理。

3. 单元测试框架中 LoginCase 类优化

笔者将在 LoginCase 类中新增两个测试用例方法,一个用于测试用户名错误,另一个用于测试密码错误,代码如下:

```
//第 9 章/test_cases/login_case.py
class LoginCase(unittest2.TestCase, MyDriver):
    ...
    def test_username_error(self):
        login_page = LoginPage(self.driver)
        login_page.login("admin666", "123456")
        tips = login_page.get_username_error()
        self.assertIn("登录失败", tips)

    def test_password_error(self):
        login_page = LoginPage(self.driver)
        login_page.login("admin", "111111")
        tips = login_page.get_password_error()
        self.assertIn("登录失败", tips)
```

示例中,笔者新建了 test_username_error()方法,该方法中 login()方法传入的是错误的用户名,由于用户名错误登录时就会出现错误提示,所以笔者使用 get_username_error()方法获取错误提示文本 tips,然后在断言时校验 tips 变量中是否包含"登录失败"字样,以此来完成用户名错误测试用例。test_password_error()方法也是一样的道理。

9.4.5 登录失败用例的执行

测试用例执行代码不需要改变,笔者还是通过 cases_runner.py 文件执行 LoginCase 类中的测试用例,登录成功和登录失败用例均测试通过,结果如下:

```
test_login_success (login_case2.LoginCase) ... ok
test_password_error (login_case2.LoginCase) ... ok
test_username_error (login_case2.LoginCase) ... ok
```

9.5 账号管理用例封装

使用 Unittest2 框架封装账号管理用例相对复杂,因为账号管理用例包括增、删、改、查这 4 种情况,每种情况都需要进行封装。另外,如果读者想登录后一次性完成增、删、改、查操作,则可以使用 setUpClass()方法和 tearDownClass()方法进行测试准备与还原。

9.5.1 基于 setUp()和 tearDown()封装

此处笔者省略 PO 中测试用例代码回顾过程,读者可以到 PO 章节中自行回顾,且笔者决定每条用例执行前都进行登录操作。

1. 准备和还原封装

setUp()方法的作用是对执行用例前的准备工作进行封装,账户增、删、改、查操作的准备工作有两点,第 1 点是需要先进行登录,第 2 点是需要进入账号管理页面。基于以上分析,笔者决定将登录和账号管理页面跳转封装到 setUp()方法中。tearDown()方法还是只封装关闭所有窗口操作,代码如下:

```python
//第 9 章/test_cases/user_manage_case.py
import unittest2
from common.selenium_frame import MyDriver
from test_po.login_page import LoginPage
from test_po.user_manage_page import UserManagePage

class UserManageCase(unittest2.TestCase, MyDriver):

    url = "http://localhost:8080/Login"

    def setUp(self):
        self.driver = MyDriver("chrome", self.url)
```

```
            login_page = LoginPage(self.driver)
            login_page.login("admin", "123456")
            self.driver.sleep(1)
            title = login_page.get_title()
            self.assertIn("系统首页", title)
            self.user_manage_page = UserManagePage(self.driver)
            self.user_manage_page.navi_to_user_manage_page()

        def tearDown(self):
            self.driver.quit()
```

示例中，笔者新建了 user_manage_case.py 文件，在文件中新建了 UserManagePageCase 类，该类还是继承 Unittest2 中的 TestCase 类和封装的 MyDriver 类。在 setUp() 方法中笔者实例化了 LoginPage 类和 UserManagePage 类，通过两个类中的方法进行了登录操作和进入账号管理页面操作。

2．增、删、改封装

用户的增、删、改用例没有什么特殊之处，当编写测试用例方法时只需调用 UserManagePage 类中的方法，代码如下：

```
//第9章/test_cases/user_manage_case.py
class UserManageCase(unittest2.TestCase, MyDriver):
    ...
    def test_a_add_user(self):
        self.user_manage_page.add_user("栗子测试9", "123456")
        #避免脚本过快获取之前的 username
        self.driver.sleep(1)
        first_username = self.user_manage_page.get_first_username()
        self.assertEqual("栗子测试9", first_username, "add_user 断言失败:'栗子测试9' 不等于 {}".format(first_username))

    def test_b_edit_user(self):
        self.user_manage_page.edit_user("99")
        #避免脚本过快获取之前的 username
        self.driver.sleep(1)
        first_username = self.user_manage_page.get_first_username()
        self.assertIn("99", first_username, "edit_user 断言失败:{} 不包含 '99'".format(first_username))

    def test_c_delete_user(self):
        first_username1 = self.user_manage_page.get_first_username()
        self.user_manage_page.delete_user()
        #避免脚本过快获取之前的 username
        self.driver.sleep(1)
        first_username2 = self.user_manage_page.get_first_username()
        self.assertNotEqual(first_username1, first_username2, "delete_user 断言失败:{} 等于 {}".format(first_username1, first_username2))
```

示例中,笔者新建了增、删、改测试用例方法,笔者的想法是按新增、修改、删除的顺序执行测试用例,所以新增测试用例方法以 test_a 开头、修改测试用例方法以 test_b 开头、删除测试用例方法以 test_c 开头。

3. 查询封装

笔者在 PO 封装时,在 UserManagePage 类中封装了 assert_all_username()方法,用于断言查询结果。如果现在改为使用 Unittest2 中的断言,则笔者需要封装一个新的方法,用于返回用户名列表,然后遍历用户名列表并判断每个用户名是否包含所查询的内容。

1) PO 中 UserManagePage 类优化

在 PO 封装 assert_all_username()方法时,笔者就在方法中加了 user_list 列表,并且每次循环时会将用户名添加到该列表中,为的就是使用 Unittest2 进行断言时可以使用该用户列表,所以笔者需要新建方法以返回用户列表,返回用户名列表的方法内容与 assert_all_username()方法内容基本相同,只需去除自定义断言并返回 user_list 列表,代码如下:

```python
//第 9 章/test_cases/user_manage_case.py
class UserManagePage():

    # 获取查询结果用户名列表
    def get_username_list(self, nums_per_page = 10):
        i = 0
        line_num = 1
        username_list = []
        total = int(self.driver.get_text(self.total_xpath).split(" ")[1])
        while (i < total):
            xpath = self.n_line_username_xpath.format(line_num)
            user_name = self.driver.get_text(xpath)
            username_list.append(user_name)
            i += 1
            line_num += 1
            # 如果第 3 行断言完成,则单击下一页
            if line_num > nums_per_page:
                self.driver.click(self.next_btn_xpath)
                line_num = 1
                # 翻页后等 1 秒,等待新数据加载
                self.driver.sleep(1)
        return username_list
```

示例中,笔者在 PO 的 UserManagePage 类中新增了一个 get_username_list()方法,方法的返回值为 username_list 列表,读者可以使用该列表进行遍历断言。

2) 查询封装

查询封装的特殊之处在于需要遍历查询用户名结果列表,代码如下:

```python
//第 9 章/test_cases/user_manage_case.py
class UserManageCase(unittest2.TestCase, MyDriver):

    def test_d_search_user(self):
```

```
        self.user_manage_page.search_user("用户")
        username_list = self.user_manage_page.get_username_list(3)
        for username in username_list:
            self.assertIn("用户", username, "search_user 断言失败:{} 不包含 '用户'".format(username))
```

示例中,笔者先调用 PO 的 UserManagePage 类中的 get_username_list()方法获取查询结果用户名列表,然后遍历该列表,遍历过程中对列表中的每个用户名进行断言。

4. 账号管理用例的执行

当账号管理测试用例执行时,笔者修改了 cases_runner.py 文件中的内容,将加载用例文件名换成了 user_manage_case.py,执行结果全部通过,代码如下:

```
//第9章/test_cases/cases_runner.py
import os
import unittest2

if __name__ == "__main__":
    current_path = os.getcwd()
    suit = unittest2.defaultTestLoader.discover(current_path, 'user_manage_case.py')
    unittest2.TextTestRunner(verbosity = 2).run(suit)

#执行结果
test_a_add_user (user_manage_case.UserManageCase) ... ok
test_b_edit_user (user_manage_case.UserManageCase) ... ok
test_c_delete_user (user_manage_case.UserManageCase) ... ok
test_d_search_user (user_manage_case.UserManageCase) ... ok
```

9.5.2 基于 setUpClass()和 tearDownClass()封装

基于 setUpClass()方法和 tearDownClass()方法的封装与基于 setUp()方法和 tearDown()方法封装时的内容相同。笔者将新建测试用例文件 user_manage_case2.py 进行演示。

1. 准备和还原封装

setUpClass()方法中的内容和 setUp()方法中的内容没有任何区别,但 setUpClass()方法在应用时需要注意一些细节。第一,setUpClass()方法必须使用@classmethod 装饰器;第二,setUpClass()方法参数不再使用 self,而是使用 cls;第三,setUpClass()方法中需要使用 cls 来调用其他变量和方法,代码如下:

```
//第9章/test_cases/user_manage_case2.py
class UserManageCase(unittest2.TestCase, MyDriver):

    url = "http://localhost:8080/Login"

    @classmethod
```

```python
    def setUpClass(cls):
        cls.driver = MyDriver("chrome", cls.url)
        login_page = LoginPage(cls.driver)
        login_page.login("admin", "123456")
        #避免脚本过快获取之前的title
        cls.driver.sleep(1)
        title = login_page.get_title()
        cls.assertIn("系统首页", title, "login断言失败:{} 不包含 系统首页".format(title))
        cls.user_manage_page = UserManagePage(cls.driver)
        cls.user_manage_page.navi_to_user_manage_page()

    @classmethod
    def tearDownClass(cls):
        cls.driver.quit()
```

2．账号管理用例的执行

笔者只需将 cases_runner.py 文件中加载用例文件名换成 user_manage_case2.py，然后执行，但执行结果中只有新增用例测试成功，其他用例均失败，代码如下：

```
test_a_add_user (user_manage_case2.UserManageCase) ... ok
test_b_edit_user (user_manage_case2.UserManageCase) ... ERROR
test_c_delete_user (user_manage_case2.UserManageCase) ... ERROR
test_d_search_user (user_manage_case2.UserManageCase) ... ERROR
```

3．编辑用户用例排错

执行结果中有 3 个失败用例，笔者将按照用例的执行顺序先解决编辑用户失败问题。代码排错需要先查看报错详细信息，然后根据报错详细信息尝试解决，信息如下：

```
ERROR: test_b_edit_user (user_manage_case2.UserManageCase)
--------------------------------------------------------
self.user_manage_page.edit_user("99")
self.driver.sendkeys(self.edit_username_xpath, content)
selenium.common.exceptions.ElementNotInteractableException: Message: element not interactable
```

报错详细信息中提示元素不可交互，该错误在 UI 自动化测试中属于常见的错误，可能出现这种错误的原因主要有以下 3 种。

（1）被操作元素不是唯一的，即 xpath 不唯一。
（2）被操作的元素被隐藏，如前面学过的需要先悬停再操作百度的高级搜索功能。
（3）被操作的元素被遮挡，此时需要移除遮挡元素。

4．PO 中 UserManagePage 类优化

通过对自动化过程中项目的表现进行分析，笔者发现编辑输入框并没有被隐藏或遮挡，那么发生错误的原因可能是元素不唯一，所以笔者决定先对 xpath 进行修改。

由于报错信息出现在编辑弹框中的用户名标签元素位置，所以笔者在 PO 的

userManagePage 类中修改了编辑弹框中所有用到的标签元素的 xpath,代码如下:

```
edit_username_xpath = "(//div[@aria-label = '编辑']//label[text() = '用户名']/following::input)[1]"
edit_confirm_btn_xpath = "//div[@aria-label = '编辑']//span[text() = '确定']"
```

5. 编辑用户用例优化后的执行

修改完 xpath 后,笔者再次执行账号管理的测试用例,结果显示编辑用户用例执行成功,代码如下:

```
test_a_add_user (user_manage_case2.UserManageCase) ... ok
test_b_edit_user (user_manage_case2.UserManageCase) ... ok
test_c_delete_user (user_manage_case2.UserManageCase) ... ERROR
test_d_search_user (user_manage_case2.UserManageCase) ... ERROR
```

6. 删除用户用例排错

有了编辑用户用例的排错经验,笔者再观察删除用户和查询用户的报错,发现报错内容同编辑用户报错内容一致,即都是元素不可交互,代码如下:

```
ERROR: test_c_delete_user (user_manage_case2.UserManageCase)
selenium.common.exceptions.ElementNotInteractableException: Message: element not interactable
----------------------------------------------------------------------
ERROR: test_d_search_user (user_manage_case2.UserManageCase)
selenium.common.exceptions.ElementClickInterceptedException: Message: element click intercepted
```

7. PO 中 UserManagePage 类再优化

由于报错内容均为元素不可交互,所以笔者还是尝试修改删除用户时相关元素的 xpath,看一看是否能够修复问题。删除用户的 xpath 信息还是保存在 PO 的 userManagePage 类中,所以还是需要优化 userManagePage 类,代码如下:

```
# 删除 xpath
delete_confirm_btn_xpath = "//div[@aria-label = '提示']//span[text() = '确定']"
```

8. 删除用户用例优化后的执行

修改完删除用户二次确认按钮的 xpath 后,笔者执行所有测试用例,代码如下:

```
test_a_add_user (user_manage_case2.UserManageCase) ... ok
test_b_edit_user (user_manage_case2.UserManageCase) ... ok
test_c_delete_user (user_manage_case2.UserManageCase) ... ok
test_d_search_user (user_manage_case2.UserManageCase) ... ok
```

示例中,删除用户用例执行结果为通过,查询用户用例执行结果也为通过,说明查询用户用例报错可能受到了删除用户用例报错影响,至此 3 个测试用例的报错问题都得到了解决。读者在工作中当遇到代码报错时先不要着急,按照错误提示信息逐个问题解决即可,一些问题的产生可能跟前面的问题有关,只需找准方向各个击破。

9.6 外链测试用例封装

外链测试用例在 PO 的 iframe_page.py 文件中,由于外链测试用例比较简单,所以笔者就不再回顾用例代码,读者可以到 PO 章节自行回顾。

9.6.1 准备和还原封装

笔者还是基于 setUp() 方法和 tearDown() 方法进行封装,准备工作除了登录外还有进入外链测试页面,代码如下:

```python
//第 9 章/test_cases/iframe_case.py
import unittest2
from common.selenium_frame import MyDriver
from test_po.iframe_page import IframePage
from test_po.login_page import LoginPage

class IframeCase(unittest2.TestCase, MyDriver):

    url = "http://localhost:8080/Login"

    def setUp(self):
        self.driver = MyDriver("chrome", self.url)
        login_page = LoginPage(self.driver)
        login_page.login("admin", "123456")
        self.driver.sleep(1)
        title = login_page.get_title()
        self.assertIn("系统首页", title)
        self.iframe_page = IframePage(self.driver)
        self.iframe_page.navi_to_iframe_page()

    def tearDown(self):
        self.driver.quit()
```

示例中,笔者新建了 iframe_case.py 文件,在文件中新建了 IframeCase 类,该类还是继承 Unittest2 中的 TestCase 类和封装的 MyDriver 类。setUp() 方法中笔者实例化了 LoginPage 类和 IframePage 类,通过两个类中的方法进行了登录操作和进入外链测试页面操作。

9.6.2 外链查询用例封装

外链查询用例封装直接调用 PO 的 IframePage 类中的 iframe_search() 方法进行查询,然后调用 get_new_window_first_data() 方法获取新窗口的第 1 条查询数据,最后用 Unittest2 的 assertIn() 方法进行断言,代码如下:

```
//第9章/test_cases/iframe_case.py
class IframeCase(unittest2.TestCase, MyDriver):
    ...
    def test_iframe_search(self):
        # iframe 查询
        self.iframe_page.iframe_search("python")
        # 新窗口校验查询结果
        first_data = self.iframe_page.get_new_window_first_data("python")
        self.assertIn("python", first_data)
```

9.6.3 外链查询用例的执行

执行外链查询用例时,只需将 cases_runner.py 文件中 discover() 方法的文件名称参数替换成 iframe_case.py,执行结果为通过,代码如下:

```
//第9章/test_cases/cases_runner.py
import os
import unittest2

if __name__ == "__main__":
    current_path = os.getcwd()
    suit = unittest2.defaultTestLoader.discover(current_path, 'iframe_case.py')
    unittest2.TextTestRunner(verbosity=2).run(suit)

# 执行结果
test_iframe_search (iframe_case.IframeCase) ... ok
```

9.7 上传文件用例封装

上传文件测试用例在 PO 的 upload_file_page.py 文件中,读者可以自己回顾。相信读者一定记得,为了操作隐藏的输入框笔者对二次封装框架中的显式等待方法进行了修改,将等待元素可见修改为等待元素存在。

9.7.1 准备和还原封装

笔者依然基于 setUp() 方法和 tearDown() 方法进行封装,准备工作除了登录外还有进入上传文件页面,代码如下:

```
//第9章/test_cases/upload_file_case.py
import unittest2
from common.selenium_frame import MyDriver
from test_po.login_page import LoginPage
from test_po.upload_file_page import UploadfilePage

class UploadFileCase(unittest2.TestCase, MyDriver):
```

```
        url = "http://localhost:8080/Login"

    def setUp(self):
        self.driver = MyDriver("chrome", self.url)
        login_page = LoginPage(self.driver)
        login_page.login("admin", "123456")
        self.driver.sleep(1)
        title = login_page.get_title()
        self.assertIn("系统首页", title)
        self.upload_file_page = UploadfilePage(self.driver)
        self.upload_file_page.navi_to_upload_file_page()

    def tearDown(self):
        self.driver.quit()
```

示例中,笔者新建了 upload_file_case.py 文件,在文件中新建了 UploadFileCase 类,该类还是继承 Unittest2 中的 TestCase 类和封装的 MyDriver 类。在 setUp()方法中笔者实例化了 LoginPage 类和 UploadfilePage 类,通过两个类中的方法进行了登录操作和进入文件上传页面操作。

9.7.2 上传文件用例封装

文件上传用例封装直接调用 PO 的 UploadfilePage 类中的 upload_file()方法上传文件即可,代码如下:

```
//第 9 章/test_cases/upload_file_case.py
class UploadFileCase(unittest2.TestCase, MyDriver):
    ......
    def test_upload_file(self):
        self.upload_file_page.upload_file("D:\\测试.txt")
```

9.7.3 上传文件用例的执行

当执行文件上传用例时,只需将 cases_runner.py 文件中 discover()方法的文件名称参数替换成 upload_file_case.py,执行结果为通过,代码如下:

```
//第 9 章/test_cases/cases_runner.py
import os
import unittest2

if __name__ == "__main__":
    current_path = os.getcwd()
    suit = unittest2.defaultTestLoader.discover(current_path, 'upload_file_case.py')
    unittest2.TextTestRunner(verbosity = 2).run(suit)
```

```
#执行结果
test_upload_file (upload_file_case.UploadFileCase) ... ok
```

9.8 本章总结

　　本章笔者根据 Unittest2 单元测试框架的基础知识，对 PO 中的测试用例重新进行了封装。至此读者已经学习了 WebDriver 的二次封装、PO 设计模式的封装和 Unittest2 测试用例的封装。为了使项目的目录结构清晰，笔者新建了 3 个文件夹用于存放不同维度的代码，其中 common 文件夹下的文件对 WebDriver 进行二次封装时基本不需要修改；test_po 文件夹下的文件是每个页面的 xpath 和操作的集合，如果页面的布局或操作发生变化，则只需维护 PO 文件；test_cases 文件夹下的文件都是测试用例，自动化测试用例编写人员可以在此文件夹下编写测试用例，在编写用例时如果遇到问题，则可再找二次开发的测试人员排错解决。

第 10 章 数据驱动封装

虽然笔者使用 WebDriver 二次封装、PO 设计模式、Unittest2 封装测试框架后，已经让测试框架变得层次清晰且维护和使用也非常简单，但是细心的读者会发现笔者的框架仍然有可以优化的地方。以登录为例，手工测试时如果需要验证登录成功、用户名错误、密码错误，则只需输入不同的用户名、密码就可以实现，但笔者在登录 PO 封装时却将登录成功、用户名错误、密码错误封装了 3 种方法。对于这种情况可以采用数据驱动的方式进行优化，即仅编写一种方法，使用不同的输入数据完成不同的测试用例。

数据驱动也是一种设计模式，指使用相同的测试脚本、不同的测试数据实现多个不同的测试用例，此种设计模式对测试用例和测试数据进行了分离，当自动化测试人员编写好测试用例后，测试执行人员只需修改测试数据便可以完成不同的测试。

10.1 数据驱动基础

笔者将使用 DDT 模块实现数据驱动测试。DDT 是一个专门用于实现数据驱动的 Python 第三方库。

10.1.1 DDT 安装

DDT 的安装非常简单，直接使用 pip 安装即可，命令如下：

```
pip install ddt -i https://pypi.douban.io/simple
```

10.1.2 DDT 简单使用

DDT 使用时需要在测试用例类上使用@ddt 装饰器、使用@data 或@file_data 装饰器准备数据，使用@unpack 装饰器进行解包以获取数据。

1. 测试用例类导入 DDT 的装饰器

在使用 DDT 之前需要先进行导入，笔者从 DDT 模块中导入了需要用到的内容，代码如下：

```python
from ddt import ddt, data, unpack, file_data
```

2．测试用例类使用@ddt装饰器

以登录为例,笔者在测试用例类 LoginCase 的上方添加了@ddt 装饰器,代码如下：

```python
@ddt
class LoginCase(unittest2.TestCase, MyDriver):
```

3．使用@data装饰器或@file_data装饰器准备数据

数据既可以放在 LoginCase 类中,也可以放在外部 JSON 文件中。不同的是,在 LoginCase 类中的数据需要使用@data 装饰器进行装饰,在外部 JSON 文件中的数据需要使用@file_data 装饰器进行装饰。

1) @data 装饰器和@unpack 装饰器

@data 装饰器准备数据时只需将数据作为参数传入,每个参数可能包含多个内容,此时需要将数据放入列表中。例如,笔者想给登录准备数据,数据分为3组,第1组为登录成功数据,第2组为用户名错误数据；第3组为密码错误数据,代码如下：

```python
@data(["admin", "123456", "登录成功"],
      ["admin6", "123456", "登录失败"],
      ["admin", "111111", "登录失败"])
@unpack
def test_login(self, username, password, tip):
```

示例中,笔者使用@data 装饰器准备完数据后,在 test_login()方法的上方使用了@unpack 装饰器进行解包以获取数据,表示在该方法中使用这些数据。

笔者对@data 装饰器和@unpack 装饰器做一个简单的总结。使用@data 装饰器进行数据驱动时,数据格式需要以列表、元组、字典的形式传入。使用数据时需要使用@unpack 装饰器解包才可以将数据应用于被装饰的方法,@unpack 装饰器的作用就是解包数据以获取其中的值。

2) @file_data 装饰器

@file_data 装饰器的使用需要用到 JSON 文件或 YAML 文件,在文件中编写好数据后,直接在被测方法的上方使用@file_data 装饰器并传入文件地址即可,代码如下：

```python
@file_data("test_login4.json")
def test_login(self, username, password, tip):
```

(1) JSON 文件格式：JSON 文件格式非常简单,文件内容由键-值对和数组组成。以登录用例数据为例,登录数据 JSON 文件中的代码如下：

```
//第 10 章/test_cases_data/login_case_data.json
{
  "case1": {
    "username": "admin",
```

```
      "password": "123456",
      "tip": "登录成功"
    },
    "case2": {
      "username": "admin6",
      "password": "123456",
      "tip": "登录失败"
    },
    "case3": {
      "username": "admin",
      "password": "111111",
      "tip": "登录失败"
    }
}
```

示例中，登录数据包含 3 个用例，笔者将它们分别命名为 case1、case2、case3，每个 case 中都包含用户名、密码和提示信息。

（2）YAML 文件格式：YAML 是一种简洁的非标记性语言，YAML 文件内容使用缩进表示层级关系，但只支持空格缩进，不支持 Tab 键缩进。另外，YAML 文件内容对大小写敏感，所以读者在使用时需要多加留意大小写问题。登录数据 YAML 文件中的代码如下：

```
//第 10 章/test_cases_data/login_case_data.yaml
"case1":
  "username": "admin"
  "password": "123456"
  "tip": "登录成功"

"case2":
  "username": "admin6"
  "password": "123456"
  "tip": "登录失败"

"case3":
  "username": "admin"
  "password": "111111"
  "tip": "登录失败"
```

示例中，YAML 文件的内容和 JSON 文件的内容一致，不同的只是文件的格式。

10.2 登录封装

数据驱动的核心思想是使用同一套代码不同的数据对功能进行多次验证。在没有使用数据驱动之前，笔者写了 3 种方法测试登录的不同情况，读者可以仔细观察这 3 种方法里的代码基本上是一致的，不同之处仅在于有的采用 title 进行断言，而有的采用 tip 进行断言，所以笔者需要统一断言方法，然后保留一种方法作为数据驱动使用的方法。

10.2.1　LoginPage 类方法优化

笔者首先观察登录成功和失败的提示信息,由于提示信息使用的是同一个标签元素,所以笔者统一了登录提示信息的 xpath,然后封装获取登录提示的方法,代码如下:

4min

```
//第 10 章/test_po/login_page.py
class LoginPage():
    ...
    login_tip_xpath = "//p[@class='el-message__content']"

    def get_login_tip(self):
        result = self.driver.get_text(self.login_tip_xpath)
        return result
```

10.2.2　LoginCase 类用例优化

在 LoginCase 类中笔者编写了 3 个测试用例 test_login_success()、test_username_error()和 test_password_error(),这 3 种方法分别对应登录成功、用户名错误和密码错误的情况。在了解了简单的数据驱动知识后,笔者完全可以只保留一种方法,然后使用数据驱动达到同样的测试效果,代码如下:

7min

```
//第 10 章/test_cases/login_case.py
class LoginCase(unittest2.TestCase, MyDriver):
    ...
    def test_login(self, username, password, tip):
        login_page = LoginPage(self.driver)
        login_page.login(username, password)
        #避免代码过快导致抓取登录页面的 title
        self.driver.sleep(1)
        result = login_page.get_login_tip()
        self.assertEqual(tip, result)
```

示例中,笔者仅保留了一个 test_login()方法,方法中的 3 个参数分别为用户名、密码、提示信息。该方法中的断言使用了提示信息校验,即通过 LoginPage 类中的 get_login_tip()方法获取提示信息并与用户预期结果进行对比。

10.2.3　LoginCase 类数据驱动

对 LoginPage 类和 LoginCase 类代码进行了优化以后,笔者决定先使用@data 装饰器对登录成功、用户名错误、密码错误这 3 种情况进行数据驱动,代码如下:

4min

```
//第 10 章/test_cases_ddt/login_case.py
import unittest2
from common.selenium_frame import MyDriver
from test_po.login_page import LoginPage
from ddt import ddt, data, unpack
```

```python
@ddt
class LoginCase(unittest2.TestCase, MyDriver):

    def setUp(self):
        self.driver = MyDriver("chrome", "http://localhost:8080/Login")

    @data(["admin", "123456", "登录成功"],
          ["admin6", "123456", "登录失败"],
          ["admin", "111111", "登录失败"])
    @unpack
    def test_login(self, username, password, tip):
        login_page = LoginPage(self.driver)
        login_page.login(username, password)
        # 避免代码过快导致抓取登录页面的 title
        self.driver.sleep(1)
        result = login_page.get_login_tip()
        self.assertEqual(tip, result)

    def tearDown(self):
        self.driver.quit()
```

示例中,笔者将3组数据放入列表中并作为参数传入@data装饰器,并在test_login()方法的上方使用@unpack装饰器解包数据以获取其中的值。执行结果全部通过,代码如下:

```
test_login_1 (login_case.LoginCase) ... ok
test_login_2 (login_case.LoginCase) ... ok
test_login_3 (login_case.LoginCase) ... ok
Ran 3 tests in 22.143s
```

10.3 账号管理封装

笔者虽然在登录测试用例中使用了数据驱动,但数据和测试用例还是在同一个文件中,并没有实现真正的数据分离。接下来笔者新建 test_case_data 文件夹,用于单独保存测试用例数据文件。

10.3.1 数据文件准备

数据文件格式除了 JSON 和 YAML 之外,还可以新建方法将所需数据返回,代码如下:

```python
def get_add_user_data():
    result = (["栗子测试33", "123456"],
              ["栗子测试44", "123456"])
    return result
```

示例中，笔者新建一个 user_manage_case_data.py 文件，使用 get_add_user_data()方法返回新建用户所需要的数据。这种方式在实际工作中并不常用，笔者这里只做简单的演示，其目的是让读者知道有这样一种数据驱动的方式，避免在实际工作中遇到此种数据驱动方式不知道如何应对。

10.3.2　UserManageCase 类数据驱动

有了数据后，笔者还是使用@data 装饰器和@unpack 装饰器使用 get_add_user_data()方法返回的数据，代码如下：

```
//第 10 章/test_cases_ddt/user_manage_case.py
@ddt
class UserManageCase(unittest2.TestCase, MyDriver):
    ...
    @data( * get_add_user_data())
    @unpack
    def test_a_add_user(self, username, password):
        self.user_manage_page.add_user(username, password)
        #避免脚本过快获取之前的 username
        self.driver.sleep(1)
        first_username = self.user_manage_page.get_first_username()
        self.assertEqual(username, first_username, "add_user 断言失败:{} 不等于 {}".format
(username, first_username))
```

示例中，笔者只对新增用户测试用例使用了数据驱动，将 test_a_add_user()方法增加了两个参数 username 和 password。读者需要注意的是，虽然此次还是使用@data 装饰器进行数据驱动，但数据保存在单独文件的 get_add_user_data()方法中，所以获取数据的写法也有所改变，只有使用@data(* get_add_user_data())写法才可以获取数据。

笔者注释了账号管理的其他用例，单独执行数据驱动后的新增用户用例，在执行过程中发现数据驱动第 2 次新增用户时报错，报错原因是新增用户在选择时间时"此刻"按钮被遮挡，导致标签元素不可交互，具体如下：

```
test_a_add_user_1 (user_manage_case.UserManageCase) ... ok
test_a_add_user_2 (user_manage_case.UserManageCase) ... ERROR
ERROR: test_a_add_user_2 (user_manage_case.UserManageCase)
selenium.common.exceptions.ElementNotInteractableException: Message: element not interactable
```

10.3.3　UserManagePage 类优化

为了解决"此刻"标签元素不可交互的问题，笔者决定修改 PO 中 UserManagePage 类中的新增用户方法，采取直接输入的方式操作入职时间，但由于输入入职时间后日期选择框仍会出现，所以笔者增加了单击"入职时间"label 标签的操作，其仅仅是为了达到隐藏日期控件的目的，代码如下：

```
//第 10 章/test_po/user_manage_page.py
class UserManagePage():
    ...
    #入职时间
    date_xpath1 = "//input[@placeholder = '选择日期']"
    date_xpath3 = "//label[text() = '入职时间']"
    ...
    #新增用户
    def add_user(self, username, password, brief = "栗子测试"):
        ...
        self.driver.sendkeys(self.date_xpath1, "2023 - 03 - 18 00:00:00")
        self.driver.click(self.date_xpath3)
```

经过上述修改后,再次执行新增用户测试用例时全部通过,具体如下：

```
test_a_add_user_1 (user_manage_case.UserManageCase) ... ok
test_a_add_user_2 (user_manage_case.UserManageCase) ... ok
```

这里需要解释测试用例的执行顺序,示例中笔者将新增用户进行了数据驱动,有两条新增用户的数据表示新增用户执行两次。如果新增用例和其他用例一起执行,则会先进行两次新增,然后执行编辑、删除、查询用例操作,读者可以自行尝试以便加深印象。

10.4 外链测试封装

虽然笔者在账号管理测试用例中实现了数据和代码的分离,但细心的读者会发现如果让完全不懂代码的人去维护这些数据,则会有一定的难度,因为数据需要封装到一种方法中进行返回。为了降低使用者维护数据的难度,接下来笔者将使用 JSON 文件实现数据和代码的分离。

10.4.1 数据文件准备

由于外链测试只进行了查询操作,所以只需参数化查询内容。笔者新建了一个 iframe_case_data.json 文件,虽然文件内容非常简单,但已经能够展现出 JSON 用例数据的基本格式,使用 JSON 文件的测试用例会根据格式寻找所需数据。如果数据有变动,则使用者只需按照格式维护 JSON 文件,代码如下：

```
//第 10 章/test_cases_data/iframe_case_data.json
{
  "case1": {
    "search_content": "python"
  },
  "case2": {
    "search_content": "linux"
  }
}
```

10.4.2　IframeCase 类数据驱动

准备完 JSON 数据后,笔者将使用@file_data 装饰器获取 JSON 文件数据,代码如下:

```python
//第 10 章/test_cases_ddt/iframe_case.py
@ddt
class IframeCase(BaseCase):
    ...
    @file_data("../test_cases_data/iframe_case_data.json")
    def test_iframe_search(self, search_content):
        self.iframe_page = IframePage(self.driver)
        self.iframe_page.navi_to_iframe_page()
        #iframe 查询
        self.iframe_page.iframe_search(search_content)
        #新窗口校验查询结果
        first_data = self.iframe_page.get_new_window_first_data(search_content)
        self.assertIn(search_content, first_data, "iframe_search 断言失败:{} 不包含 {}".format(first_data, search_content))
```

示例中,笔者给 test_iframe_search()方法增加了入参,意思是用户传什么内容就查询什么内容。数据驱动则使用了新的装饰器@file_data,该装饰器可以解析 JSON 文件的内容。执行结果如下:

```
test_iframe_search_1 ... ok
test_iframe_search_2 ... ok
Ran 2 tests in 21.984s
```

从测试用例的执行结果来看,当使用 JSON 文件作为数据驱动时测试结果通过。学到这里笔者的自动化测试框架已经能够真正地做到数据驱动了。如果一个不会自动化测试的同事想做测试执行,则只需让其维护 JSON 文件中的数据。

10.5　文件上传封装

除了可以使用 JSON 文件进行数据驱动外,还可以使用 YAML 文件进行数据驱动。YAML 文件和 JSON 文件维护测试数据的原理是相同的,不同之处仅在于文件的格式。

10.5.1　数据文件准备

上传文件只需参数化文件位置,笔者新建了一个 upload_file_case_data.yaml 文件。YAML 文件维护数据跟 JSON 文件格式不同,但同样简单明了,在实际工作中使用 YAML 文件还是 JSON 文件完全取决于公司的习惯,代码如下:

```
"case1":
  "file_path": "D:\\测试 1.xlsx"
```

```
    "case2":
        "file_path": "D:\\测试2.xlsx"
```

10.5.2　UploadFileCase 类数据驱动

准备完 YAML 数据后，笔者仍使用 @file_data 装饰器获取 YAML 文件数据，代码如下：

```
//第10章/test_cases_ddt/upload_file_case.py
@ddt
class UploadFileCase(unittest2.TestCase, MyDriver):
    ...
    @file_data("../test_cases_data/upload_file_case_data.yaml")
    def test_upload_file(self, file_path):
        self.upload_file_page.upload_file(file_path)
```

示例中，笔者给 test_upload_file() 方法增加了入参，意思是只要用户输入 Excel 文件的路径便可以完成文件上传操作。test_upload_file() 方法使用的装饰器也是 @file_data，但此次装饰器传入的参数是一个 YAML 文件。执行结果如下：

```
test_upload_file_1 ... ok
test_upload_file_2 ... ok
Ran 2 tests in 13.851s
```

从执行结果来看，使用 YAML 文件进行数据驱动的执行结果没有任何问题。

10.6　本章总结

本章笔者使用 ddt 将数据和代码完全分离开，实现了数据驱动。数据驱动的形式有很多种，包括直接在用例的上方维护数据、在方法中维护数据、在 JSON 文件中维护数据、在 YAML 文件中维护数据，笔者分别在登录、账号管理、外链测试、文件上传用例中进行了详细讲解。这里需要说明的是，每种维护数据的方法都是正确的，但在实际工作中使用 JSON 文件或 YAML 文件维护数据的方式比较常见，所以读者需要重点掌握的是 JSON 文件和 YAML 文件数据驱动。

第 11 章 测试框架封装优化

学习完数据驱动封装后,自动化测试框架的封装基本完成,读者可以根据需求编写不同的 PO 类、不同的用例,以及为用例提供不同的数据。但细心的读者会发现测试用例中还有很多冗余的内容,例如每个用例类都需要编写 setUp() 和 tearDown() 方法,这里是否可以进行优化? 另外,用例类中的浏览器、系统地址都是固定的,是否可以使用配置文件进行配置? 还有测试用例的报告相对简单,是否可以提供可视化报告并通过邮件将报告发送给相关人员? 这些需要优化的问题在本章都会得到解决。

11.1 BaseCase 封装

在 Unittest2 测试用例中,笔者在 UserManageCase 类中使用了 setUPClass() 方法,在其他类中使用了 setUp() 方法。仔细观察方法中的内容可发现这些内容都比较相似,包括初始化 driver、登录、实例化 PO 类等,因此笔者决定把数据准备和还原方法单独封装到 BaseCase 类中,这样当其他测试用例类使用数据准备和还原方法时只需继承 BaseCase 类。

11.1.1 setUp()回顾

笔者以 IframeCase 类为例,观察 setUp() 方法中都有哪些内容,代码如下:

```python
//第 11 章/test_cases_ddt/iframe_case.py
class IframeCase(unittest2.TestCase, MyDriver):
    def setUp(self):
        self.driver = MyDriver("chrome", "http://localhost:8080/Login")
        login_page = LoginPage(self.driver)
        login_page.login("admin", "123456")
        self.driver.sleep(1)
        title = login_page.get_title()
        self.assertIn("系统首页", title)
        self.iframe_page = IframePage(self.driver)
        self.iframe_page.navi_to_iframe_page()
```

示例中,setUp() 方法的主要作用是在每个用例开始之前进行登录操作,所以登录操作是公共的，可以提取后进行封装；初始化 PO 和进入外链测试页面代码不是公共的，所以不能提取出来进行封装，而是需要将其放到每个以 test 开头的测试用例中。

11.1.2　setUp()封装

分析了 setUp()方法后，笔者在 common 文件夹下新建了一个 base_case.py 文件，并且在文件内新建了 BaseCase 类，专门用于用例初始化方法维护，代码如下：

```python
//第 11 章/common/base_case.py
import unittest2
from common.selenium_frame import MyDriver
from test_po.login_page import LoginPage

class BaseCase(unittest2.TestCase, MyDriver):

    browser = "chrome"
    url = "http://localhost:8080/Login"
    username = "admin"
    password = "123456"

    def setUp(self):
        self.driver = MyDriver(self.browser, self.url)
        login_page = LoginPage(self.driver)
        login_page.login(self.username, self.password)
        self.driver.sleep(1)
        title = login_page.get_title()
        self.assertIn("系统首页", title, "login 断言失败:{} 不包含 系统首页".format(title))

    def tearDown(self):
        self.driver.quit()
```

示例中，BaseCase 类继承了 Unittest2 的 TestCase 类和笔者二次封装的 MyDriver 类，setUp()方法的作用是初始化 driver 并登录，tearDown()方法的作用是关闭浏览器并退出 driver，封装就这么简单。另外，笔者将 browser、url、username、password 信息提取出来作为变量，其目的是后期将这些内容做成可配置项。

11.1.3　setUp()封装使用

有了 BaseCase 类之后，笔者将根据类中的内容修改原有的测试用例方法。

1. IframeCase 类的使用

由于 BaseCase 类中封装了 setUp()方法，并且在 setUp()方法中去掉了 PO 相关操作，所以笔者修改 IframeCase 类中的方法时需要先继承 BaseCase 类，再在测试方法中补充 PO 相关操作，代码如下：

```python
//第 11 章/test_cases_ddt2/iframe_case.py
@ddt
```

```python
class IframeCase(BaseCase):

    @file_data("../test_cases_ddt_data/iframe_case_data.json")
    def test_iframe_search(self, search_content):
        self.iframe_page = IframePage(self.driver)
        self.iframe_page.navi_to_iframe_page()
        # iframe 查询
        self.iframe_page.iframe_search(search_content)
        # 新窗口校验查询结果
        first_data = self.iframe_page.get_new_window_first_data(search_content)
        self.assertIn(search_content, first_data)
```

示例中，由于 IframeCase 类继承了 BaseCase 类，所以在 IframeCase 类中删除了 setUp()方法。在 test_iframe_search()方法中，笔者实例化了 IframePage 类并调用了页面跳转方法。经过两方面的修改，test_iframe_search()方法修改完毕，测试结果也是通过的，具体如下：

```
test_iframe_search_1 ... ok
test_iframe_search_2 ... ok
```

2．LoginCase 类的使用

LoginCase 类比较特殊，该类不需要在 setUp()初始化方法时登录，而是需要在 test 开头的测试用例中进行登录。此时就需要重写 setUp()方法，让其只执行进入首页操作，代码如下：

```python
//第 11 章/test_cases_ddt2/login_case.py
from common.selenium_frame import MyDriver
from test_cases_ddt2.base_case_setup import BaseCase
from test_po.login_page import LoginPage
from ddt import ddt, data, unpack

@ddt
class LoginCase(BaseCase):

    def setUp(self):
        self.driver = MyDriver(self.browser, self.url)

    @data(["admin", "123456", "登录成功"],
          ["admin6", "123456", "登录失败"],
          ["admin", "111111", "登录失败"])
    @unpack
    def test_login(self, username, password, tip):
        login_page = LoginPage(self.driver)
        login_page.login(username, password)
        # 避免代码过快导致抓取登录页面的 title
        self.driver.sleep(1)
        result = login_page.get_login_tip()
        self.assertEqual(tip, result)
```

示例中，LoginCase 类虽然继承了 BaseCase 类，但笔者重写了 setUp()方法，所以代码会执行 LoginCase 类中的 setUp()方法，该方法只实例化了 driver，PO 操作和登录操作都在用例中完成。测试结果通过，具体如下：

```
test_login_1 (login_case.LoginCase) ... ok
test_login_2 (login_case.LoginCase) ... ok
test_login_3 (login_case.LoginCase) ... ok
```

读者可以关注方法的重新，当继承父类的方法不能满足需求时，可以重写其中的方法，从而使其满足需求。

11.1.4　setUpClass()回顾

由于 UserManageCase 类中笔者使用了 setUpClass()方法进行初始化，所以也需要对该方法进行单独封装。封装之前先回顾 setUpClass()方法是如何使用的，代码如下：

```python
//第 11 章/test_cases_ddt/user_manage_case.py
class UserManageCase(unittest2.TestCase, MyDriver):

    url = "http://localhost:8080/Login"

    @classmethod
    def setUpClass(cls):
        cls.driver = MyDriver("chrome", cls.url)
        login_page = LoginPage(cls.driver)
        login_page.login("admin", "123456")
        # 避免脚本过快获取之前的 title
        cls.driver.sleep(1)
        title = login_page.get_title()
        cls.assertIn("系统首页", title, "login 断言失败:{} 不包含 系统首页".format(title))
        cls.user_manage_page = UserManagePage(cls.driver)
        cls.user_manage_page.navi_to_user_manage_page()
```

示例中，在 setUpClass()方法中执行的也是进入首页、登录的通用操作，所以封装内容与 setUp()方法类似。

11.1.5　setUpClass()封装

笔者将 setUpClass()方法也封装到 BaseCase 类中，代码如下：

```python
//第 11 章/common/base_case.py
import unittest2
from common.selenium_frame import MyDriver
from test_po.login_page import LoginPage
from test_po.user_manage_page import UserManagePage

class BaseCase(unittest2.TestCase, MyDriver):
```

```
    ...
    @classmethod
    def setUpClass(cls):
        cls.driver = MyDriver(cls.browser, cls.url)
        login_page = LoginPage(cls.driver)
        login_page.login(cls.username, cls.password)
        # 避免脚本过快获取之前的 title
        cls.driver.sleep(1)
        title = login_page.get_title()
        cls.assertIn("系统首页", title, "login 断言失败:{} 不包含 系统首页".format(title))
        cls.user_manage_page = UserManagePage(cls.driver)

    @classmethod
    def tearDownClass(cls):
        cls.driver.quit()
```

示例中,setUpClass()方法与 setUp()方法封装唯一的不同是将实例化 page 代码写在初始化方法里,这样可以保证在继承类中可以找到对应的 page 实例。

11.1.6　setUpClass()封装使用

由于在 setUpClass()方法中仅进行了 PO 类的初始化操作,所以笔者修改 UserManageCase 类中的方法时需要先继承 BaseCase 类,再在测试方法中补充 PO 跳转操作,代码如下:

```
//第11章/test_cases_ddt2/user_manage_case.py
import unittest2
from test_cases_ddt2.base_case_setupclass import BaseCase
from test_cases_ddt_data.user_manage_case_data import get_add_user_data
from ddt import ddt, data, unpack

@ddt
class UserManageCase(BaseCase):

    url = "http://localhost:8080/Login"

    def setUp(self):
        pass

    @data( * get_add_user_data())
    @unpack
    def test_a_add_user(self, username, password):
        self.user_manage_page.navi_to_user_manage_page()
        self.user_manage_page.add_user(username, password)
        # 避免脚本过快获取之前的 username
        self.driver.sleep(1)
        first_username = self.user_manage_page.get_first_username()
        self.assertEqual(username, first_username, "add_user 断言失败:{} 不等于 {}".format(username, first_username))
```

```
    def test_b_edit_user(self):
        self.user_manage_page.edit_user("99")
        # 避免脚本过快获取之前的 username
        self.driver.sleep(1)
        first_username = self.user_manage_page.get_first_username()
        self.assertIn("99", first_username, "edit_user 断言失败:{} 不包含 '99'".format(first_username))
    ...
```

示例中,UserManageCase 类继承 BaseCase 类后,笔者开始对测试类中的测试用例进行修改。由于 UserManageCase 类中的测试用例是按顺序执行的,所以笔者仅在新增账号用例中调用了 navi_to_user_manage_page() 方法,新增操作后其他用例可以在该页面中继续进行编辑、删除、查询测试。

由于 BaseCase 类中还包括 setUp() 方法,所以每个测试用例执行时还会执行 setUp() 方法。为了不执行 BaseCase 类中的 setUp() 方法,笔者在 UserManageCase 类中重写了 setUp() 方法且方法中的代码为 pass,表示什么事情也不做,这样执行 UserManageCase 类中的 setUp() 方法时就会跳过。最终执行测试用例结果通过,具体如下:

```
test_a_add_user (user_manage_case.UserManageCase) ... ok
test_b_edit_user (user_manage_case.UserManageCase) ... ok
test_c_delete_user (user_manage_case.UserManageCase) ... ok
test_d_search_user (user_manage_case.UserManageCase) ... ok
```

从 UserManageCase 类中重写 setUp() 方法可以分析出,如果用例不需要使用 setUpClass() 方法,则需要重写该方法,并且把方法内容改为 pass,所以读者需要对其他类中的 setUpClass() 方法进行重写,这里笔者就不做过多介绍了,相信读者可以自行完成这些简单操作。

11.2 配置文件

在 11.1 节中,笔者在封装 BaseCase 类时提取了 browser、url、username、password 作为变量。本节中笔者将会把这些变量写到配置文件中,通过代码读取配置文件以获取相关数据。如果这些数据发生变化,如改用火狐浏览器进行测试,则读者只需修改相应的配置文件,维护时不涉及代码,对于测试执行人员更加友好。

11.2.1 配置文件基础

配置文件一般是 ini 文件,ini 文件由节(section)、键(key)、值(value)组成,具体如下:

```
# 举例
[section]
key = value
```

示例中，section 表示节，节需要写在方括号中。在一个配置文件中可以包含多个 section，每个 section 的名字不能相同。key、value 是键-值对，每个 section 下可以有多个键-值对，但键不能相同。

11.2.2 BaseCase 类配置文件

4min

学习了配置文件的基础知识后，笔者新建一个 config 文件夹用于存放所有配置文件，并新建 lizi_config.ini 文件，将 BaseCase 类的属性配置到 lizi_config.ini 文件中，具体如下：

```
//第 11 章/config/lizi_config.ini
[browser]
browser_chrome = chrome
browser_Firefox = firefox

[lizi_test]
url = http://localhost:8080/Login
username = admin
password = 123456

[lizi_online]
url = http://www.lizi_test.com/Login
username = admin
password = 123456
```

示例中，笔者在 browser 下配置了两个浏览器 Firefox 和 Chrome，这样可以避免输入时浏览器输入错误的问题；笔者还配置了两套测试环境，方便测试时环境的切换。

11.2.3 configparser 模块获取配置文件

配置文件准备好后，接下来需要通过代码获取配置文件中的内容。Python 3 自带的 configparser 模块就可以用来读取 ini 文件，读取配置文件中的 value 只需做到以下三步。

1. 实例化 ConfigParser 类

首先需要导入 ConfigParser 类并对其进行实例化，代码如下：

```
from configparser import ConfigParser

cf = ConfigParser()
```

2. 使用 read()方法读取配置文件

接下来使用实例化对象 cf 的 read()方法获取配置文件内容，代码如下：

```
file = os.path.abspath('../config/lizi_config.ini')
cf.read(file)
```

3. 使用 get()方法读取 section 中 key 对应的值

最后使用 cf 的 get()方法获取指定 section 中指定 key 对应的 value，代码如下：

```
cf.get(section, item)
```

11.2.4 configparser 模块封装

为了方便使用,笔者在 common 文件夹下新建了 parse_config.py 文件,在文件中封装了 configparser 模块,用于获取指定 section 中指定 key 对应的 value 的方法。

1. 封装 ParseConfig 类

笔者新建了 ParseConfig 类,类中的 get_config()方法可以获取 section 中 key 的值,代码如下:

```python
//第 11 章/common/parse_config.py
import os
from configparser import ConfigParser

class ParseConfig():
    #classmethod 装饰器表示类名可以调用下面的方法,实例化对象也可以调用下面的方法
    @classmethod
    def get_config(cls, section, item):
        file = os.path.abspath('../config/lizi_config.ini')
        cf = ConfigParser()
        cf.read(file)
        result = cf.get(section, item)
        return result
```

示例中,笔者使用@classmethod 装饰器将 get_config()方法定义为类方法,其目的是不实例化类也可以使用类名直接调用 get_config()方法。

2. 使用 get_config()方法

笔者使用类名直接调用 get_config()方法,参数需要输入 section 名和 key 名,代码如下:

```python
//第 11 章/common/parse_config.py
if __name__ == "__main__":
    browser = ParseConfig.get_config("browser", "browser_chrome")
    print(browser)
    url = ParseConfig.get_config("lizi_test", "url")
    print(url)

#执行结果
chrome
http://localhost:8080/Login
```

示例中,笔者分别获取了 browser 下的 browser_chrome 和 lizi_test 下的 url,从执行结果可以看出,获取内容正确。

11.2.5 BaseCase 类优化

可以获取配置文件中的内容后,笔者对 BaseCase 类进行优化,将属性的固定值改为从

文件中获取对应的值,代码如下:

```
//第11章/common/base_case.py
class BaseCase(unittest2.TestCase, MyDriver):

    browser = ParseConfig.get_config("browser", "browser_chrome")
    url = ParseConfig.get_config("lizi_test", "url")
    username = ParseConfig.get_config("lizi_test", "username")
    password = ParseConfig.get_config("lizi_test", "password")
    ...
```

示例中,笔者从配置文件中重新获取了属性值。在获取配置文件值时,笔者并没有实例化 ParseConfig 类,而是直接使用类名调用类中的方法,这就是 @classmethod 装饰器的作用。读者可以重新执行原有的测试用例,执行结果一定是通过的。

11.3 Log 封装

如果读者见过开发排查错误,则一定会见到开发人员到日志文件中去查看错误的具体信息,而在笔者的框架中错误信息被打印在控制台中,这种打印错误信息的方法无法持久化,所以接下来笔者将使用文件保存自动化测试中的报错信息。

11.3.1 Logging 模块简介

Logging 模块是 Python 用于记录日志的标准模块,笔者将使用 Logging 模块存储错误信息。Logging 模块分为四大组件,具体如下。

1. 记录器 Logger

Logger 用来写日志。一个 Logger 可以对接多个处理器,即可将日志同时写到控制台和日志文件。

2. 处理器 Handler

Handler 可以将记录器产生的日志输出到指定位置。如日志可以输出到控制台或文件,当然也可以同时输出到控制台和文件。

3. 过滤器 Filter

用于更细粒度的过滤所需要输出的日志。

4. 格式器 Formatter

用于规范日志输出的格式。

11.3.2 Logging 模块的使用

接下来笔者将会对 Logging 模块常用的记录器、处理器、格式器分别进行演示。

1. 记录器 Logger 的使用

在使用 Logger 写日志之前,读者还应该了解一下日志的级别。Logging 日志级别由低到高依次为 DEBUG、INFO、WARNING、ERROR、CRITICA，读者可以根据需要设置日志级别，高于设置日志级别的日志会被输出到指定位置。

1）默认日志级别

如果读者不设置日志级别，则 Logging 模块默认的日志级别为 WARNING，此时 WARNING 日志及高于 WARNING 级别的日志会被输出，代码如下：

```
//第 11 章/common/test_logger.py
import logging

logger = logging.getLogger()        #实例化记录器
print(logger)
logger.debug('debug log')
logger.info('info log')
logger.warning('warning log')
logger.error('error log')
logger.critical('critical log')
#执行结果
<RootLogger root (WARNING)>
warning log
error log
critical log
```

示例中，笔者先通过 Logging 模块的 getLogger()方法实例化 Logger，然后调用不同级别的打印日志方法打印所有级别的日志。从执行结果可以看出，控制台只输出了 WARNING 和 WARNING 以上级别的日志，说明 Logging 模块默认的日志级别为 WARNING。另外，笔者也打印了实例化后的 Logger，打印结果的意思是记录器是默认的记录器 root，日志级别默认为 WARNING。

2）指定日志级别

如果读者需要设置 root 记录器的日志级别，则此时需要调用 Logger 实例的 basicConfig()方法，代码如下：

```
//第 11 章/common/test_logger.py
import logging

logging.basicConfig(level = logging.Debug)  #设置 root 记录器的日志级别
logger = logging.getLogger()  #实例化记录器
logger.debug('debug log')
logger.info('info log')
logger.warning('warning log')
logger.error('error log')
logger.critical('critical log')
#执行结果
DEBUG:root:debug log
INFO:root:info log
WARNING:root:warning log
```

```
ERROR:root:error log
CRITICAL:root:critical log
```

示例中,笔者仅添加了 Logging 模块的 basicConfig()方法,传入参数 level 值为 logging.Debug,表示输出所有级别的日志,其他代码没有任何变化。从执行结果可以看出,控制台打印了所有级别的日志。

2. 处理器 Handler 使用

以上操作只能将日志输出到控制台,如果读者想将日志输出到指定文件就需要用到处理器,其中 StreamHandler 类可以将日志输出到控制台,FileHandler 类可以将日志输出到指定的文件,代码如下:

```
//第 11 章/common/test_logger.py
import logging

logger = logging.getLogger()          #实例化记录器
logger.setLevel(logging.INFO)
file_handler = logging.FileHandler("../logs/test_log.txt")   #实例化文件处理器
logger.addHandler(file_handler)
logger.Debug('debug log')
logger.info('info log')
logger.warning('warning log')
logger.error('error log')
logger.critical('critical log')
```

示例中,笔者演示了如何将日志输出到指定文件。先实例化文件处理器 FileHandler,在实例化时由参数传入日志文件路径。笔者新建了一个 logs 文件夹,用于存放系统日志,准备将日志写入 logs 文件夹的 test_log.txt 文件中。如果 test_log.txt 文件存在,则追加日志内容;如果 test_log.txt 文件不存在,则新建文件并写入日志内容,然后笔者调用 Logger 的 addHandler()方法将文件处理器添加到 Logger 中。执行结果,日志被正确地写入 test_log.txt 文件中,如图 11-1 所示。

图 11-1 日志文件

3. 格式器 Formatter 使用

仔细查看文件中的日志信息,读者应该考虑日志信息是否足够详细?根据日志信息是否可以快速排查出错误所在?为了让日志信息更加实用,笔者将使用格式器 Formatter 对日志格式进行优化,代码如下:

```
//第 11 章/common/test_logger.py
import logging

logger = logging.getLogger()          #实例化记录器
logger.setLevel(logging.INFO)
file_handler = logging.FileHandler("../logs/test_log.txt")   #实例化文件处理器
```

```python
file_formatter = logging.Formatter("[%(asctime)s][%(filename)s][%(funcName)s][%(lineno)d][%(levelname)s] > %(message)s")
file_handler.setFormatter(file_formatter)
logger.addHandler(file_handler)

def print_log():
    logger.debug('debug log')
    logger.info('info log')
    logger.warning('warning log')
    logger.error('error log')
    logger.critical('critical log')

if __name__ == "__main__":
    print_log()
```

示例中,笔者在实例化格式器 Formatter 时添加了所需的格式作为参数,其中 asctime 表示时间、filename 表示报错文件名、funcName 表示报错方法名、lineno 表示报错行数、levelname 表示日志级别、message 表示日志的具体内容,然后调用处理器的 setFormatter() 方法传入格式器,这样输出到文件中的日志信息就会按照格式来显示了,如图 11-2 所示。

```
test_log.txt ×
1  [2023-05-08 16:31:36,955][test_logger.py][print_log][47][INFO] > info log
2  [2023-05-08 16:31:37,055][test_logger.py][print_log][48][WARNING] > warning log
3  [2023-05-08 16:31:37,056][test_logger.py][print_log][49][ERROR] > error log
4  [2023-05-08 16:31:37,056][test_logger.py][print_log][50][CRITICAL] > critical log
```

图 11-2 格式化后的日志文件

11.3.3 Logging 配置文件

一般情况下,日志的级别、格式、输出位置等信息都应该放在配置文件中,这样当需要修改日志相关信息时就可以直接修改配置文件,而不需要修改任何代码。笔者在 config 文件夹中新建了一个 log_config.ini 文件,用于配置日志相关信息。由于配置文件内容较多,所以笔者将分步介绍 log_config.ini 文件的内容。

1. 记录器配置

日志配置文件也是针对 Logging 的四大组件进行编写的,首先笔者设置了两个记录器 root 和 lizi,并分别对这两个记录器进行了单独配置,代码如下:

```ini
//第 11 章/config/log_config.ini
#记录器
[loggers]
keys = root,lizi
[logger_root]
level = INFO
handlers = fileHandler
[logger_lizi]
level = INFO
```

```
handlers = fileHandler,consoleHandler
qualname = lizi
propagate = 0
```

示例中,读者可以主要关注记录器 lizi。由于 Python 的 Logging 模块是按层次结构组织记录器的,所有记录器都是根记录器 root 的后代,并且每个记录器将日志消息传递给其父级,所以为了不将 lizi 记录器的日志传递给 root 记录器,笔者在 lizi 记录器中设置了 propagate=0,表示消息不会被传播到更高层级的处理器。另外,在 lizi 记录器中笔者还设置了 qualname 的值,qualname 是日志记录器的层级通道名称,如果代码中想使用 lizi 记录器,则只需使用 qualname 的值。

2. 处理器配置

除了记录器外,笔者还设置了两个处理器 fileHandler 和 consoleHandler,其目的是让日志信息同时输出到日志文件和控制台中,代码如下:

```
//第 11 章/config/log_config.ini
#处理器
[handlers]
keys = fileHandler,consoleHandler
[handler_consoleHandler]
class = StreamHandler
args = (sys.stdout,)
level = INFO
formatter = liziFormatter
[handler_fileHandler]
class = logging.handlers.RotatingFileHandler
args = ('F:\\a-lizi-workspace\\lizitest-2\\logs\\2023-03-19.txt', 'a', 5242880, 10,
'utf-8')
level = INFO
formatter = liziFormatter
```

示例中,为了控制日志信息的输出位置,笔者设置了两个处理器的 class 值,其中控制台输出日志使用 StreamHandler 表示,而 RotatingFileHandler 是 Python 自带的日志处理器之一,用于将日志写入指定的文件中,并可以控制文件的大小和数量。

另外,笔者在两个处理器中都设置了 args 值,其目的是指定日志文件的具体细节。以 fileHandler 处理器为例,RotatingFileHandler 的 args 值是一个元组,元组内容分别是日志文件名、日志写入方法为追加、日志文件大小 5 242 880 字节、最多保存 10 个日志文件、日志字符集 utf-8。简单来讲日志会被追加到文件中,如果文件大小超过 5 242 880 字节,则会生成新的文件,日志文件最多保存 10 个,如果超出,则删除最旧的文件。

最后,笔者还设置了日志级别 level 和日志格式 formatter,formatter 使用的是自定义的格式器 liziFormatter,笔者接下来将介绍 liziFormatter 的具体内容。

3. 格式器配置

格式器中只需将 format 值设置为需要的格式,笔者将代码中的格式化字符串赋值给了

format,代码如下:

```
//第 11 章/config/log_config.ini
#格式器
[formatters]
keys = liziFormatter
[formatter_liziFormatter]
format = [%(asctime)s][%(filename)s][%(funcName)s][%(lineno)d][%(levelname)s] > %(message)s
```

11.3.4 Logger 封装

为了实例化 Logger 时用到配置文件,笔者在 common 文件夹中新建了 my_logger.py 文件,在文件中封装了 my_logger()方法进行相关处理,代码如下:

```
//第 11 章/common/my_logger.py
import logging
import logging.config
import logging.handlers
import os
import time
from common.parse_config import ParseConfig

def my_logger():

    #(1) 创建日志文件夹
    log_path = os.path.abspath(os.path.join(os.getcwd(), "../logs"))
    if os.path.exists(log_path) and os.path.isdir(log_path):
        pass
    else:
        os.mkdir(log_path)

    #(2) 动态日志文件名
    timestamp = time.strftime("%Y-%m-%d", time.localtime())
    log_file_name = '{}.txt'.format(timestamp)
    log_file = os.path.join(log_path, log_file_name)

    #(3) 更改 fileHandler 的 RotatingFileHandler args
    log_config_file = '../config/log_config.ini'
    rotatingFileHandlerArgs = "('{}', 'a', 5242880, 10, 'utf-8')".format(log_file.replace("\\", "/"))
    print(rotatingFileHandlerArgs)
    ParseConfig.set_config(log_config_file, 'handler_fileHandler', 'args', rotatingFileHandlerArgs)          #修改配置文件参数

    #(4) 应用配置文件,创建记录器
    logging.config.fileConfig(log_config_file)    #应用配置文件
    logger = logging.getLogger('lizi')            #实例化记录器

    return logger
```

示例中,笔者在实例化 Logger 之前做了 4 件事情,其目的是使用配置文件中的配置信息生成日志文件。第 1 步,判断 logs 文件夹是否存在,如果不存在,则新建 logs 文件夹;第 2 步,生成动态文件名,避免文件名重复;第 3 步,使用动态文件名修改配置文件中 fileHandler 中 RotatingFileHandler 的 args 值;第 4 步,加载配置文件,使用自定义记录器 lizi 实例化 Logger,最后返回 Logger。有了以上的封装,读者就可以直接调用 my_logger() 方法得到 Logger 并进行日志操作了。

11.3.5　Logger 封装的使用

在 UI 自动化测试中,容易出错的步骤在于标签元素的定位和操作,所以笔者在 MyDriver 类中调用 my_logger() 方法得到 Logger。以 wait_element() 方法为例,将方法中的 print() 方法替换成了日志输出,代码如下:

```
//第 11 章/common/selenium_frame.py
class MyDriver():
    logger = my_logger()

    #显式等待
    def wait_element(self, xpath, second = 10):
        locator = (By.XPATH, xpath)
        try:
            element = WebDriverWait(self.driver, second).until(expected_conditions.presence_of_element_located(locator))
        except TimeoutException as e:
            #print("显式等待元素超时,元素的 xpath 是:{}".format(xpath))
            self.logger.error("显式等待元素超时,元素的 xpath 是:{}".format(xpath))
        except Exception as e:
            #print("显式等待其他异常,元素的 xpath 是:{}".format(xpath))
            self.logger.error("显式等待其他异常,元素的 xpath 是:{}".format(xpath))
        else:
            return element
```

为了制造元素等待错误,笔者将 LoginPage 类中的 xpath 修改为错误的 xpath,这样在代码执行时 wait_element() 方法就会捕获异常并将日志打印到文件中,代码如下:

```
class LoginPage():
    username_xpath = "//input[@placeholder = 'username6']"
```

执行 login_case 之后,笔者找到了 logs 文件夹,并在文件夹下找到了当天的日志文件。日志可以正常打印且日志格式正确,证明 my_logger() 方法调用配置文件生效,具体如下:

```
[2023 - 03 - 21 21:16:15,405][selenium_frame.py][wait_element][49][ERROR] > 显式等待元素超时,元素的 xpath 是://input[@placeholder = 'username6']
```

当然,仅仅在显式等待方法中添加日志是远远不够的,读者可以根据自己的需求,在任何需要打印日志的地方添加日志打印代码,这里笔者就不再对框架内容进行一一修改了,相信读者可以自己完成这项工作。

11.4 HTMLTestRunnerCN 报告

笔者虽然封装了日志信息,但日志信息在大多数情况下是给测试开发人员看的,如果笔者需要向领导或其他部门同事展示测试结果,就需要给出一个完整的测试报告,所以接下来笔者将讲解一个简单的自动化测试报告 HTMLTestRunnerCN。

11.4.1 HTMLTestRunnerCN 下载

读者可以到 GitHub 上下载 HTMLTestRunnerCN 文件,下载网址如下:

```
https://github.com/findyou/HTMLTestRunnerCN
```

下载完 HTMLTestRunnerCN 文件后将其放入以下目录中即可生效。

```
venv > Lib > site-packages
```

11.4.2 HTMLTestRunnerCN 的使用

在使用 HTMLTestRunnerCN 报告时,需要调用 HTMLTestRunner()方法指定测试报告的基本内容,然后调用 run()方法指定需要执行的测试套件。笔者在 test_cases_ddt4 文件夹下新建了一个 cases_runner.py 文件,在该文件下演示 HTMLTestRunnerCN 报告的使用,代码如下:

```python
//第 11 章/test_cases_ddt4/cases_runner.py
import os
import time
import HTMLTestReportCN
import unittest2

if __name__ == "__main__":
    #报告文件夹
    report_dir = "../reports/"
    if not os.path.exists(report_dir):
        os.mkdir(report_dir)
    #指定文件路径
    report_file = report_dir + time.strftime('%Y%m%d%H%M%S_report.html')
    #写报告
    with open(report_file, "wb") as file:
        current_path = os.getcwd()
        suit = unittest2.defaultTestLoader.discover(current_path, 'login_case.py')
        HTMLTestReportCN.htmlTestRunner(title='栗子测试报告',
                                        description='演示登录测试',
                                        tester='栗子测试',
                                        stream=file).run(suit)
```

示例中，笔者还是先确定日志文件夹和日志文件，HTMLTestReportCN 日志文件是一个 HTML 文件，然后笔者使用 HTMLTestReportCN 的 HTMLTestRunner()方法设置报告的基本信息，该方法中有 4 个参数，其中 title 参数表示报告名、description 参数表示报告的描述信息、tester 参数表示测试人员、stream 参数值为 file（表示输出到文件中）；最后调用 run()方法指定需要执行的测试套件，笔者在这里仅执行了登录测试用例。测试报告的结果如图 11-3 所示。

图 11-3　测试报告的结果

从测试报告的截图中可以看出，在报告中统计了测试的通过率，并对通过、失败和所有用例数进行了统计。读者还可以找到测试失败的用例，如果单击用例所在行的失败按钮，则会显示失败的详细信息。

11.5　Yagmail 发送邮件

有了测试日志和测试报告后，笔者需要通过邮件的方式将这两个文件发送给项目组相关成员。相关人员收到测试结果后，可以根据报告查看测试通过率，如果测试结果失败，则可以通过日志快速定位问题所在。

11.5.1　Yagmail 简介

Yagmail 是 Python 的基于 GMAIL / SMTP 客户端的第三方库，使用 Yagmail 的原因是它足够简单，只需链接邮箱后按照格式进行编写和发送邮件。

1. Yagmail 模块安装

由于 Yagmail 是第三方模块，所以在使用之前需要先进行安装，命令如下：

```
pip install yagmail
```

2. 开启 SMTP 服务

笔者准备使用 163 邮箱来发送邮件，所以需要先开启 163 邮箱的 SMTP 服务。选择

"设置"→POP3/SMTP/IMAP即可进入设置页面,如图11-4所示。进入设置页面后开启POP3/SMTP服务,如图11-5所示。

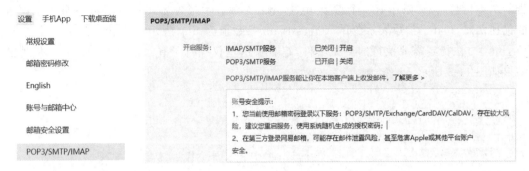

图 11-4 开启设置路径　　　　　图 11-5 开启 POP3/SMTP 服务

单击"开启"按钮后,163会提示发送短信,发送短信后163会返回一个授权码,读者需要记住这个授权码,在使用Yagmail发送邮件时密码就是这个授权码。

3. 发送邮件

开启POP3/SMTP服务后,就可以使用Yagmail来发送邮件了。发送邮件的方法很简单,只需通过Yagmail的SMTP类实例化Yagmail对象,准备好需要发送的内容,然后使用Yagmail对象的send()方法发送邮件,代码如下:

```
//第 11 章/test_cases_ddt4/cases_runner.py
import yagmail

if __name__ == "__main__":
    #准备凭证
    user = 'xxxxxx@163.com'
    password = 'xxxxxx'
    host = 'smtp.163.com'
    #链接邮箱
    yag = yagmail.SMTP(user = user, password = password, host = host)
    #准备邮件内容
    to = ['xxxxxx@163.com',] #收件人
    cc = [] #抄送人
    subject = "自动化测试报告" #标题
    #邮件正文
    contents = "请下载附件报告进行查看"
    #附件
    attachment_log = "../logs/2023 - 03 - 25.txt"
    attachment_report = "../reports/20230326005828_report.html"
    #发送邮件
    yag.send(to = to,
             cc = cc,
             subject = subject,
             contents = contents,
```

```
            attachments = [attachment_log, attachment_report])
#关闭 yag
yag.close()
```

示例中,笔者先准备了登录邮箱所需的用户名、密码和 host,其中密码为 163 返回的授权码,然后通过 Yagmail 的 SMTP 类实例化 Yagmail 对象;在发送邮件之前设置好邮件的内容,包括收件人、抄送人、标题、正文、附件等;接下来调用 send()方法发送邮件;发送完邮件后调用 close()方法关闭 Yagmail。

11.5.2　Yagmail 封装

仔细观察发送邮件的代码,读者应该可以发现其中用户名、密码、抄送人等内容都可以放在配置文件中,而发送邮件也可以封装成一种方法,所以笔者接下来将对其进行封装。

1. Email 配置文件

笔者在 config 文件夹中新建了一个 email_config.ini 文件,笔者仅将不经常变化的内容放在配置文件中,如登录信息、收件人、抄送人,代码如下:

```
//第 11 章/config/email_config.ini
[email_from]
user = xxxxxx@163.com
password = xxxxxx
host = smtp.163.com

[email_content]
to = ['xxxxxx@163.com','xxxxxx@qq.com']
cc = []
```

2. 发送邮件封装

笔者在 common 文件夹中新建了一个 my_yagmail.py 文件,在该文件中封装 send_email()方法,用于实现 Yagmail 发送文件,代码如下:

```
//第 11 章/common/my_logger.py
import yagmail
import ast
from common.parse_config import ParseConfig
def send_email(subject, contents, attachments):
    #Email 配置文件
    email_cfg_file = "../config/email_config.ini"
    #链接邮箱
    user = ParseConfig.get_config(email_cfg_file, "email_from", "user")
    password = ParseConfig.get_config(email_cfg_file, "email_from", "password")
    host = ParseConfig.get_config(email_cfg_file, "email_from", "host")
    yag = yagmail.SMTP(user = user, password = password, host = host)
    #发送邮件
    to = ast.literal_eval(ParseConfig.get_config(email_cfg_file, "email_content", "to"))
#[]格式的 str 转 list
```

```
            cc = ast.literal_eval(ParseConfig.get_config(email_cfg_file, "email_content", "cc"))
        yag.send(to = to,
                 cc = cc,
                 subject = subject,
                 contents = contents,
                 attachments = attachments)
        #关闭
        yag.close()
```

示例中,需要先调用 ParseConfig 类的 get_config()方法获取配置信息,然后通过配置信息发送邮件。值得注意的是在配置文件中读取到的内容为字符串,但 send()方法中 to 和 cc 参数需要传列表,所以笔者使用 ast.literal_eval()方法将字符串转换为列表。

3. 发送邮件封装的使用

在使用封装后的方法发送邮件时,只需设置好标题、正文、附件,然后直接调用封装方法 send_email(),代码如下:

```
//第 11 章/test_cases_ddt4/cases_runner.py
if __name__ == "__main__":
    #标题
    subject = "自动化测试报告"
    #邮件正文
    contents = "请下载附件报告进行查看"
    #附件
    attachments = ["../logs/2023-03-25.txt", "../reports/20230326005828_report.html"]
    #发送邮件
    send_email(subject, contents, attachments)
```

示例中,笔者使用了封装的 send_email()方法后,代码量减少了很多,但读者还应该注意一个问题,目前的标题、邮件正文、附件内容都是固定的值,真正测试时这些值应该是动态获取的,所以笔者需要对报告内容和邮件内容进行整合,通过报告内容编写邮件细节。

11.6 报告和邮件整合

经笔者分析,邮件的标题应该跟当前报告名一致;邮件的附件所包括的日志和报告应该对应本次测试的日志和报告。

11.6.1 报告和邮件整合封装

笔者在 common 文件夹下新建了 my_runner.py 文件,在文件中封装了 my_runner()方法,用于完成生成报告和发送邮件,代码如下:

```
//第 11 章/common/my_runner.py
import os
import time
```

```python
import HTMLTestReportCN
from common.my_yagmail import send_email

def my_runner(suit):
    #报告文件夹
    report_dir = "../reports/"
    if not os.path.exists(report_dir):
        os.mkdir(report_dir)
    #指定文件路径
    report_name_time = time.strftime('%Y%m%d%H%M%S')
    report_name = "{}_report.html".format(report_name_time)
    report_file = report_dir + report_name
    title = '自动化测试报告 - {}'.format(report_name)
    #写报告
    with open(report_file, "wb") as file:
        HTMLTestReportCN.htmlTestRunner(title=title,
                                        description='XX自动化测试',
                                        tester='栗子测试',
                                        stream=file).run(suit)
    #标题
    subject = title
    #邮件正文
    contents = "请下载附件报告进行查看"
    #附件
    log_name = "{}.txt".format(time.strftime('%Y-%m-%d'))
    attachment_log = "../logs/{}".format(log_name)
    attachment_report = "../reports/{}".format(report_name)
    attachments = [attachment_log, attachment_report]
    #发送邮件
    send_email(subject, contents, attachments)
```

示例中,笔者记录了报告的生成时间 report_name_time,根据报告生成时间确定报告名称 report_name,再根据报告名称确定邮件标题 title。发送邮件时,笔者对邮件内容使用这些变量进行替换,这样就可以达到发送内容可以动态变化的目的。

11.6.2　报告和邮件整合封装应用

有了 my_runner()方法后,笔者只需指定需要执行的测试套件,并将其传入 my_runner()方法中,代码如下:

```python
//第 11 章/test_cases_ddt4/cases_runner.py
if __name__ == "__main__":
    current_path = os.getcwd()
    suit = unittest2.defaultTestLoader.discover(current_path, 'login_case.py')
    my_runner(suit)
```

示例中,笔者只需调用 my_runner()方法便可以达到生成报告和发送邮件的目的,代码缩减很多,邮件最终的效果如图 11-6 所示。

图 11-6 邮件最终的效果

11.7 Unittestreport 基础

Unittestreport 是基于 Unittest 开发的一个功能扩展的库，使用 pip 命令即可安装。这个库不仅可以实现数据驱动、生成测试报告、发送邮件，还有一些笔者没有封装的功能，如重新执行失败用例、并发执行用例、发送钉钉群消息等。接下来笔者将对这些功能进行讲解。

11.7.1 执行用例生成报告

测试用例执行和生成报告很简单，应重点关注内容还执行了哪些用例，以及报告存放位置、报告名、报告标题、报告描述等，代码如下：

```python
//第 11 章/test_cases_ddt4/cases_runner.py
if __name__ == "__main__":
    current_path = os.getcwd()
    suit = unittest2.defaultTestLoader.discover(current_path, 'login_case.py')
    runner = unittestreport.TestRunner(suit,
                                      tester = '栗子测试',
                                      report_dir = '../reports',
                                      filename = 'test',
                                      title = '自动化测试报告',
                                      desc = '自动化测试描述',
                                      templates = 3)
    runner.run()
```

示例中，笔者调用 Unittestreport 的 TestRunner 类实例化 runner，参数中 report_dir 表示报告存放文件夹、filename 表示报告名，由于其他参数很容易理解，所以笔者就不一一介绍了。读者可以关注下 templates 参数，此参数表示测试报告使用哪一套模板，Unittestreport 测试报告一共有 3 套模板，笔者认为第 3 套模板比较适合，所以设置 templates＝3，读者也可以根据自己的喜好使用其他模板。测试报告如图 11-7 所示。

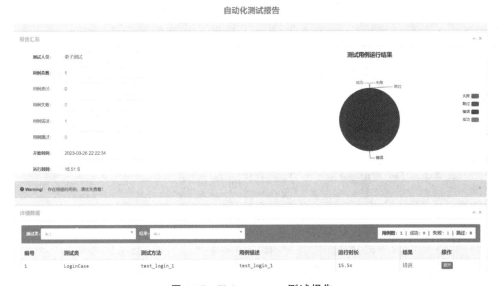

图 11-7　Unittestreport 测试报告

11.7.2　失败用例重试

从图 11-7 中可以看出，LoginCase 类的 test_login()方法测试失败，运行时长是 15.5s。如果想要用例失败时进行重试，就需要在 run()方法中添加参数了，代码如下：

```
//第 11 章/test_cases_ddt4/cases_runner.py
if __name__ == "__main__":
    current_path = os.getcwd()
    suit = unittest2.defaultTestLoader.discover(current_path, 'login_case.py')
    runner = unittestreport.TestRunner(suit,
                                      tester = '栗子测试',
                                      report_dir = '../reports',
                                      filename = 'test',
                                      title = '自动化测试报告',
                                      desc = '自动化测试描述',
                                      templates = 3)
    runner.run(count = 2, interval = 5)
```

示例中，笔者给 run()方法传入了两个参数，其中 count 参数表示失败用例重新运行多少次，interval 参数表示每次重新执行用例的时间间隔。按照笔者的设置，失败用例会重新执行两次，时间间隔是 5s。

笔者对测试报告中部分内容进行了截取，如图11-8所示。

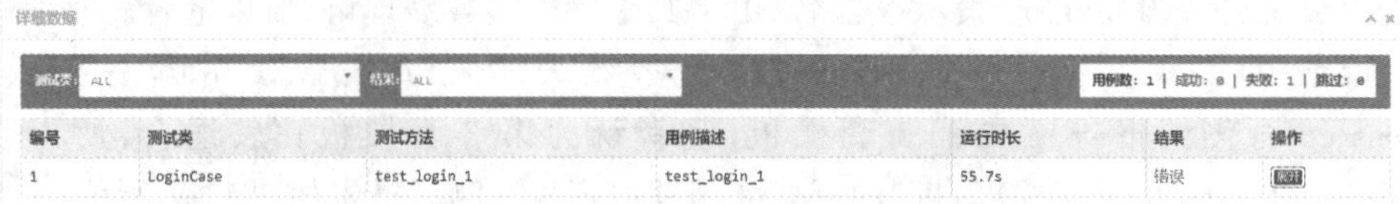

图 11-8 Unittestreport 失败用例重试

从图11-8中可以看出，LoginCase 类的 test_login() 方法测试还是失败了，但此次运行时长为55.7s，比上一次失败多用了40s的时间。

为了详细地了解运行时间变长的原因，笔者展开测试结果进行查看，具体如下：

```
//第 11 章/test_cases_ddt4/cases_runner.py
test_login_1 (login_case.LoginCase)执行——>【错误 Error】
AttributeError: 'NoneType' object has no attribute 'clear'
 ================ test_login_1 (login_case.LoginCase)重运行第 1 次
test_login_1 (login_case.LoginCase)执行——>【错误 Error】
AttributeError: 'NoneType' object has no attribute 'clear'
 ================ test_login_1 (login_case.LoginCase)重运行第 2 次
test_login_1 (login_case.LoginCase)执行——>【错误 Error】
AttributeError: 'NoneType' object has no attribute 'clear'
```

示例中，笔者截取了部分日志内容，从日志内容中可以看出，当用例第 1 次执行失败后自动重试了两次，两次都运行完成后才给出运行结果，所以运行时长变长的原因就是失败用例重试了两次。

11.7.3　并发执行用例

在测试用例较多时，全部用例执行一次的时间比较长，这时可以使用并发执行来处理，Unittestreport 的并发执行也很简单，只需在 run() 方法中传入参数。

1. 优化页面加载时间

在测试并发执行用例之前，笔者需要解决一个问题，即当测试 iframe 查询时打开的新窗口会一直加载(loading)很长时间，实际上在加载时页面内测试所需元素其实已经加载完毕，此种情况会导致用例测试执行时间较长。于是笔者决定使用 set_page_load_timeout() 方法控制页面加载超时时间，set_page_load_timeout() 方法在打开新页面、页面刷新、跳转等方法执行中会起作用，该方法类似在浏览器上单击"停止载入"按钮。

1) 修改 MyDriver 类

笔者在 MyDriver 类中新增了 page_timeout() 方法，默认页面加载超时时长为 10s，代码如下：

```python
class MyDriver():
    ...
    def page_timeout(self, second = 10):
        self.driver.set_page_load_timeout(second)
```

2) 修改 BaseCase 类

笔者在 BaseCase 类的 setUpClass()方法和 setUp()方法中都加入了 page_timeout()方法,这样在页面加载时间过长时代码就会自动进行处理,代码如下:

```python
//第 11 章/common/base_case.py
class BaseCase(unittest2.TestCase, MyDriver):
    @classmethod
    def setUpClass(cls):
        cls.driver = MyDriver(cls.browser, cls.url)
        cls.driver.page_timeout()
        ...
    def setUp(self):
        self.driver = MyDriver(self.browser, self.url)
        self.driver.page_timeout()
        ...
```

2. 非并发执行用例

有了页面加载超时功能后,Iframe 查询用例页面的加载时间最长为 10s。控制了页面加载时间后,笔者先使用非并发的方式执行全部用例,然后统计执行时间,如图 11-9 所示。总用例数为 12 个,执行了 11 个,跳过了 1 个,用时 71.65s。

图 11-9 非并发执行结果

笔者复制了控制台中用例的执行结果,从结果中读者可以看出,非并发执行测试用例时,用例的执行顺序就是文件夹中文件的顺序,具体如下:

```
//第 11 章/test_cases_ddt4/cases_runner.py
test_iframe_search_1 (iframe_case.IframeCase)执行——>【通过】
test_iframe_search_2 (iframe_case.IframeCase)执行——>【通过】
test_login_1 (login_case.LoginCase)执行——>【通过】
test_login_2 (login_case.LoginCase)执行——>【通过】
test_login_3 (login_case.LoginCase)执行——>【通过】
test_upload_file_1 (upload_file_case.UploadFileCase)执行——>【通过】
test_upload_file_2 (upload_file_case.UploadFileCase)执行——>【通过】
```

```
test_a_add_user_1 (user_manage_case.UserManageCase)执行——>【通过】
test_a_add_user_2 (user_manage_case.UserManageCase)执行——>【通过】
test_b_edit_user (user_manage_case.UserManageCase)执行——>【通过】
test_c_delete_user (user_manage_case.UserManageCase)执行 --》【跳过 Skip】
test_d_search_user (user_manage_case.UserManageCase)执行——>【通过】
```

3. 并发执行用例

并发执行用例的代码的稍有不同,需要在run()方法中添加参数 thread_count,该参数表示使用多少个线程执行用例,代码如下:

```
//第11章/test_cases_ddt4/cases_runner.py
if __name__ == "__main__":
    current_path = os.getcwd()
    suit = unittest2.defaultTestLoader.discover(current_path, '*_case.py')
    runner = unittestreport.TestRunner(suit,
                                       tester = '栗子测试',
                                       report_dir = '../reports',
                                       filename = 'test-3',
                                       title = '自动化测试报告',
                                       desc = '自动化测试描述',
                                       templates = 3)
    runner.run(count = 1, interval = 5, thread_count = 3)
```

示例中,笔者设置 thread_count=3,表示使用3个线程执行用例,执行结果如图 11-10 所示。总用例数为12个,执行了11个,跳过了1个,用时 49.01s。

图 11-10 并发执行结果

从执行结果可以看出,执行相同数量的测试用例,使用3个线程并发执行比非并发执行用时减少了约 22s,说明并发执行用例设置成功。

读者可以再看一下控制台中用例的执行顺序,具体如下:

```
//第11章/test_cases_ddt4/cases_runner.py
test_login_1 (login_case.LoginCase)执行——>【通过】
```

```
test_upload_file_1 (upload_file_case.UploadFileCase)执行———>【通过】
test_iframe_search_1 (iframe_case.IframeCase)执行———>【通过】
test_login_2 (login_case.LoginCase)执行———>【通过】
test_upload_file_2 (upload_file_case.UploadFileCase)执行———>【通过】
test_login_3 (login_case.LoginCase)执行———>【通过】
test_a_add_user_1 (user_manage_case.UserManageCase)执行———>【通过】
test_a_add_user_2 (user_manage_case.UserManageCase)执行———>【通过】
test_iframe_search_2 (iframe_case.IframeCase)执行———>【通过】
test_b_edit_user (user_manage_case.UserManageCase)执行———>【通过】
test_c_delete_user (user_manage_case.UserManageCase)执行 --->【跳过 Skip】
test_d_search_user (user_manage_case.UserManageCase)执行———>【通过】
```

从控制台打印结果可以看出，用例执行顺序不再是文件顺序，而是杂乱无章的，所以在使用多线程执行用例时需要注意两点。第一，用例之间是否有依赖关系，如果有依赖关系，则必须按照顺序执行，此种情况不适合使用并发执行；第二，用例之间会不会修改公共资源，多线程时没有线程锁的情况下会出现错误。例如购票系统中 A、B 线程并发获得了相同的库存 60，并且都进行了减 1 操作后改写剩余票数，此时库存中的剩余票数其实是被写入了两次 59，所以并发执行用例不能操作公共资源。

11.7.4 发送邮件

Unittestreport 的发送邮件功能也很简单，使用实例化 runner 的 send_email() 方法即可，代码如下：

```python
//第 11 章/test_cases_ddt4/cases_runner.py
if __name__ == "__main__":
    current_path = os.getcwd()
    suit = unittest2.defaultTestLoader.discover(current_path, 'login_case.py')
    runner = unittestreport.TestRunner(suit,
                                      tester = '栗子测试',
                                      report_dir = '../reports',
                                      filename = 'test',
                                      title = '自动化测试报告',
                                      desc = '自动化测试描述',
                                      templates = 3)
    runner.run(count = 1, interval = 5)
    runner.send_email(user = 'xxxxxx@163.com',
                     password = xxxxxx,
                     host = 'smtp.163.com',
                     port = 25,
                     to_addrs = ['xxxxxx@163.com'])
```

示例中，笔者调用了 send_email() 方法发送邮件，该方法传入的参数与 Yagmail 中传入的参数基本相同，包括 user、password、host、port、to_addrs。从英文意思中读者也可以清楚地知道参数的含义，其中 user 参数表示发件人；password 参数表示邮箱的密码；host 参数表示 SMTP 针对 163 邮箱的服务器域名服务；port 参数表示 SMTP 的端口；to_addrs 参数表示收件人。值得注意的是笔者在 send_email() 方法中没有添加附件，原因是发送邮件时会自动地将报告添加为附件,所以不用单独添加,如图11-11所示。

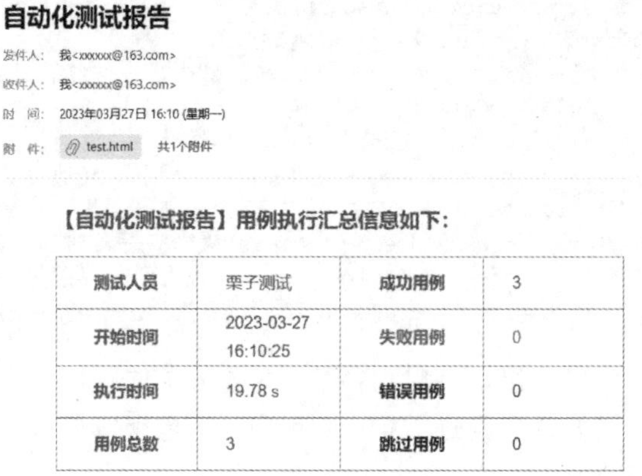

图 11-11　Unittestreport 邮件内容

细心的读者可能已发现使用 Unittestreport 发送邮件还有一个好处,就是可以把自动化测试执行结果的统计放到邮件正文中。这些统计数据足以向领导和其他同事展示本次自动化测试的结果了,这是非常实用的一个功能。

11.7.5　发送钉钉群消息

随着互联网的发展,很多公司已经很少使用邮件进行沟通了,钉钉成了各个公司内部沟通的主要工具,所以在自动化测试结束后发送钉钉消息给群内人员也是很多公司的选择。使用 Unittestreport 发送钉钉群消息需要在群内新建机器人,然后通过代码调用 dingtalk_notice()方法实现。

1. 新建钉钉机器人

找到需要发送测试结果的群,在钉钉群的右上角单击"设置"图标,进入设置页面后找到新建机器人入口,如图11-12所示。

图 11-12　钉钉群设置

然后进入机器人管理页面添加机器人,如图11-13所示。
添加机器人时选择自定义机器人,如图11-14所示。

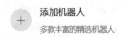

图 11-13　钉钉添加机器人 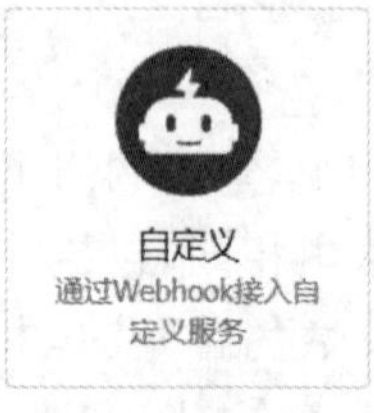　　　　　　　　图 11-14　钉钉添加自定义机器人

添加自定义机器人时可以输入关键词、加签,如图11-15所示。关键词和加签在后续的代码中会用到,读者需要复制下来备用。

添加机器人成功后会得到Webhook地址,如图11-16所示。Webhook地址也会在代码中使用,读者还是需要复制下来备用。

图11-15　机器人自定义关键词和加签 　　　图11-16　机器人添加成功

2. 添加钉钉消息代码

群内新建了机器人后,笔者将使用Unittestreport的dingtalk_notice()方法实现机器人发送钉钉群消息,代码如下:

```python
//第11章/test_cases_ddt4/cases_runner.py
if __name__ == "__main__":
    current_path = os.getcwd()
    suit = unittest2.defaultTestLoader.discover(current_path, 'login_case.py')
    runner = unittestreport.TestRunner(suit,
                                      tester = '栗子测试',
                                      report_dir = '../reports',
                                      filename = 'test',
                                      title = '自动化测试报告',
                                      desc = '自动化测试描述',
                                      templates = 3)
    runner.run(count = 1, interval = 5)
    url = "https://oapi.dingtalk.com/robot/send?access_token = xxxxxx"
    runner.dingtalk_notice(url = url,
                          key = '自动化测试',      #钉钉安全设置的关键字
                          secret = 'xxxxxx')      #钉钉安全设置签名的密钥
```

示例中,笔者在dingtalk_notice()方法中只传入了3个参数即可在群内发送群消息。url参数为添加机器人时获取的Webhook;key参数为添加机器人时的自定义关键词,secret参数为添加机器人时获取的加签。

此时执行代码,不仅生成了报告、发送了邮件,还发送了钉钉消息,消息内容如图11-17所示。

图11-17　Unittestreport钉钉内容

11.8　Unittestreport 封装

Unittestreport 基础已经学习完毕,接下来笔者在 common 文件夹中新建 my_runner_ur.py 文件,将 Unittestreport 中的生成报告、发送邮件、发送钉钉消息都封装起来。

1. 钉钉配置文件

首先笔者在 config 文件夹中新建 ding_config.ini 文件,将 webhook、key、secret 这些敏感信息都放到配置文件中,代码如下:

```
[ding]
url = https://oapi.dingtalk.com/robot/send?access_token = xxxxxx
key = 自动化测试
secret = xxxxxx
```

2. Unittestreport 封装

封装的主要内容还是生成报告、发送邮件、发送钉钉消息,代码如下:

```python
//第 11 章/common/my_runner_ur.py
import ast
import os
import time
import unittestreport
from common.parse_config import ParseConfig


def my_runner_ur(suit):
    #报告文件夹
    report_dir = "../reports/"
    if not os.path.exists(report_dir):
        os.mkdir(report_dir)

    #指定文件路径,生成报告
    report_name_time = time.strftime('%Y%m%d%H%M%S')
    report_name = "{}_report.html".format(report_name_time)
    title = '自动化测试报告 - {}'.format(report_name)
    runner = unittestreport.TestRunner(suit,
                                        tester = '栗子测试',
                                        report_dir = report_dir,
                                        filename = report_name,
                                        title = title,
                                        desc = 'XX 自动化测试',
                                        templates = 3)
    runner.run(count = 1, interval = 5)
    #发送邮件
    email_cfg_file = "../config/email_config.ini"
    user = ParseConfig.get_config(email_cfg_file, "email", "user")
```

```
password = ParseConfig.get_config(email_cfg_file, "email", "password")
host = ParseConfig.get_config(email_cfg_file, "email", "host")
port = ParseConfig.get_config(email_cfg_file, "email", "port")
to_addrs = ast.literal_eval(ParseConfig.get_config(email_cfg_file, "email", "to"))
runner.send_email(user = user,
                  password = password,
                  host = host,
                  port = port,
                  to_addrs = to_addrs)
#发送钉钉群消息
ding_cfg_file = "../config/ding_config.ini"
url = ParseConfig.get_config(ding_cfg_file, "ding", "url")
key = ParseConfig.get_config(ding_cfg_file, "ding", "key")
secret = ParseConfig.get_config(ding_cfg_file, "ding", "secret")
runner.dingtalk_notice(url = url,
                       key = key,           #钉钉安全设置的关键字
                       secret = secret)     #钉钉安全设置签名的密钥
```

示例中,代码细节已经在 Unittestreport 应用中讲解过,读者唯一需要注意的是所有的用例执行的 run()方法中需要按照测试的需要传递参数,不一定跟笔者设置一样的参数。

3. Unittestreport 封装使用

封装后的 my_runner_ur()方法仅需传入测试集,代码如下:

```
//第 11 章/test_cases_ddt4/cases_runner.py
if __name__ == "__main__":
    current_path = os.getcwd()
    suit = unittest2.defaultTestLoader.discover(current_path, 'login_case.py')
    my_runner_ur(suit)
```

11.9 本章总结

本章对测试框架进行了优化,目前测试框架包含了 WebDriver 二次封装、关键字驱动封装、PO 设计模式、Unittest2 封装、数据驱动、配置文件、Log 封装、测试报告、发送邮件、发送钉钉消息等功能,可以说已经包含了自动化测试中需要的所有功能,读者可以直接将此框架应用到自己的项目中,并在使用过程中再次进行优化和改进。

第 12 章 Selenium Grid 实战

前面章节中笔者已经封装好了 UI 自动化测试框架,该框架可以让读者更加简单地完成自动化测试,并且更加容易地对代码进行维护。接下来读者需要考虑的问题是应该在哪个环境执行自动化用例。例如读者的当前机器需要做其他工作,需要在远程的机器上执行用例;或者想在不同的机器上使用不同的浏览器来执行自动化用例,以上两种情况都可以使用 Grid 分布式执行来完成。

12.1 Java 环境搭建

由于 Grid 是一个 JAR 包,运行 JAR 包需要 Java 环境,所以在学习 Grid 之前读者需要先安装 Java JDK。

12.1.1 Java 简介

在安装 JDK 之前,笔者将简单介绍下 Java 的一些名词,这将有助于读者理解 Java 的相关内容。

(1) JVM(Java Virtual Machine):Java 虚拟机。JVM 是 Java 程序的运行环境,程序员编写的 Java 代码都运行在 JVM 上。

(2) JRE (Java Runtime Environment):Java 程序的运行时环境。JRE 包含 JVM 和运行时所需要的类库。

(3) JDK (Java Development Kit):是 Java 程序开发工具包,包含 JRE 和编译器等开发工具。

12.1.2 JDK 安装

了解了 Java 相关名词后,读者可以到 Oracle 网站下载 JDK。笔者使用的是 Windows 计算机,下载的是 JDK 8 版本,下载界面如图 12-1 所示。

读者可以到官网进行下载,网址如下:

https://www.oracle.com/java/technologies/downloads/#java8-windows

第12章 Selenium Grid实战

图 12-1　JDK 下载界面

在下载的过程中会提示登录 Oracle 账号，如果读者没有账号，则可直接注册一个账号，这里笔者不再演示注册账号的内容。下载时唯一要注意的就是选择正确的系统版本和正确位数的包，如笔者使用的是 Windows 64 位系统，则需要下载 Windows x64 的包。

12.1.3　环境变量设置

JDK 的安装没有任何技术性可言，只需按"下一步"按钮便可以安装成功。安装成功后需要设置环境变量。具体步骤如下：

（1）在"我的计算机"上右击，选择"属性"。

（2）在打开页面的左边单击"高级系统设置"。

（3）在弹框中单击"环境变量"按钮，如图 12-2 所示。

图 12-2　环境变量位置

首先新增系统变量 JAVA_HOME，变量值为 JDK 的安装目录，如图 12-3 所示。

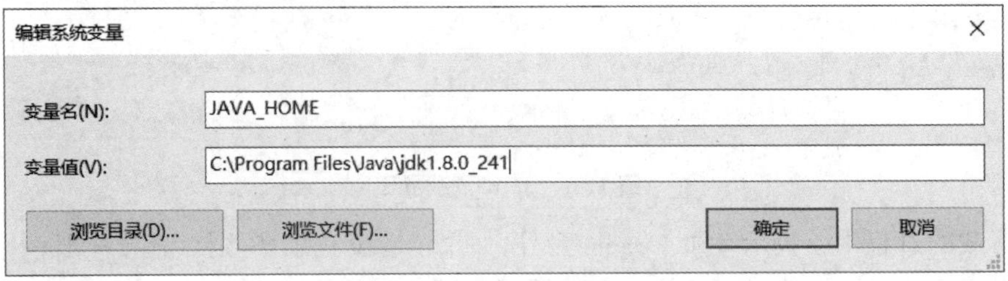

图 12-3　JAVA_HOME 设置

然后新增系统变量 CLASSPATH，变量值为 JDK 的 lib 目录和 lib 目录下的 tools.jar，如图 12-4 所示。

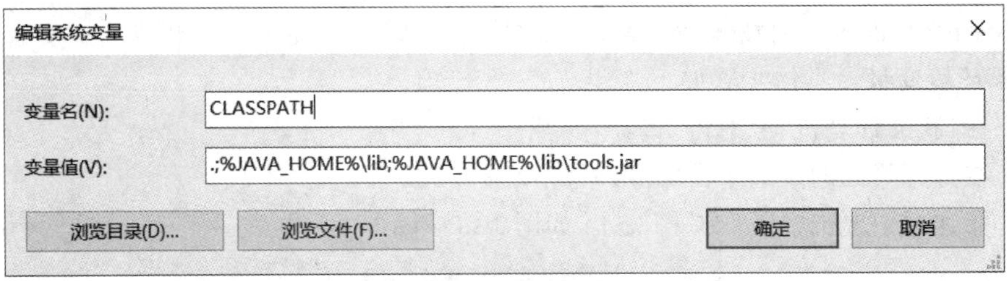

图 12-4　CLASSPATH 设置

最后给系统变量 path 新增两个值，分别为 JDK 的 bin 目录和 jre 下的 bin 目录，如图 12-5 所示。

图 12-5　path 设置

环境变量设置完成后，读者可以在控制台输入命令 java -version，该命令可以验证环境变量是否设置成功，如图 12-6 所示。

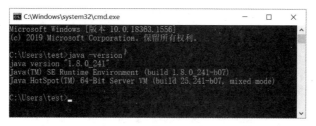

图 12-6 验证环境变量是否设置成功

12.2 Grid 基础

使用 Grid 之前读者需要知道 Grid 的 JAR 包与 Selenium 版本的对应关系，根据 Selenium 版本号下载对应的 Grid。

12.2.1 Grid 下载

读者可以使用 pip 命令来查看 Selenium 的版本号，代码如下：

```
pip list | findstr selenium
selenium          3.141.0
```

知道了 Selenium 版本号之后，进入下面的网址下载对应版本的 Grid。

```
http://selenium-release.storage.googleapis.com/index.html
```

笔者的 Selenium 版本是 3.141.0，所以 Grid 版本选择 selenium-server-standalone-3.141.0.jar，如图 12-7 所示。

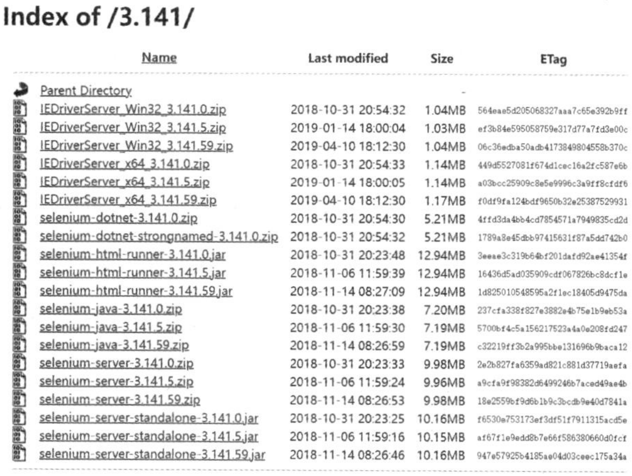

Index of /3.141/

Name	Last modified	Size	ETag
Parent Directory		-	
IEDriverServer_Win32_3.141.0.zip	2018-10-31 20:54:32	1.04MB	564eae5d205068327aaa7c65e392b9ff
IEDriverServer_Win32_3.141.5.zip	2019-01-14 18:00:04	1.03MB	ef3b84e595058759e317d77a7fd3e00c
IEDriverServer_Win32_3.141.59.zip	2019-04-10 18:12:30	1.04MB	06c36edba50adb4173849804558b370c
IEDriverServer_x64_3.141.0.zip	2018-10-31 20:54:33	1.14MB	449d5527081f674d1cec16a2fc587e6b
IEDriverServer_x64_3.141.5.zip	2019-01-14 18:00:05	1.14MB	a03bcc25909c8e5e9996c3a9ff8cfdf6
IEDriverServer_x64_3.141.59.zip	2019-04-10 18:12:30	1.17MB	f0df9fa124bdf9650b32e25387529931
selenium-dotnet-3.141.0.zip	2018-10-31 20:54:30	5.21MB	4ffd3da4bb4cd7854571a7949835cd2d
selenium-dotnet-strongnamed-3.141.0.zip	2018-10-31 20:54:32	5.21MB	1789a8e45dbb97415631f87a5dd742b0
selenium-html-runner-3.141.0.jar	2018-10-31 20:23:48	12.94MB	3eeae3c319b64bf201dafd92ae41354f
selenium-html-runner-3.141.5.jar	2018-11-06 11:59:39	12.94MB	16436d5ad035909cdf067826bc8dcf1e
selenium-html-runner-3.141.59.jar	2018-11-14 08:27:09	12.94MB	1d825010548595a2f1ec18405d9475da
selenium-java-3.141.0.zip	2018-10-31 20:23:38	7.20MB	237cfa338f827e3882e4b75e1b9eb53a
selenium-java-3.141.5.zip	2018-11-06 11:59:30	7.19MB	5700bf4c5a156217523a4a0e208fd247
selenium-java-3.141.59.zip	2018-11-14 08:26:59	7.19MB	c32219ff3b2a995bbe131696b9baca12
selenium-server-3.141.0.zip	2018-10-31 20:23:33	9.98MB	2e2b827fa6359ad821c881d37719aefa
selenium-server-3.141.5.zip	2018-11-06 11:59:24	9.96MB	a9cfa9f98382d6499246b7aced49ae4b
selenium-server-3.141.59.zip	2018-11-14 08:26:53	9.98MB	18e2559bf9d6b1b9c3bcdb9e40d7841a
selenium-server-standalone-3.141.0.jar	2018-10-31 20:23:25	10.16MB	f6530e753173ef3df51f7911315acd5e
selenium-server-standalone-3.141.5.jar	2018-11-06 11:59:16	10.15MB	af67f1e9edd8b7e66f586380660d0fcf
selenium-server-standalone-3.141.59.jar	2018-11-14 08:26:46	10.16MB	947e57925b4185ae04d03ceec175a34a

图 12-7 下载 Grid 包

12.2.2 启动 hub

下载了 Grid 之后，读者需要打开控制台，进入 selenium-server-standalone-3.141.0.jar 所在文件夹，然后使用命令启动 hub，命令如下：

```
java -jar selenium-server-standalone-3.141.0.jar -role hub -maxSession 10 -port 4444
```

示例中，java-jar 命令用于执行 JAR 包，命令中参数的意义如下。

(1) role：角色。参数值 hub 表示启动 hub 节点。

(2) port：端口号。hub 节点默认的端口号为 4444。

(3) maxSession：最大会话请求数，默认值为 1，建议设置 10 及以上。

命令行启动 hub 之后，在命令行终端会提示启动成功等信息，并给出 node 节点需要连接的 IP 和端口，如图 12-8 所示。

图 12-8 启动 hub

图 12-8 中，Nodes should register to 后边的地址是启动 node 节点时需要的地址；Clients should connect to 后边的地址是初始化 WebDriver 时需要使用的地址。

12.2.3 启动 node

启动的 hub 的主要功能是用来管理 node 节点，由于真正执行工作的是 node 节点，所以笔者接下来在本机启动一个 node 节点，命令如下：

```
java -jar selenium-server-standalone-3.141.0.jar -role node -port 5555 -hub http://192.168.43.174:4444/grid/register -maxSession 5 -browser "browserName=chrome,seleniumProtocol=WebDriver,maxInstances=5,platform=WINDOWS,version=102"
```

示例中，启动 node 节点也使用 java-jar 命令执行 Grid JAR 包，但与启动 hub 节点时使用的参数不同。命令中参数的意义如下。

(1) role：角色。此时角色为 node，所以参数值也为 node。

(2) port：端口号。由于笔者在本机启动了一个 hub 和一个 node，所以端口号不同。

(3) hub：hub 注册地址，即 hub 命令行终端返回的 Nodes should register to 后边的地址。

(4) maxSession：最大会话请求数。值为 5。

(5) browser：配置浏览器的一些信息。

■ browserName=chrome：浏览器的名称。

- seleniumProtocol＝WebDriver：Selenium 工具的实现协议。
- maxInstances＝5：该 node 节点上最多可运行的浏览器数，该值不能大于前面开启 hub 节点服务时 maxSession 参数的值。
- platform＝WINDOWS：表示操作系统。
- version＝102：表示浏览器版本。

node 节点的启动命令参数较多，读者也不用全部背下来，一般情况下只需写一次，然后复制使用。读者需要重点关注的就是 hub 参数，因为 node 节点必须注册到正确的 hub 节点才能正常工作。

命令行启动 node 之后，在命令行终端会提示 node 节点已经注册到 hub 节点并准备好被使用，如图 12-9 所示。

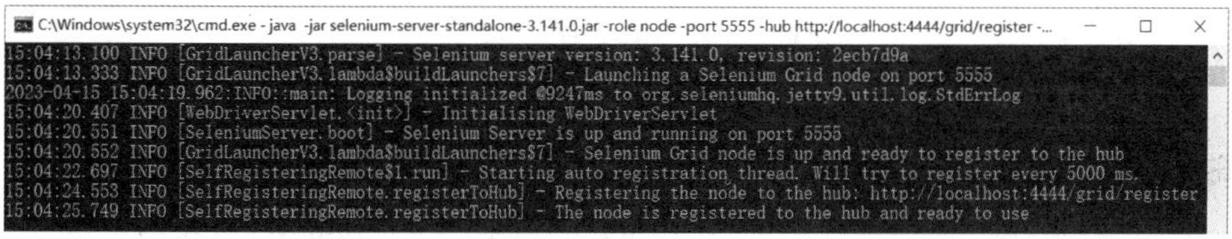

图 12-9　启动 node

此时再回到 hub 的命令行终端，读者会发现 hub 终端有了新的提示信息，已经注册一个 node 节点并显示 node 节点的地址，如图 12-10 所示。

图 12-10　hub 终端提示

读者可以在浏览器中输入 hub 的地址和端口号，进入后台检查 node 节点的状态。从后台可以看到已经启动了一个 node 节点，并给出了节点的地址和操作系统，由于该 node 节点启动命令中 maxInstances 的参数值为 5，所以显示了 5 个 Chrome 浏览器图标，如图 12-11 所示。

图 12-11　查看 node 节点

12.2.4 脚本运行

使用 Grid 时初始化 Driver 的脚本需要进行改动,其他脚本和原来没有任何区别。笔者在 common 文件夹下新建 selenium_frame_grid.py 文件,使用 Grid 进行分布式操作,代码如下:

```
//第 12 章/common/selenium_frame_grid.py
import time
from selenium import webdriver

caps = webdriver.DesiredCapabilities.CHROME.copy()
driver = webdriver.Remote("http://192.168.43.174:4444/wd/hub", desired_capabilities = caps)
driver.get("http://www.baidu.com")
time.sleep(5)
driver.quit()
```

示例中,笔者在实例化 Driver 时使用 webdriver.Remote() 方法代替 webdriver.Chrome() 方法,从方法名可以看出该方法用于执行远程操作。webdriver.Remote() 方法中第 1 个参数就是 hub 的地址,即启动 hub 时 Clients should connect to 后边的地址;第 2 个参数是浏览器配置项,笔者使用 webdriver.DesiredCapabilities.CHROME.copy() 方法复制了 Chrome 浏览器的配置项,然后赋值给第 2 个参数。

如果读者想知道 Chrome 浏览器的默认配置项内容,则可以在 PyCharm 中按住 Ctrl 键,然后使用鼠标左键单击代码中的 CHROME,此时可以跳转到 Chrome 浏览器的默认配置项文件,具体如下:

```
CHROME = {
    "browserName": "chrome",
    "version": "",
    "platform": "ANY",
}
```

另外,笔者在代码中调用 sleep() 方法等待 5s,其目的是想在代码运行时观察后台变化。当代码运行时,后台 node 节点的 5 个 Chrome 小图标中,第 1 个图标置灰表示正在运行,如图 12-12 所示。

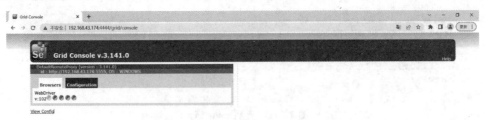

图 12-12　第 1 个 Chrome 图标置灰

12.2.5 多线程

如果想要在不同机器上分别启动 node 节点分布式执行测试用例，就需要用到多线程。笔者在两台机器上启动了两个 node 节点，分别是 Chrome 浏览器 node 节点和 Firefox 浏览器 node 节点，并启动两个线程分别使用两个节点执行测试用例，代码如下：

```python
//第 12 章/test_grid/test.py
import threading
import time
from selenium import webdriver

def open_baidu(browser):
    print("------------------ " + browser)
    if browser == "chrome":
        caps = webdriver.DesiredCapabilities.CHROME.copy()
    elif browser == "firefox":
        caps = webdriver.DesiredCapabilities.FIREFOX.copy()
    driver = webdriver.Remote("http://192.168.43.174:4444/wd/hub", desired_capabilities = caps)
    driver.get("http://www.baidu.com")
    time.sleep(3)
    driver.quit()

if __name__ == "__main__":
    browser_list = ["chrome", "firefox"]
    thread_list = []
    for browser in browser_list:
        th = threading.Thread(target = open_baidu, args = (browser,))
        thread_list.append(th)
    for thread in thread_list:
        thread.start()
    for thread in thread_list:
        thread.join()
    print("测试用例结束")
```

示例中，封装了一个 open_baidu() 方法，该方法实现了 Grid 调用远程浏览器打开百度首页的功能。在执行脚本时，笔者首先新建 browser_list 列表，用于保存需要使用的浏览器名称，新建 thread_list 列表，用于保存多个线程，然后使用 3 个 for 循环对线程进行操作。第 1 个 for 循环新建线程并追加到 thread_list；第 2 个 for 循环启动多线程；第 3 个 for 循环使用 join() 方法等待子线程运行结束。

由于在远程机器上启动 node 节点，所以读者应该对远程机器进行检查，确保 Grid 可以正常调用远程 node 节点，具体如下：

(1) 远程计算机安装所需的浏览器，下载浏览器驱动并配置环境变量。

(2) 远程计算机安装 Java，下载 selenium-server-standalone-3.141.0.jar 包，并启动 node。

12.3 Grid 实战

虽然 UI 自动化测试主要关注重点功能的测试,用例数量并不会太多,但这并不代表所有的公司都不会有大量的 UI 自动化用例。当 UI 自动化用例达到一定数量且又需要在不同浏览器上进行测试时,使用 Grid 分布式执行对提高执行效率是一个很好的选择。接下来笔者将重构自动化测试框架,以便框架可以适用于 Grid 分布式执行。

12.3.1 修改 run()方法

笔者新建 test_cases_ddt_grid 文件夹,在该文件夹下新建 cases_runner.py 文件,用于编写用例执行脚本,并新建 all_case.py 文件编写测试用例。测试用例的编写与以往讲解内容相同,笔者这里不再赘述,用例执行脚本的具体代码如下:

```python
#第 12 章/test_cases_ddt_grid/cases_runner.py
def run_grid():
    current_path = os.getcwd()
    suit = unittest2.defaultTestLoader.discover(current_path, 'all_case.py')
    my_runner_ur(suit)

if __name__ == "__main__":
    threads_list = []
    #browser_list = ["chrome", "firefox"]
    browser_list = ["chrome"]
    file = '../config/lizi_config.ini'
    for browser in browser_list:
        th = threading.Thread(target=run_grid)
        threads_list.append(th)
    for i in range(len(threads_list)):
        ParseConfig.set_config(file, "browser", "browser", browser_list[i])
        threads_list[i].start()
        time.sleep(2)
    for thread in threads_list:
        th.join()
    print("测试用例执行完毕!")
```

示例中,笔者新建了 run_grid()方法,其目的是让每个线程都调用该方法执行用例。在遍历线程列表的循环中,笔者调用了 ParseConfig 类中的 set_config()方法对配置文件中的 browser 属性进行了设置,确保每个线程使用不同的浏览器,其他内容跟 Grid 简介中的一样,读者如果不记得代码的含义,则可以回顾一下 Grid 多线程的内容。

12.3.2 修改 BaseCase 类

在前面封装的 BaseCase 类中,笔者既封装了 setUpClass()方法,也封装了了 setUp()方法,并将 PO 的实例化放在每个测试用例类里。PO 实例化需要用到 Driver。由于 12.3.1 节中会修改配置文件中所使用的浏览器信息,这样就会导致 PO 中两次实例化的浏览器不同。为解决这一问题,笔者在 common 文件夹中新建了 base_case_grid.py 文件,重新封装了 BaseCase 类,代码如下:

```python
//第 12 章/common/base_case_grid.py
import unittest2
from common.parse_config import ParseConfig
from common.selenium_frame_grid import MyDriver
from test_po.iframe_page import IframePage
from test_po.login_page import LoginPage
from test_po.upload_file_page import UploadfilePage
from test_po.user_manage_page import UserManagePage

class BaseCase(unittest2.TestCase, MyDriver):
    file = '../config/lizi_config.ini'
    @classmethod
    def setUpClass(cls):
        browser = ParseConfig.get_config(cls.file, "browser", "browser")
        url = ParseConfig.get_config(cls.file, "lizi_test", "url")
        cls.driver = MyDriver(browser, url)
        print("---------" + browser)
        cls.driver.page_timeout()
        cls.user_manage_page = UserManagePage(cls.driver)
        cls.upload_file_page = UploadfilePage(cls.driver)
        cls.iframe_page = IframePage(cls.driver)
        cls.login_page = LoginPage(cls.driver)

    @classmethod
    def tearDownClass(cls):
        if cls.driver:
            cls.driver.quit()
```

示例中,笔者使用 setUpClass() 和 tearDownClass() 方法进行初始化操作,并在 setUpClass() 方法中使用同一个 Driver 实例化了所有的 PO 类,这样就可以保证在每台分布式机器上使用指定的浏览器进行测试。

12.3.3 修改 MyDriver 类

由于使用了 Grid 进行远程测试,所以在初始化 Driver 时需要使用 Remote() 方法。笔者在 common 文件夹下新建了 selenium_frame_grid.py 文件,用于重新分装 MyDriver 类,代码如下:

```python
//第 12 章/common/selenium_frame_grid.py
class MyDriver():
    #初始化
    def __init__(self, browser, url):
        if "chrome" == browser.lower():
            self.cap = webdriver.DesiredCapabilities.CHROME.copy()
            # options = webdriver.chrome.options.Options()
```

```
            # options.add_argument('-- headless')
        elif "firefox" == browser.lower():
            self.cap = webdriver.DesiredCapabilities.FIREFOX.copy()
            # options = webdriver.Firefox.options.Options()
            # options.add_argument('-- headless')
        else:
            # print("请输入正确的浏览器名:{}或{}".format("chrome", "firefox"))
            self.logger.error("请输入正确的浏览器名:{}或{}".format("chrome", "firefox"))
            # 退出程序
            sys.exit(1)
        # self.cap["javascriptEnabled"] = True    # 是否启用js
        self.driver = webdriver.Remote(command_executor = 'http://10.10.134.58:4444/wd/hub',
                                        desired_capabilities = self.cap)
                                        # options = options)
        self.driver.maximize_window()
        self.navi_to_page(url)
```

示例中,笔者根据浏览器的不同进行不同的参数设置。当用户使用 Chrome 浏览器时,笔者复制 webdriver.DesiredCapabilities 类中的 CHROME 字典来指定 Chrome 浏览器的参数设置;同理,当用户使用 Firefox 浏览器时,笔者会复制 FIREFOX 字典来指定 Firefox 浏览器的参数设置,然后调用 Remote()方法指定 Grid hub 地址、浏览器参数 desired_capabilities,这样就可以完成 Grid 的调用了。

另外笔者还实例化了 Options 类,并调用了 add_argument()方法传入参数--headless,从而设置了无头模式,意思是在执行 UI 自动化测试的过程中不想看到浏览器页面。

12.3.4 修改测试用例类

在 BaseCase 类中使用同一个 Driver 实例化所有的 PO 类后,原有测试用例类中的内容也需要进行相应改变。笔者在 all_case.py 文件中重新编写了测试用例,以登录为例,代码如下:

```
//第 12 章/test_cases_ddt_grid/all_case.py
class AllCase(BaseCase):
    @file_data("../test_cases_data/login_case_data.json")
    def test_001_login(self, username, password, tip):
        # 登录
        self.login_page.login(username, password)
        # 校验
        self.driver.sleep(2)
        result = self.login_page.get_login_tip()
        self.assertEqual(tip, result, "login 断言失败:{} 不包含 {}".format(result, tip))
```

12.3.5 Grid 实战总结

笔者进行了上述修改以后,当直接执行 run_grid()方法所在文件时就可以看到用例被执行了两次,第 1 次是由 Chrome 浏览器执行的,第 2 次是由 Firefox 浏览器执行的,并且每个浏览器执行后会生成一个报告,读者可以根据报告分析错误原因。测试报告如图 12-13 所示。

图 12-13　测试报告

12.4　本章总结

本章介绍了 Selenium Grid 的使用,并根据 Grid 的特点对测试框架中的内容又一次进行了优化。读者需要记住的重点是 hub 与 node 的关系,要想使用 node 节点,必须先有 hub。使用 Grid 后初始化 Driver 的方法也会有所不同,需要使用 Remote() 方法传入 hub 的地址和浏览器 capabilities 作为参数才可以正常使用。在实际工作中,读者需要先分析 UI 自动化运行模式再进行各种封装,这样可以节省修改框架的时间,也能节省修改代码所需的时间。磨刀不误砍柴工,先掌握大方向是工作中不可缺少的环节。

第 13 章 Gitee 代码管理

Gitee 与 GitHub 都是基于 Git 实现的代码在线托管仓库。GitHub 在国内访问速度过慢，所以笔者使用 Gitee 进行代码托管。Gitee 可以简单地理解为 GitHub 的中文版，两者的操作方法基本一致，所以学习了 Gitee 之后自然也会使用 GitHub 了。

13.1 Gitee 基础

使用 Gitee 首先需要注册，然后配置 Gitee 公钥，配置好后就可以存储代码了。

13.1.1 Gitee 注册

在使用 Gitee 之前需要先进行注册，Gitee 官网网址如下：

```
https://gitee.com/
```

13.1.2 Gitee 配置 SSH 公钥

Gitee 提供了基于 SSH 协议的 Git 服务，在使用 SSH 协议访问仓库之前，需要先配置账户的 SSH 公钥，其目的是保护代码的安全，命令如下：

```
ssh-keygen -t rsa -C "xxx@xxx.com"
```

在命令行窗口输入上述命令后，只需单击三次 Enter 键便可以生成 SSH 公钥，并提示公钥的存放位置。笔者的公钥的存放位置在登录用户文件夹下的 .ssh 文件夹内，如图 13-1 所示。

读者需要使用此公钥在 Gitee 中进行下一步配置。单击 Gitee 中的头像，然后单击账号设置，在新页面的左侧菜单栏找到"SSH 公钥"菜单，该页面可以进行 SSH 公钥设置，如图 13-2 所示。

将复制好的 SSH 公钥粘贴到公钥输入框内，确定并输入 Gitee 密码后设置成功。设置成功后在该页面添加公钥文字的上方会显示"您当前的 SSH 公钥数：1"。SSH 公钥设置成功后，可以使用命令来验证公钥是否设置成功，命令如下：

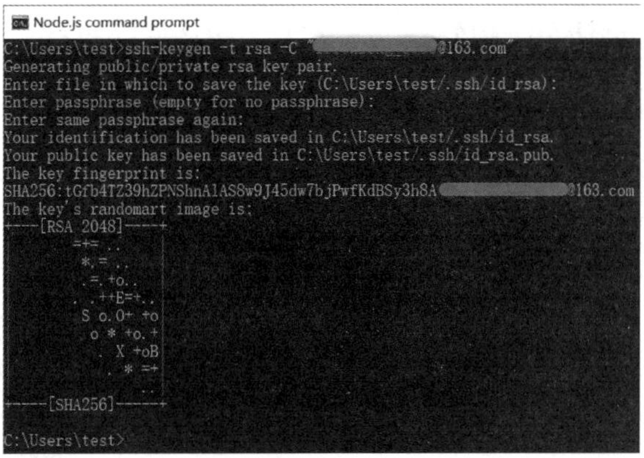

图 13-1　生成 SHH 公钥

图 13-2　SHH 公钥设置

```
ssh -T git@gitee.com
```

在控制台输入上述命令后，命令行会先给出无法确认主机真实性的提示，并询问是否需要继续。出现这个问题的原因是在生成 SSH 密钥时应该生成 3 个文件，一个公钥、一个私钥、一个 known_hosts 文件，而当前缺少 known_hosts 文件，此时只需输入 yes 后按 Enter 键，当再次执行测试命令时会出现 successfully 字样，表示 SSH 公钥配置成功，如图 13-3 所示。

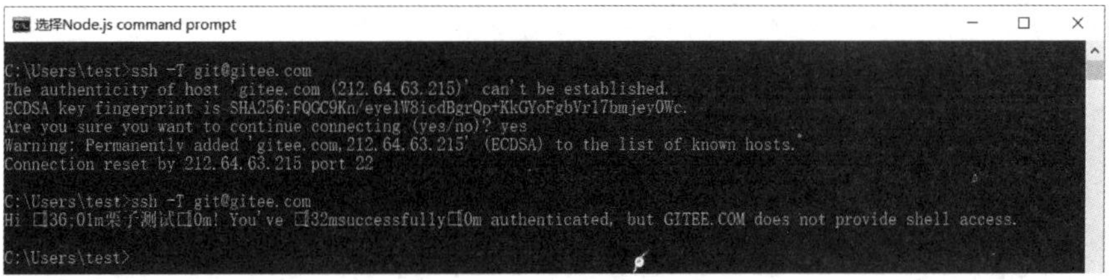

图 13-3　SHH 公钥配置验证

13.1.3　Gitee 新建仓库

相信读者都听过要将代码提交到远程仓库，所以笔者做的第一件事就是新建一个 Gitee 仓库。读者可以将鼠标停留在 Gitee 首页的"＋"按钮上，此时会出现新建仓库的按钮，如图 13-4 所示。

图 13-4　新建仓库按钮的位置

单击"新建仓库"按钮进入新建仓库页面，只需输入仓库名称和介绍便可以创建仓库。Gitee 默认的仓库是私有仓库，仅仓库成员可以看到。如果读者想新建开源仓库，则可以在新建私有仓库之后将仓库属性修改为开源，如图 13-5 所示。

图 13-5　新建仓库

创建完代码仓库后，Gitee 页面会提示建议有一个 README 文件，如图 13-6 所示。

图 13-6　新建仓库成功

还会提示可以使用 Git 对代码仓库进行操作,如图 13-7 所示。

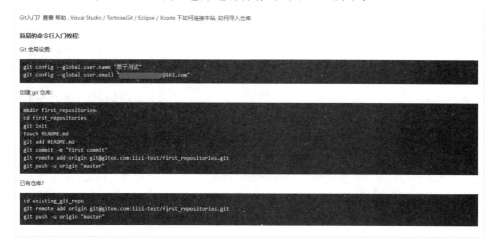

图 13-7　新建仓库成功

其中新建一个 README 文件很简单,只需单击"初始化 README 文件"按钮,Gitee 会自动生成两个 README 文件,包括一个中文版和一个英文版。

13.2　Git 基础

前面提到过 Gitee 是基于 Git 实现的代码在线托管仓库,所以使用 Git 命令可以对 Gitee 仓库中的代码进行拉取、提交等操作。虽然在实际工作中会使用 PyCharm 进行 Git 相关操作,但读者还是需要了解 Git 的基本原理和命令。

13.2.1　Git 下载并安装

使用 Git 命令之前需要下载并安装 Git,网址如下:

```
https://git-scm.com/
```

进入 Git 首页,单击 Downloads 按钮即可进入 Git 的下载页面,如图 13-8 所示。

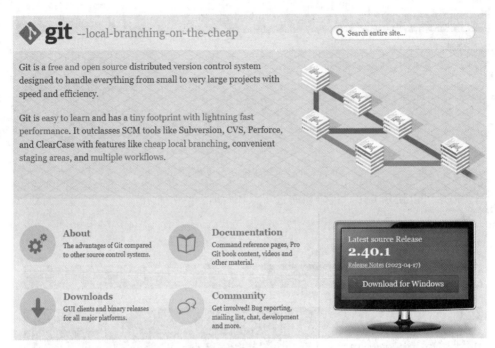

图 13-8　Git 首页

进入 Git 下载页面后,可以选择不同操作系统的 Git 安装包,由于笔者使用的是 Windows 系统,所以单击 Windows 按钮进入下载页面,如图 13-9 所示。

图 13-9　Git 对应的操作系统

因为笔者的计算机是 64 位的,所以笔者在 Windows 版本 Git 下载页面中,选择 Standalone Install 中 64 位的包进行下载,即下载 64-bit Git for Windows Setup,如图 13-10 所示。

下载完成后,可以在下载目录中看到一个 Git-x.x-64-bit.exe 文件。Git 的可执行文件安装非常简单,一直单击"下一步"按钮即可。安装成功后,在桌面上右击可以看到 Git 的选项,如图 13-11 所示。

图 13-10　Git 下载版本

图 13-11　Git 安装成功

除了可以通过鼠标右键验证是否安装成功外，读者也可以使用命令行窗口输入 git 进行验证，如果出现 Git 相关信息，则表示安装成功，如图 13-12 所示。

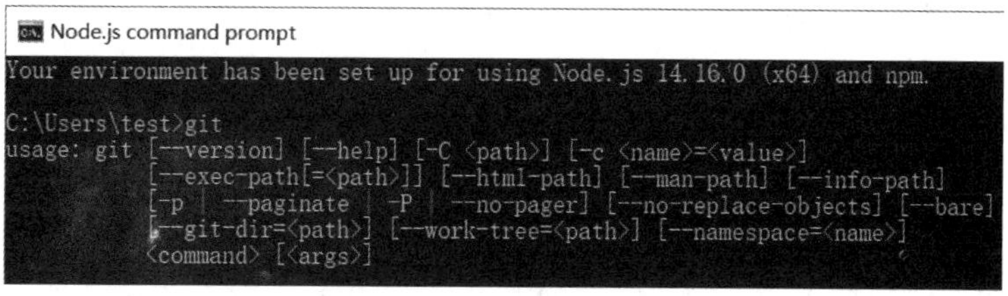

图 13-12　Git 安装成功验证

13.2.2　Git 命令

在学习 Git 命令之前读者需要先了解 Git 的四大工作区域，和 Git 四大工作区域之间的工作流程是什么，这样才能更好地理解 Git 命令。

1．Git 四大工作区域

Git 四大工作区域分别是工作区、缓存区、本地仓库和远程仓库，如图 13-13 所示。

（1）Workspace：工作区。本机存放项目代码的地方。

（2）Staging Area：缓存区。用于临时存放未提交的改动。

（3）Local Repository：本地仓库。

（4）Remote Repository：远程仓库。

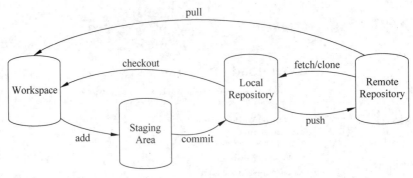

图 13-13　Git 四大工作区域

2．Git 工作流程

Git 的工作流程是围绕四大工作区域进行的，具体如下：

（1）从远程仓库将文件代码拉取到工作区。

（2）在工作区对代码进行修改。

（3）把修改后的代码添加到缓存区。

（4）把缓存区的代码提交到本地仓库。

（5）把本地仓库代码推送到远程仓库。

3．Git 命令

Git 命令较多，但由于本书是 UI 自动化测试书籍，讲解 Git 命令的目的仅仅是让读者可以了解基本操作，所以笔者仅演示 Git 工作流程中常用的命令，如果读者想更深一步地学习 Git 相关知识，则可以查阅相关书籍。

1）配置用户信息

读者需要在计算机上新建一个文件夹，用于保存克隆下来的远程仓库的代码，笔者在 E 盘新建了一个 myGitee 文件夹。接下来进入 myGitee 文件夹后右击，选择 Git Bash Here 打开 Git 的命令行窗口，在该命令行窗口就可以执行 Git 命令了。

在克隆远程仓库代码之前，首先需要使用 Git 设置用户名称和 Email 地址，这一点是非常重要的，因为如果不进行设置，则每次由 Git 提交代码时都会提示输入这两条信息。设置用户名和 Email 的命令如下：

```
git config --global user.name "栗子测试"
git config --global user.email "xxxx@163.com"
```

如果读者不清楚用户名和 Email 的具体内容应该写什么，则可以回看新建仓库后给出的提示信息，即回看图 13-7。设置完成并不会给出任何提示，如图 13-14 所示。

2）将远程仓库克隆到本地

因为笔者已经使用 Gitee 新建了一个远程仓库，所以想要同步该远程仓库的代码只需使用克隆命令，命令如下：

```
git clone git@gitee.com:lizi-test/first_repositories.git
```

图 13-14　Git 配置用户信息

git clone 命令用于将远程仓库克隆至本地,命令后面的远程仓库地址需要到 Gitee 中获取,读者需要进入新建的远程仓库,单击"克隆/下载"按钮,选择 SSH,然后复制其内容,如图 13-15 所示。

图 13-15　克隆地址

3) 将文件提交到远程仓库

将远程仓库克隆到本地之后,读者就可以使用 PyCharm 打开本地仓库,从而进行编写测试脚本、上传到远程仓库等一系列操作了。笔者在本地仓库文件夹下新建了一个 test.py 文件,接下来使用该文件演示如何将新建文件上传到远程仓库。

(1) 检查新建文件状态。

对于新建文件 test.py,读者可以使用 Git 命令查看该文件的状态,命令如下:

git status

笔者使用 Git 命令查看新建文件状态,发现新建的 test.py 文件的状态就是未跟踪,如图 13-16 所示。

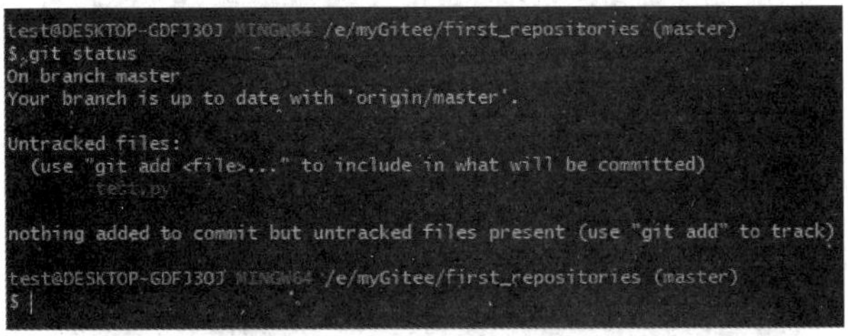

图 13-16　查看新建文件的状态

(2) 将文件添加到缓存区。

如果想要将未跟踪状态的 test.py 文件提交到远程仓库,则首先需要将其添加到缓冲区,命令如下:

```
git add test.py
```

使用 git add 后面加文件名即可将文件添加到缓存区。笔者执行完 git add 命令后,再次执行 git status 命令查看文件状态,发现 test.py 文件名已经变为绿色,表示已经被提交到缓冲区,如图 13-17 所示。

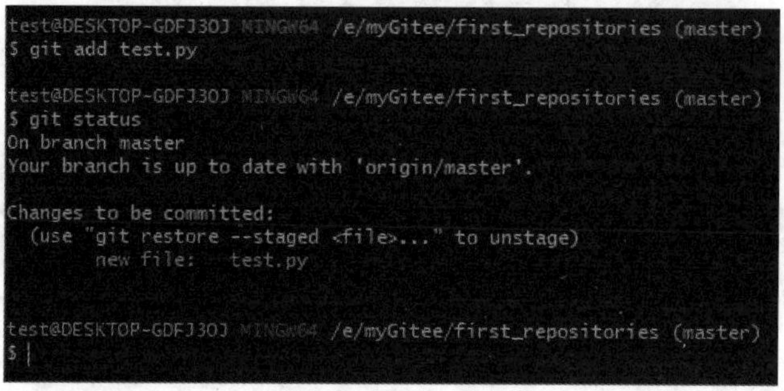

图 13-17 跟踪文件

当然在实际工作中可能一次性需要将多个文件提交到缓存区,这时读者可以使用"."代替文件名,表示将除删除文件外的所有修改的文件提交到缓存区,命令如下:

```
git add .
```

(3) 将缓存区文件提交到本地仓库。

将 test.py 文件提交到缓存区后,接下来的工作就是把缓存区的文件提交到本地仓库,命令也非常简单,具体如下:

```
git commit -m "提交 test 文件"
```

命令中的参数 m 表示提交文件时的备注信息,备注信息可以写中文,重点是要写明此次提交文件的原因是什么,或者修改了哪些内容。提交文件后,笔者再次使用 git status 命令查看仓库状态,发现仓库中已经没有需要提交的代码了,如图 13-18 所示。

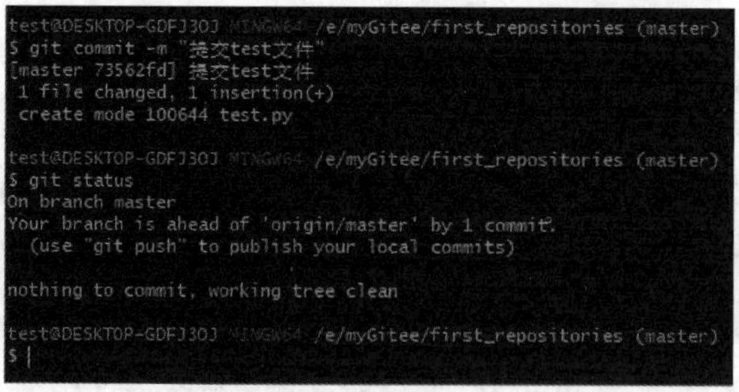

图 13-18 将文件提交到本地仓库

(4) 将本地仓库文件推送到远程仓库。

将 test.py 文件提交到本地仓库后,本地仓库的文件就可以提交到远程仓库了。在

Gitee 新建远程仓库时也提示了如何将文件上传到远程仓库，命令如下：

```
git remote add origin git@gitee.com:lizi-test/first_repositories.git
git push -u origin "master"
```

其中，git remote add 命令表示新建一个远程仓库，别名为 origin，git push 命令表示将文件推送到名为 origin 的远程仓库的 master 分支上。

当笔者执行 git remote add 命令时，提示远程仓库 origin 已经存在，如图 13-19 所示。

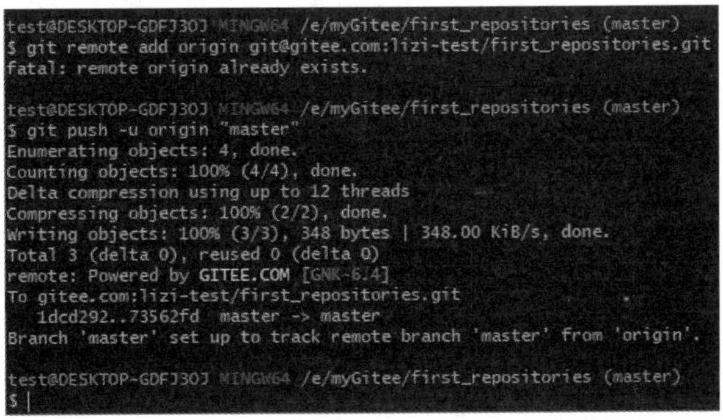

图 13-19　将文件提交到远程仓库

所以笔者直接执行 git push 命令，将文件提交到远程仓库。提交完成后笔者进入 Gitee 查看提交结果，可以看到提交的 test.py 文件，如图 13-20 所示。

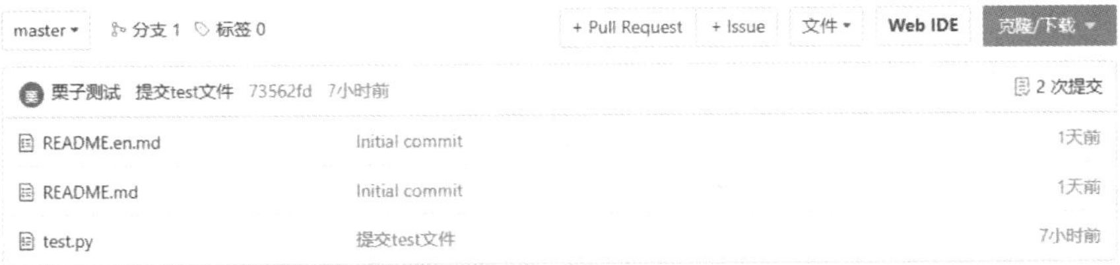

图 13-20　Gitee 查看结果

13.3　PyCharm 中 Git 操作

在实际开发过程中笔者使用的是 PyCharm 编写代码，那么就可以直接使用 PyCharm 图形界面进行相应的 Git 命令操作。接下来笔者将介绍如何使用 PyCharm 将已经写好的代码上传到 Gitee。

13.3.1　PyCharm 安装 Gitee 插件

要在 PyCharm 中使用 Gitee 首先需要安装 Gitee 插件，使用 PyCharm 打开已经写好的工程，选择 File→Settings 进入设置页面，单击 Plugins 按钮进入插件页面，搜索 Gitee 插件进行安装，如图 13-21 所示。

图 13-21　PyCharm 安装 Gitee 插件

13.3.2　PyCharm 添加 Gitee 账号

安装完 Gitee 后，PyCharm 想使用 Gitee 还需要在 Settings 的 Version Control 页面添加 Gitee 的账号。添加账号非常简单，只需输入 Gitee 注册时的用户名和密码，如图 13-22 所示。

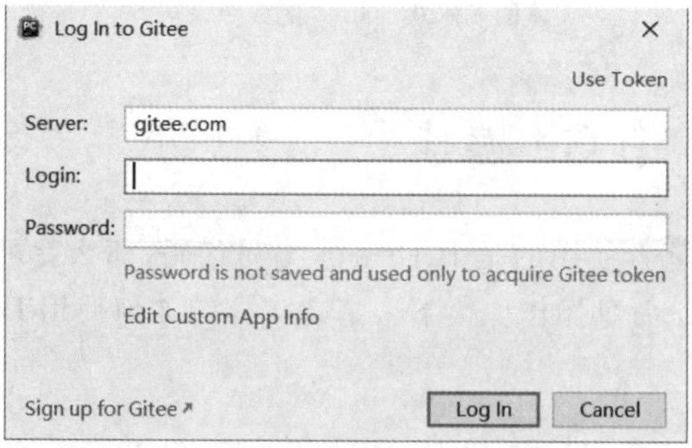

图 13-22　PyCharm 添加 Gitee 账号

添加账号成功后，可以勾选 Clone git repositories using ssh 选项，表示使用 SSH 方式克隆代码，如图 13-23 所示。

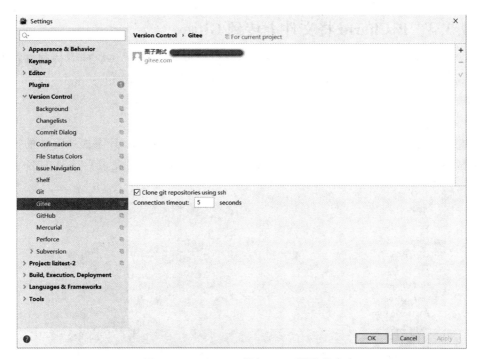

图 13-23　PyCharm 添加 Gitee 账号成功

13.3.3　PyCharm 创建 Git 仓库

PyCharm 添加了 Gitee 账号后，需要创建 Git 仓库。在菜单上选择 VCS，选择 Import into Version Control →Create Git Repository，如图 13-24 所示。单击"创建 Git 仓库"按钮后还会出现一个选择工程的弹窗，直接选择用 PyCharm 打开的 UI 自动化测试工程即可。

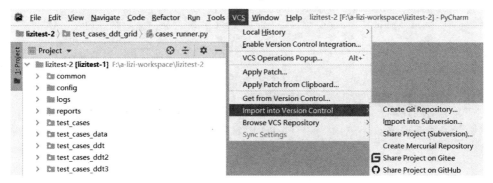

图 13-24　PyCharm 创建 Git 仓库

做完上述操作后，读者可以观察 UI 自动化工程中的文件，此时文件名都变成了红色，表示创建仓库成功。此时读者还可以进入工程目录，在工程目录中会看到多出了一个 .git 文件夹。

13.3.4 PyCharm 将文件上传到 Gitee

在 Git 命令的小节中，笔者已经带领大家使用 Git 命令完成了将文件上传到远程仓库的操作，在 PyCharm 中将文件上传到 Gitee 也是一样的原理，分为 add、commit 和 push 共 3 个步骤。

1. add 文件到缓存区

在想要添加到缓存区的文件或文件夹上右击，选择 Git→add，只需这样简单的操作就可以完成将文件添加到缓存区的操作了，如图 13-25 所示。添加完成后文件的名字变为绿色。

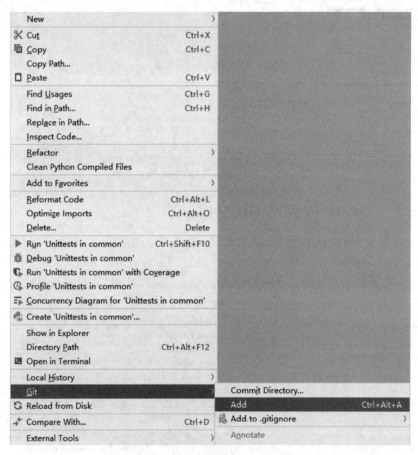

图 13-25 PyCharm 将文件添加到缓存区

2. commit 文件到本地仓库

文件添加到缓存区后，下一步操作就应该是将文件上传到本地仓库。操作还是右击，选择 Git→Commit Directory。此时会出现一个弹框，读者可以在弹框内选择需要上传到本地仓库的文件和编写备注信息，如图 13-26 所示。

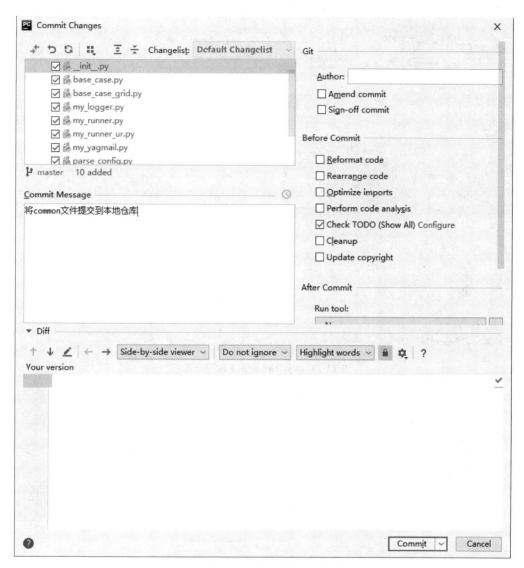

图 13-26　PyCharm 将文件提交到本地仓库

3．push 文件到远程仓库

将文件提交到本地仓库后，下一步操作应该是将文件上传到远程仓库。此操作还是右击，选择 Git→Repository→Push。此时也会出现一个弹框，读者需要单击弹窗中的 Define Remote 添加远程仓库的 SSH 地址，如图 13-27 所示。

设置好远程仓库后，就可以在弹窗的右侧看到此次将要提交到远程仓库中的文件，直接单击 Push 按钮 PyCharm 就可以将文件上传到远程仓库，如图 13-28 所示。

Push 操作完成后，笔者进入远程仓库查看是否提交成功，在远程仓库中可以看到提交的文件夹及其下面的文件，如图 13-29 所示。

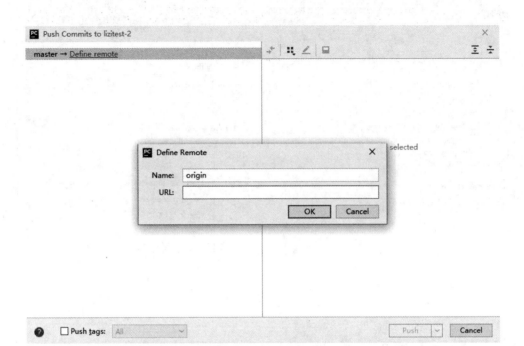

图 13-27　PyCharm 指定远程仓库

图 13-28　PyCharm 将文件提交到远程仓库

图 13-29　查看提交结果

通过上面的操作读者已经知道如何将测试框架的代码提交到 Gitee 仓库中，笔者最终会将测试框架中所有的代码都上传到 Gitee 仓库，包括 venv 文件夹。venv 是虚拟环境文件夹，一般情况下不需要上传到仓库中，只需将项目所用到的模块导出到 requirements.txt 文件中，然后通过 pip 命令安装 requirements.txt 文件中的所有模块。但笔者在编写测试框架时下载过一些文件并直接放在了 venv 文件夹中，如 HTMLTestRunnerCN.py 这个测试报告文件，为了让虚拟环境中还存在该文件，笔者将 venv 文件夹直接上传到 Gitee。读者可以根据自己项目的实际情况做出是否上传 venv 文件夹的选择。

13.4　本章总结

本章讲解了 Gitee 基础、Git 基础、PyCharm 如何将代码上传到 Gitee 等知识，并使用测试框架代码进行了实际操作。相信读者在学完了本章后，对企业中如何维护代码会有一个基本的认识。由于本书主要讲解的是 Selenium，对于 Git 的知识讲解得不是那么全面，读者可以在后续的工作中找到相关书籍继续完善 Git 相关知识。

第 14 章 Jenkins 持续集成

持续集成简单地来讲就是开发者将代码不断地提交到仓库中,每次提交后会伴随着一系列的自动化任务,如编译、发布、自动化测试等,其目的是快速地发现代码错误,提高工作效率。既然自动化测试是持续集成中的一部分,那么读者就有必要去了解一下持续集成的基本内容。目前公司中用得较多的持续集成工具是 Jenkins,所以笔者接下来将介绍 Jenkins 的基本操作。

14.1 Jenkins 安装

Jenkins 是一个开源的持续集成工具,读者需要到官网下载,网址如下:

https://www.jenkins.io/download/

进入 Jenkins 官网,选择左侧 Stable 版本的 Jenkins 包,由于 Jenkins 版本和 Java JDK 版本有对应关系,所以笔者单击 Past Release 按钮进入以往版本的列表选择 Jenkins 版本,如图 14-1 所示。

图 14-1 Jenkins 下载

由于笔者在前面 Grid 操作时安装的是 Java 8 版本的 JDK,所以需要找一个支持 Java 8 的 Jenkins 版本,如图 14-2 所示"2.346.1"版本的 Jenkins 可以支持 Java 8,所以笔者选择这个版本进行安装。

在 Jenkins 版本列表中找到"2.346.1"版本,单击进入下载页面,选择 jenkins.war 进行下载,如图 14-3 所示。为了方便管理,笔者将 jenkins.war 包放在 Python 安装目录下。

Long Term Support (LTS) Release Line

Supported Java versions for the LTS release line are:

2.361.1 (September 2022) and newer
Java 11 or Java 17

2.346.1 (June 2022) and newer
Java 8, Java 11, or Java 17

2.164.1 (March 2019) and newer
Java 8 or Java 11

2.60.1 (June 2017) and newer
Java 8

1.625.1 (October 2015) and newer
Java 7

图 14-2　Jenkins 版本选择

Index of /war-stable/2.346.1

Name	Last modified	Size
Parent Directory		-
jenkins.war.sha256	2022-06-22 11:39	77
jenkins.war	2022-06-22 11:39	87M

图 14-3　Jenkins WAR 包选择

Jenkins 的 WAR 包需要通过 Java 命令进行启动。首先打开 Windows 命令行窗口，通过命令行窗口进入 jenkins.war 所在目录，然后执行启动命令，命令如下：

```
java -jar jenkins.war
```

第 1 次执行 Java 命令时需要安装 Jenkins，启动后会给出一个初始化密码，该密码在安装 Jenkins 时会用到，如图 14-4 所示。

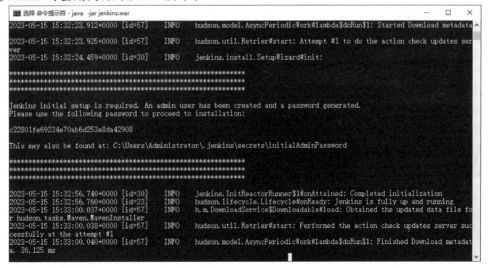

图 14-4　第 1 次启动 Jenkins.war 包

接下来读者可以访问 localhost:8080 开始安装 Jenkins。首先需要输入管理员密码，如图 14-5 所示。

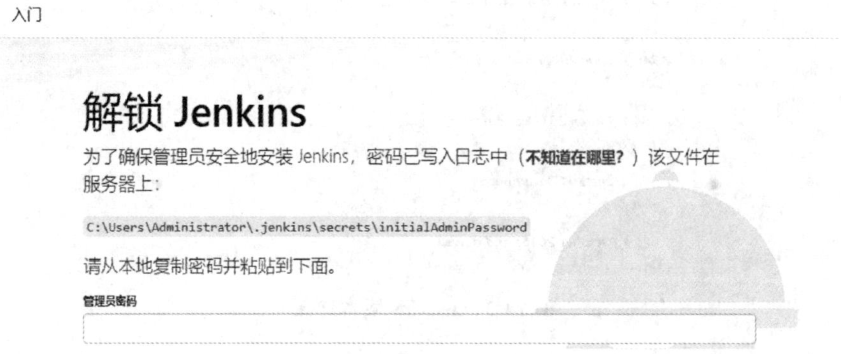

图 14-5　输入管理员密码

输入管理员密码以后，就可以进入下一步进行插件的安装，读者选择安装时推荐的插件即可，如图 14-6 所示。

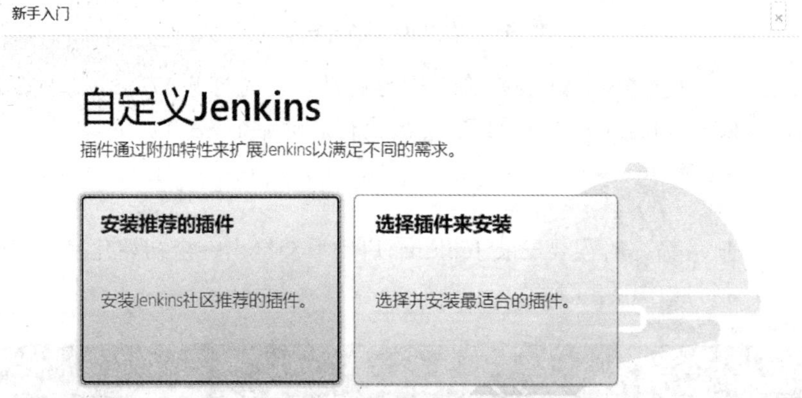

图 14-6　安装推荐的插件

选择安装时推荐的插件后，Jenkins 就会安装一些必要的插件，此安装过程比较慢，读者需要耐心等待，如图 14-7 所示。

等待插件安装好以后，Jenkins 会提示读者创建一个管理员用户，如图 14-8 所示。

笔者为了方便记忆，将管理员名设置为 admin，将密码设置为 123456。创建管理员用户之后，Jenkins 会给出默认的 URL 和端口号，如果 8080 端口没有被占用，读者则可以直接单击"下一步"按钮；如果 8080 端口被占用，则读者可以将端口号修改为其他端口，如图 14-9 所示。

Jenkins URL 配置完成后，Jenkins 的安装就结束了。读者可以单击"开始使用 Jenkins"按钮进入 Jenkins 首页，如图 14-10 所示。

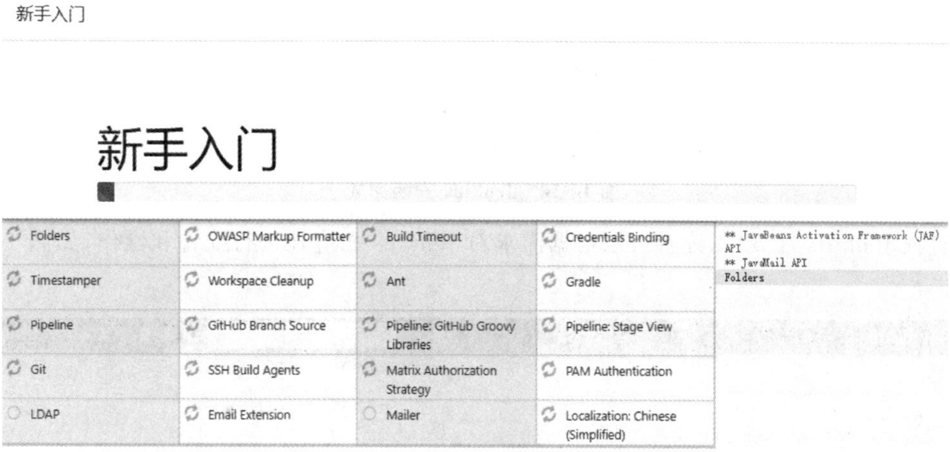

新手入门

新手入门

Folders	OWASP Markup Formatter	Build Timeout	Credentials Binding	** JavaBeans Activation Framework (JAF) API
Timestamper	Workspace Cleanup	Ant	Gradle	** JavaMail API Folders
Pipeline	GitHub Branch Source	Pipeline: GitHub Groovy Libraries	Pipeline: Stage View	
Git	SSH Build Agents	Matrix Authorization Strategy	PAM Authentication	
LDAP	Email Extension	Mailer	Localization: Chinese (Simplified)	

图 14-7　插件安装

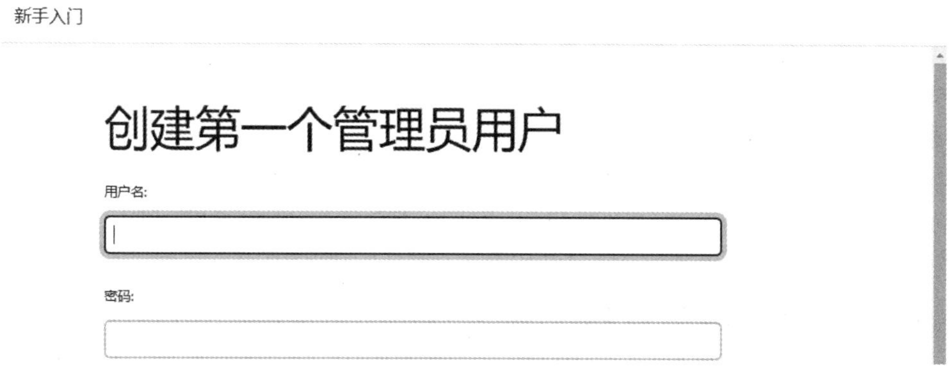

新手入门

创建第一个管理员用户

用户名：

密码：

图 14-8　创建管理员用户

新手入门

实例配置

Jenkins URL: http://localhost:8080/

Jenkins URL 用于给各种Jenkins资源提供绝对路径链接的根地址。这意味着对于很多Jenkins特色是需要正确设置的，例如：邮件通知、PR状态更新以及提供给构建步骤的BUILD_URL环境变量。

推荐的默认值显示在尚未保存，如果可能的话这是根据当前请求生成的。最佳实践是要设置这个值，用户可能会需要用到。这将会避免在分享或者查看链接时的困惑。

图 14-9　Jenkins URL

图 14-10　Jenkins 安装完成

进入 Jenkins 首页后，读者可以根据需求对 Jenkins 相应地进行配置和操作，如图 14-11 所示。

图 14-11　Jenkins 首页

14.2　Jenkins 工作目录

在 Jenkins 首页单击"新建 Item"按钮就可以新建 Jenkins 项目了。笔者新建了一个叫作 test_workspace 的项目，其目的是通过该项目来查看 Jenkins 的工作目录的存放位置。输入项目名称后选择 Freestyle project 自由风格项目，然后单击"确定"按钮，如图 14-12 所示。

接下来便会进入项目设置页面，此页面分很多 tab 页，对于第 1 个项目读者不必了解所有内容的作用，先将项目的描述写清楚即可，描述的目的是避免忘记项目的作用。笔者的描述信息是"测试 Jenkins 工作目录"，如图 14-13 所示。

编写完描述信息之后，读者可以滚动鼠标滚轮或单击构建 tab，进入构建内容设置区域。笔者选择 Execute Windows batch command 表示执行 Windows 命令，因为笔者安装 Jenkins 的机器是 Windows 机器，所以选择此选项，如果读者的 Jenkins 安装在 Linux 机器上，则需要选择对应的选项。选择完成后，输入命令 dir，表示打印当前目录下的所有内容，如图 14-14 所示。

图 14-12　Jenkins 新建项目

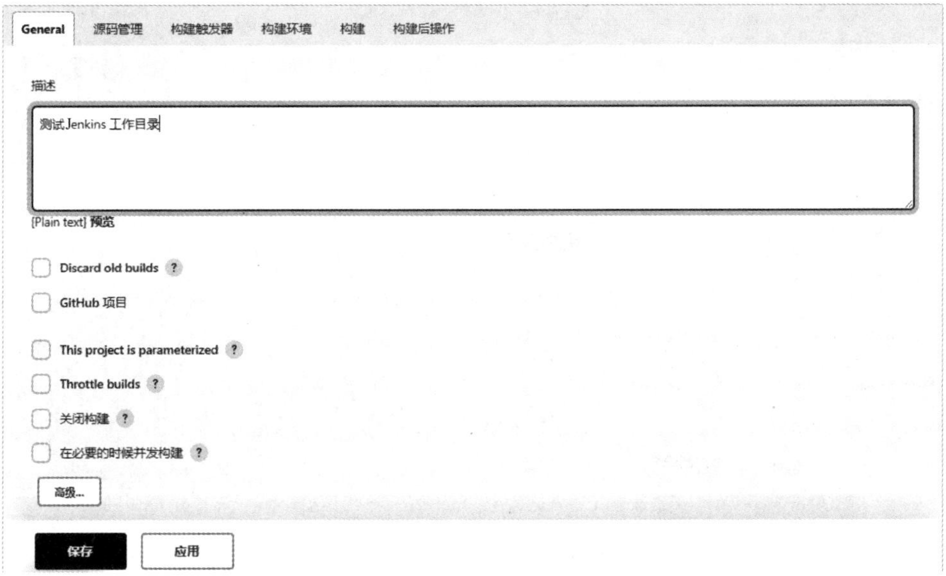

图 14-13　Jenkins 项目描述

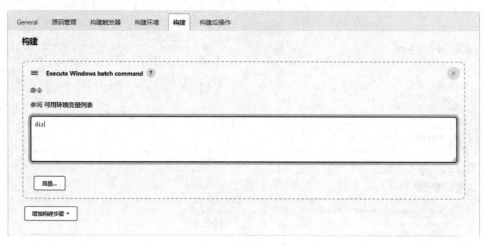

图 14-14　Jenkins 构建命令

输入构建命令后直接保存,然后进入项目中单击 Build Now 按钮,这样项目就会构建一次,在页面的左下角可以看到构建的结果,读者还可以通过单击构建结果中控制台的输出来查看此次构建输出了哪些内容,如图 14-15 所示。

图 14-15　Jenkins 项目构建

在页面左下角中只能简单地看出第 1 次构建的结果是绿色的对号,表示构建成功,但如果读者想了解更多内容,例如想了解构建命令 dir 的执行结果,就需要到控制台查看。

笔者进入了项目第 1 次构建的控制台输出页面,如图 14-16 所示。在页面中读者可以看到 Building in workspace C:\Users\Administrator\.jenkins\workspace\test_workspace，表示项目的工作目录就在这里。另外，项目执行了构建命令 dir，执行结果显示 test_workspace 项目下没有文件，因为笔者并没有给项目拉取任何代码文件。

图 14-16　Jenkins 控制台输出

14.3　Jenkins 拉取代码

学习 Jenkins 的第 1 步需要能够使用 Jenkins 从 Gitee 拉取代码。

14.3.1　新建 Gitee 工程

在拉取代码前，在 Gitee 上新建工程 test_reps，并在工程内新增 1 个 test.py 文件，文件内容是使用 Python 打印一行文字。笔者准备使用 Jenkins 拉取 Gitee 上的代码，然后执行代码，如图 14-17 所示。

图 14-17　Gitee 工程

14.3.2　安装 Gitee 插件

想要在 Jenkins 中拉取 Gitee 代码，首先需要安装 Gitee 插件。单击 Manage Jenkins 按钮，然后单击 Manage Plugins 按钮进入插件管理页面，如图 14-18 所示。

图 14-18　Jenkins 插件管理

进入插件管理页面后，单击可选插件，输入查询条件 Gitee，选择查询出来的 Gitee 插件后单击 Install without restart，即安装之后不重启 Jenkins。这样可以在安装好多个插件后再进行重启，而不是每安装一个插件就重启一次，如图 14-19 所示。

图 14-19　Jenkins 插件安装

14.3.3　配置 Gitee

安装完 Gitee 插件以后，需要在 Jenkins 中对 Gitee 进行配置，需要到 Manage Jenkins 中的 Configure System 进入配置页面，如图 14-20 所示。

图 14-20　Jenkins 系统配置

进入系统配置页面后，找到"Gitee 配置"项，其中链接名一般填写 Gitee；Gitee 域名 URL 填写 Gitee 的官网网址；重点是需要添加一个 Gitee 的证书令牌，如图 14-21 所示。

图 14-21　Jenkins 的 Gitee 配置

单击证书令牌下面的添加按钮就会出现一个添加令牌的弹窗，选择在弹窗里面的类型"Gitee API 令牌"，然后在下面的"Gitee API 私人令牌"中输入 Gitee 的私人令牌后保存即可，如图 14-22 所示。

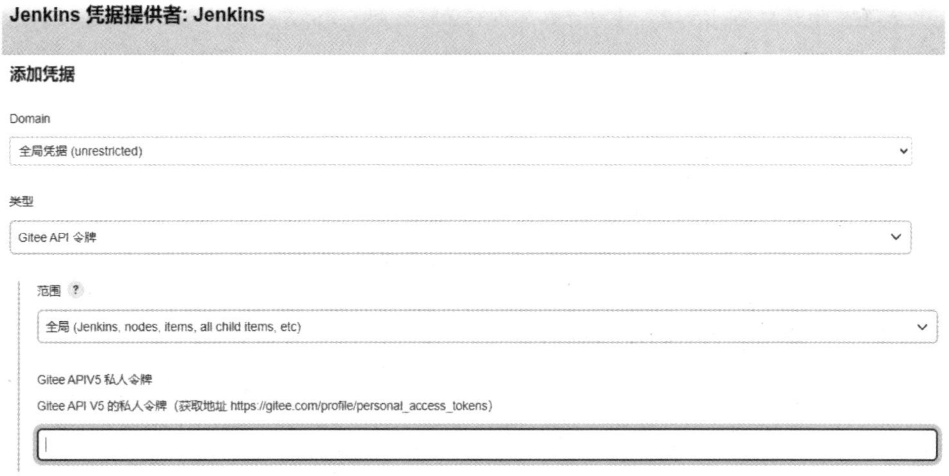

图 14-22　Jenkins Gitee 私人令牌设置

14.3.4　获取 Gitee 私人令牌

读者需要到 Gitee 中创建私人令牌。在 Gitee 的设置中找到私人令牌页面，描述清楚令牌的用途，然后单击"提交"按钮后输入密码进行校验，最后就会得到私人令牌字符串。将其粘贴到 Jenkins 中即可，如图 14-23 所示。

图 14-23　Gitee 生成私人令牌

如果读者想要在 Jenkins 中找到刚刚添加的私人令牌，则可以单击 Manage Jenkins 按钮，然后找到 Security 中的 Manage Credentials，在这里就可以看到刚刚添加的 Gitee 令牌，如图 14-24 所示。

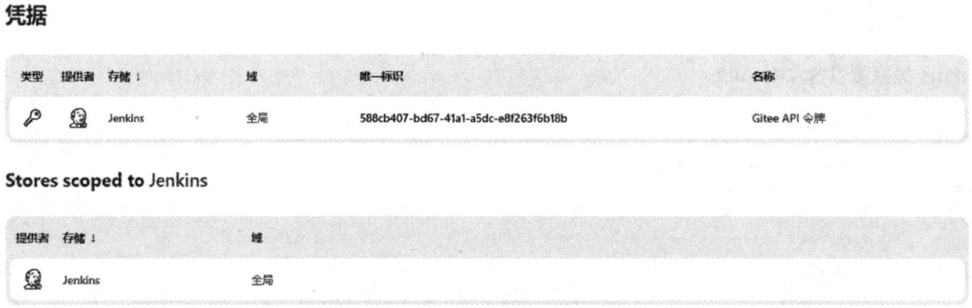

图 14-24　Gitee 私人令牌

14.3.5　新建 Jenkins 项目

准备工作完成后，笔者新建了一个名为 get_gitee_code 的项目，其目的是从 Gitee 上拉取代码，并执行里面的 Python 文件。项目中需要重点关注三方面内容，具体如下。

首先，项目中在"Gitee 链接"的下方选择刚刚配置好的 Gitee，如图 14-25 所示。

其次，在源码管理中选择 Git 并输入项目的 Gitee HTTPS 地址，如图 14-26 所示。

最后，在构建中编写 Windows 命令，执行从 Gitee 拉取的 test.py 文件，如图 14-27 所示。

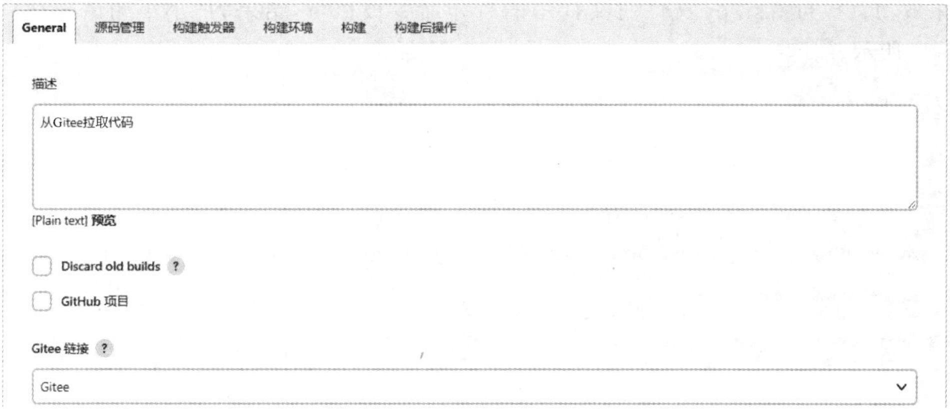

图 14-25 Gitee 链接设置

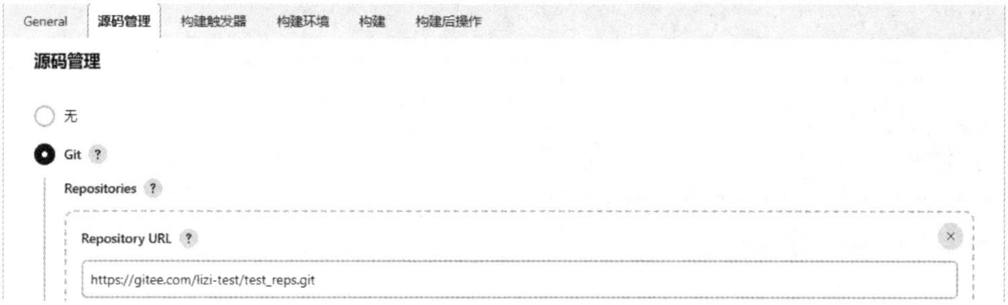

图 14-26 Gitee HTTPS 地址设置

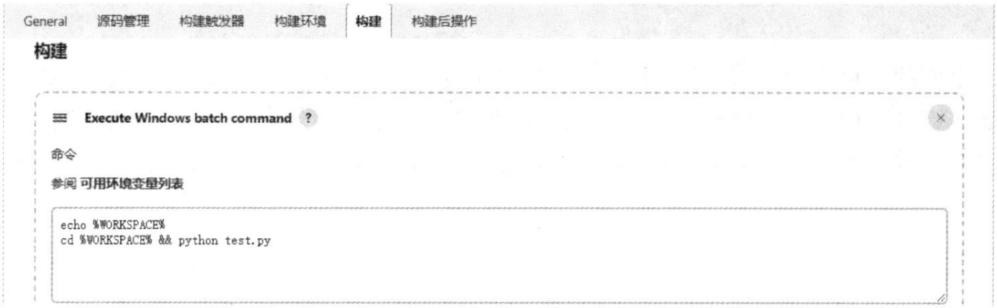

图 14-27 构建命令

笔者在 Jenkins 编写的命令中,先打印工作目录,再切换到工作目录中,最后执行 test.py 文件。值得注意的是命令中需要使用 && 进行连接,否则会出现错误,代码如下:

```
#打印工作目录
echo %WORKSPACE%
#切换到工作目录;执行 test.py 文件
cd %WORKSPACE% && python test.py
```

项目配置好后,单击 Build Now 按钮便可执行该项目,从控制台执行结果可以看出,执行结果成功。执行 test.py 文件时文件中的打印命令被执行,结果为"小小测试成功!",如图 14-28 所示。

```
Started by user admin
Running as SYSTEM
Building in workspace C:\Users\Administrator\.jenkins\workspace\get_gitee_code
The recommended git tool is: NONE
No credentials specified
 > git.exe rev-parse --resolve-git-dir C:\Users\Administrator\.jenkins\workspace\get_gitee_code\.git # timeout=10
Fetching changes from the remote Git repository
 > git.exe config remote.origin.url https://gitee.com/lizi-test/test_reps.git # timeout=10
Fetching upstream changes from https://gitee.com/lizi-test/test_reps.git
 > git.exe --version # timeout=10
 > git --version # 'git version 2.37.1.windows.1'
 > git.exe fetch --tags --force --progress -- https://gitee.com/lizi-test/test_reps.git +refs/heads/*:refs/remotes/origin/* # timeout=10
 > git.exe rev-parse "refs/remotes/origin/master^{commit}" # timeout=10
Checking out Revision 873645af67551ae95429a5b45278d19051a8946a (refs/remotes/origin/master)
 > git.exe config core.sparsecheckout # timeout=10
 > git.exe checkout -f 873645af67551ae95429a5b45278d19051a8946a # timeout=10
Commit message: "add test.py."
 > git.exe rev-list --no-walk 873645af67551ae95429a5b45278d19051a8946a # timeout=10
[get_gitee_code] $ cmd /c call C:\Users\ADMINI~1\AppData\Local\Temp\jenkins5492921566176849738.bat

C:\Users\Administrator\.jenkins\workspace\get_gitee_code>echo C:\Users\Administrator\.jenkins\workspace\get_gitee_code
C:\Users\Administrator\.jenkins\workspace\get_gitee_code

C:\Users\Administrator\.jenkins\workspace\get_gitee_code>cd C:\Users\Administrator\.jenkins\workspace\get_gitee_code   && python test.py
小小测试成功!

C:\Users\Administrator\.jenkins\workspace\get_gitee_code>exit 0
Finished: SUCCESS
```

图 14-28　构建控制台输出

14.4　Jenkins 定时构建

在上面的示例中,笔者是通过手动单击项目中的 Build Now 按钮进行构建的,在实际工作中读者还可以对项目设置定时构建。例如老板要求每天晚上 11 点运行一次自动化测试用例,那么读者就可以在项目中配置构建触发器,勾选 Build periodically 进行设置,如图 14-29 所示。

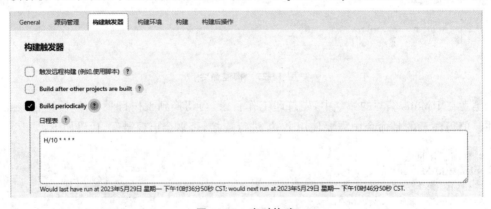

图 14-29　定时构建

定时构建可以设置 5 部分内容,分别是分、时、日、月、星期。通过这 5 部分内容的组合设置可以满足读者日常工作中的定时构建需求。这 5 部分内容可设置的值具体如下:
- 分:0-59。
- 小时:0-23。
- 日:1-31。
- 月:1-12。
- 星期:0-7,其中 0 和 7 都代表周日。

接下来笔者将举几个例子来具体演示定时构建的简单设置。

(1) 每 10min 构建一次。

```
H/10 * * * *
```

示例中,笔者仅对分进行了设置,其余选项均设置为星号。H 表示随机的分钟数,以避免所有任务在同一时间触发。

(2) 每晚 12 点构建一次。

```
0 0 * * *
```

示例中,笔者对分和小时进行了设置,表示 0 点 0 分进行构建。

(3) 每周一到周五晚 12 点构建一次。

```
0 0 * * 1-5
```

示例中,笔者除了设置分和时之外,还设置了星期为 1-5,用来表示周一到周五。

14.5 Jenkins 部署测试框架

学习了 Jenkins 基础后,读者就可以将 UI 自动化测试框架的代码通过 Jenkins 下载到本地,然后执行其中的测试用例,以此执行脚本了。

14.5.1 框架代码部署分析

Jenkins 执行测试框架之前需要分析一下执行代码的准备工作。

1. 新建虚拟环境

虽然笔者在将测试框架的代码上传到 Gitee 时也上传了 venv 文件夹,但是下载下来之后并不代表已经有了虚拟环境,所以笔者需要新建虚拟环境,命令如下:

```
python - m venv 虚拟环境名
```

执行完新建虚拟环境的代码后会在当前路径下新建一个和虚拟环境名一样的文件夹,里面包含了虚拟环境必要的文件,如图 14-30 所示。

```
    Include        2022-05-15 11:37    文件夹
    Lib            2023-03-10 11:19    文件夹
    Scripts        2023-03-10 11:19    文件夹
    pyvenv.cfg     2022-05-15 11:37    CFG 文件
```

图 14-30　虚拟环境文件夹内容

2. 安装所需模块

创建完虚拟环境以后，需要先激活虚拟环境，然后安装 requirements.txt 文件中的模块，以确保模块安装到虚拟环境中，命令如下：

```
虚拟环境\Scripts\activate.bat
pip install -r requirements.txt -i https://pypi.doubanio.com/simple
```

3. 执行用例

最后笔者想执行 test_cases_ddt4\cases_runner.py 文件来测试是否能测试成功，需要进入 cases_runner.py 文件所在目录，然后执行 python 命令，命令如下：

```
python cases_runner.py
```

14.5.2　Jenkins 构建命令编写

使用 Jenkins 执行 Python 脚本分为 4 步，第 1 步指定所需变量；第 2 步新建虚拟环境；第 3 步激活虚拟环境并安装所需模块；第 4 步执行用例脚本，代码如下：

```bat
//第 14 章/run.bat
:: 设置项目目录
set PYTHONPATH = % WORKSPACE %
:: 设置基础解释器位置
set PYTHON_BASIC_BINARY = C:\Python39\python.exe
:: 虚拟环境目录
set PYTHON_VENVS = % WORKSPACE % \venv
:: 新建虚拟环境
call " % PYTHON_BASIC_BINARY % " -m venv % PYTHON_VENVS %
:: 更新 pip
call " % PYTHON_VENVS % \Scripts\python.exe" -m pip install -- upgrade pip > nul 2 > &1
:: 查看 Python 版本
call " % PYTHON_VENVS % \Scripts\python.exe" -V
:: 查看 pip 版本
call " % PYTHON_VENVS % \Scripts\pip.exe" -V
:: 激活虚拟环境
call " % PYTHON_VENVS % \Scripts\activate.bat"
:: 安装所需模块包
call pip install -r requirements.txt -i https://pypi.doubanio.com/simple
:: 执行脚本
call python % WORKSPACE % \test_cases_ddt4\cases_runner.py
```

示例中，笔者设置了项目的目录、Python 解析器的位置、虚拟环境的目录，然后新建了虚拟环境,并查看了 Python 的版本和 pip 的版本;接着激活了虚拟环境、安装了所需模块、最后执行了 cases_runner.py 文件。

读者在使用 Jenkins 构建命令时,需要修改自己的 Python 解析器的位置,并确保项目中存在 requirements.txt 文件,最后执行文件时选择自己的用例执行文件即可。

14.5.3 框架代码报错分析

笔者在 Jenkins 中编写了构建命令后,在构建过程中发现 Jenkins 控制台报错,报错内容分两部分,一部分是找不到配置文件的内容;另一部分是 reports 文件夹被创建在工程目录外。接下来笔者将解决以上两个问题。

1. 修改文件夹的获取方式

经分析,reports 文件夹被创建在工程目录外是由于笔者获取文件夹路径的编写方式导致的。获取 reports 文件夹路径的原代码如下:

```
report_dir = "../reports/"
```

为了根除以上问题,笔者将换一种方式进行文件夹路径的获取。笔者在 common 文件夹中新建了一个 conf_dir.py 文件,该文件专门用于获取文件路径,代码如下:

```python
//第 14 章/common/conf_dir.py
import os

current_dir = os.path.split(os.path.abspath(__file__))[0]
reports_dir = current_dir.replace("common", "reports")
logs_dir = current_dir.replace("common", "logs")
config_dir = current_dir.replace("common", "config")
test_cases_ddt4_dir = current_dir.replace("common", "test_cases_ddt4")
```

示例中,笔者先获取当前文件夹的位置,然后根据当前文件夹的位置获取报告文件夹、日志文件夹、配置文件文件夹、测试用例文件夹的位置。获取方法均使用 replace() 方法将当前 common 文件夹替换成对应的文件夹名称。

2. 修改框架代码

在配置文件中统一获取了文件夹路径后,笔者将对执行用例文件中的所有与文件夹路径相关的代码进行修改,代码如下:

```python
//第 14 章/common/my_runner_ur.py
import ast
import os
import time
import unittestreport
from common.parse_config import ParseConfig
from common.conf_dir import reports_dir


def my_runner_ur(suit):
    # 报告文件夹
    # report_dir = "../reports/"
```

```python
if not os.path.exists(reports_dir):
    os.mkdir(reports_dir)

# 指定文件路径, 生成报告
report_name_time = time.strftime('%Y%m%d%H%M%S')
report_name = "{}_report.html".format(report_name_time)
title = '自动化测试报告 - {}'.format(report_name)
runner = unittestreport.TestRunner(suit,
                                    tester = '栗子测试',
                                    report_dir = reports_dir,
                                    filename = report_name,
                                    title = title,
                                    desc = 'XX 自动化测试',
                                    templates = 3)
runner.run()
```

示例中,笔者在用例执行文件中导入所有的文件夹,笔者注释了 report_dir 原有的代码,直接从 common.conf_dir 中导入报告文件夹路径变量 reports_dir。这样再次 build 时就不会发生错误了。

14.6 Jenkins 远程部署

笔者选择使用 SSH 协议进行远程部署。SSH 是一种安全通道协议(Secret File Transfer Protocol),主要用来实现字符界面的远程登录、远程复制等功能。既然选择了 SSH 协议进行远程部署,那么远程 Windows 服务器就需要安装 SSH 协议服务,另外 Jenkins 还需要安装 publish over ssh 插件,这样才能使用 Jenkins 进行远程部署。

14.6.1 Windows 远程服务器安装 SSH 服务

在 Windows 服务器中安装 SSH 服务非常简单,因为 Windows 系统本身就包含 SSH 服务功能,只需找到并单击"安装"按钮。具体步骤如下:

(1) 选择"设置"→"应用"页面,找到"可选功能"按钮,如图 14-31 所示。

(2) 单击"添加功能"按钮,找到"OpenSSH 服务器",单击"安装"按钮,如图 14-32 所示。

(3) 以管理员身份运行命令行窗口,输入 net start sshd 命令,启动 SSH 服务,如图 14-33 所示。

(4) 按下 Win + R 组合键,输入 services.msc 后进入服务页面,将 OpenSSH SSH Server 服务的启动类型设置为自动,达到开机启动的目的,如图 14-34 所示。

(5) 找同一网络下的另外一台机器,进入命令行窗口,输入的命令如下,以此验证 Windows SSH 服务是否搭建成功,命令如下:

```
ssh -l test 192.168.43.174 -p 22
```

第14章 Jenkins持续集成 319

图 14-31 可选功能

图 14-32 安装 OpenSSH 服务器　　　　图 14-33 启动 SSH 服务

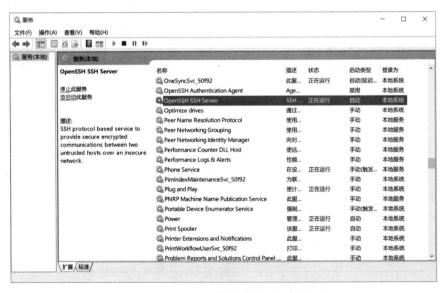

图 14-34 SSH 服务设置开机启动

示例中，-l 参数后边是 Windows 服务器的用户名；IP 地址为 Windows 服务器的 IP 地址；-p 为 SSH 服务的默认端口号。命令行窗口执行结果如图 14-35 所示。

图 14-35　SSH 服务器连接测试

在命令行窗口执行上述 SSH 命令时，提示需要输入密码，只需输入 test 用户对应的密码，按 Enter 键后就可以连接到该 Windows 服务器了。

14.6.2　Jenkins 安装 SSH 插件

要想在 Jenkins 中实现 SSH 功能，需要安装 publish over ssh 插件。安装插件的步骤很简单，还是到 Manage Jenkins→Manage Plugins 页面，在"可选插件"中搜索并安装，如图 14-36 所示。

图 14-36　SSH 插件安装

安装完 SSH 插件以后，读者需要到 Manage Jenkins→Configure System 页面进行配置，以便 Jenkins 和 Windows 远程服务器可以通信。找到 Publish over SSH 配置项，此处需要配置两个地方，即 Jenkins SSH Key 和 SSH Server，具体配置如下。

1．配置 Jenkins SSH Key

笔者的 Jenkins SSH Key 采用的是以用户名和密码的方式连接，所以笔者将远程服务器用户名对应的密码填写在 Passphrase 中，如图 14-37 所示。

图 14-37　Jenkins SSH Key 设置

Jenkins SSH Key 各个配置项的具体意义如下。

(1) Passphrase：私钥密码或远程服务器登录密码。如果采用私钥方式连接，则需填写私钥密码；如果采用用户名和密码方式连接，则需要填写密码。

(2) Path to key：私钥的位置。

(3) Key：私钥的内容。如果此处填写私钥内容，则以此处的值为准。Jenkins 会忽略 Path to key 的配置。

2．配置 SSH Server

笔者依次填写了 SSH Server 中的内容，然后单击 Test Configuration 按钮进行连接测试，测试结果显示 Success，表示成功，如图 14-38 所示。

图 14-38　SSH Server 设置

SSH Server 各个配置项的具体意义如下。

(1) Name：远程服务器用户名。可以任意命名。

(2) Hostname：远程服务器 IP 地址。

(3) Username：远程服务器登录用户名，需要与刚刚填写的密码相对应。

(4) Remote Directory：远程服务器接收文件的地址。Jenkins 项目代码文件放在此文件夹内，并且此文件夹必须存在。

值得注意的是，Remote Directory 不能输入 Windows 的路径，否则 Jenkins 会报错。需要按照 Linux 文件路径的方式编写文件路径，其中第 1 个 / 表示 Windows 的 C 盘，后边表示文件夹 lizitest-2-remote，意思是 Jenkins 远程部署文件到 C 盘 lizitest-2-remote 文件夹下。

14.6.3 Jenkins 远程部署

笔者新建一个项目用来演示远程构建,该项目在增加构建步骤时需要选择通过 SSH 发送文件或执行命令,即 Send files or execute commands over SSH 选项,并需要针对 SSH Server 和 Transfers 进行配置。

1. 配置 SSH Server

SSH Server 的配置非常简单,在 Name 中选择刚刚全局配置的 lizitest-2-ssh 即可,但读者还需要单击下方的"高级"按钮,选择 Verbose output in console 选项,该选项表示在控制台中输出构建信息;如果不选择,则在控制台将看不到执行结果的输出,如图 14-39 所示。

图 14-39　构建时 SSH Server 设置(1)

2. 配置 Transfers

在 Transfers 中主要配置想要传输的文件和想要执行的编译命令。笔者想将测试框架的所有文件都发送到远程服务器,所以在 Source files 中填写"**/**",表示所有文件。另外,使用 publish over ssh 执行 Windows 命令时比较特殊,需要将原来的命令行封装成一个 bat 批处理文件,并且在执行该文件时前面必须写上 cmd/c,如图 14-40 所示。

Transfers 各个配置项的具体意义如下。

(1) Source files:需要传输的文件。**/** 表示所有文件都要传输到远程服务器。

(2) Remove prefix:不需要传输的文件。如果 Source files 中有不需要的文件,则可以将其目录写在此处,Jenkins 进行 SSH 传输时会排除这些文件。

(3) Remote directory:远程服务器接收文件的地址。由于全局配置 SSH Server 时已经填写过,所以此处不再进行填写。

(4) Exec command:文件传输任务执行完毕后,在远程服务器上执行的命令。

3. 远程命令

为了让读者更方便地了解.bat 文件的内容,笔者将文件中的命令展示出来,具体如下:

图 14-40　构建时 SSH Server 设置（2）

```
//第 14 章/run2.bat
echo +++++++++++++++++++++
::设置项目目录
set PYTHONPATH=/lizitest-2-remote-3
echo %PYTHONPATH%
::设置基础解释器位置
set PYTHON_BASIC_BINARY=/Program Files\Python3\python.exe
::虚拟环境目录
set PYTHON_VENVS=/lizitest-2-remote-3\venv
::新建虚拟环境
call "%PYTHON_BASIC_BINARY%" -m venv %PYTHON_VENVS%
::更新 pip
call "%PYTHON_VENVS%\Scripts\python.exe" -m pip install --upgrade pip > nul 2>&1
::查看 Python 版本
call "%PYTHON_VENVS%\Scripts\python.exe" -V
::查看 pip 版本
call "%PYTHON_VENVS%\Scripts\pip.exe" -V
::激活虚拟环境
call "%PYTHON_VENVS%\Scripts\activate.bat"
::安装所需模块包
call pip install -r %PYTHONPATH%\requirements.txt -i https://pypi.doubanio.com/simple
call pip list
::执行脚本
call python %PYTHONPATH%\test_cases_ddt4\cases_runner.py
```

在上述命令中，笔者采用了 Linux 的目录编写方式对变量进行了设置，其目的是避免 Jenkins 产生不明原因的错误，其中最前面的"/"还是代表 C 盘。Jenkins 控制台的执行结果如图 14-41 所示。

```
++++++++++++++++++++++
C:\lizitest-2-remote-2\test_cases_ddt4
log文件位置打印++++++++++++++++++
C:\lizitest-2-remote-2\config/log_config.ini
('C:/lizitest-2-remote-2/logs/2023-06-05.txt', 'a', 5242880, 10, 'utf-8')
test_login_1 (login_case.LoginCase)执行─→【通过】
所有用例执行完毕,正在生成测试报告中......
测试报告已经生成,报告路径为:C:\lizitest-2-remote-2\reports\20230605003954_report.html
SSH: EXEC: completed after 18,653 ms
SSH: Disconnecting configuration [lizitest-2_ssh] ...
SSH: Transferred 5816 file(s)
Build step 'Send files or execute commands over SSH' changed build result to SUCCESS
Finished: SUCCESS
```

图 14-41　Jenkins 控制台的执行结果

读者需要注意的是,由于需要在远程服务器上执行命令,所以在 Jenkins 中执行构建之前首先需要保证远程服务器已经安装了 Python,并且已经下载了浏览器对应版本的 Driver。笔者在设置变量时也要按照远程服务器上的目录进行设置,读者一定要弄清楚这一点,以免造成不必要的麻烦。

14.7　本章总结

本章讲解了 Jenkins 的安装、Jenkins 如何从 Gitee 上拉取代码、Jenkins 定时构建、Jenkins 将代码部署到远程服务器等知识。笔者不仅对每个知识点进行了举例讲解,并且还在最后的小节中使用自动化测试框架演示了整个 Jenkins 的操作流程。相信读者在学习了本章以后,对企业中 Jenkins 的应用会有初步的了解,再也不会对 Jenkins 感到陌生了。

图 书 推 荐

书 名	作 者
深度探索Vue.js——原理剖析与实战应用	张云鹏
前端三剑客——HTML5+CSS3+JavaScript从入门到实战	贾志杰
剑指大前端全栈工程师	贾志杰、史广、赵东彦
Flink原理深入与编程实战——Scala+Java(微课视频版)	辛立伟
Spark原理深入与编程实战(微课视频版)	辛立伟、张帆、张会娟
PySpark原理深入与编程实战(微课视频版)	辛立伟、辛雨桐
HarmonyOS移动应用开发(ArkTS版)	刘安战、余雨萍、陈争艳 等
HarmonyOS应用开发实战(JavaScript版)	徐礼文
HarmonyOS原子化服务卡片原理与实战	李洋
鸿蒙操作系统开发入门经典	徐礼文
鸿蒙应用程序开发	董昱
鸿蒙操作系统应用开发实践	陈美汝、郑森文、武延军、吴敬征
HarmonyOS移动应用开发	刘安战、余雨萍、李勇军 等
HarmonyOS App开发从0到1	张诏添、李凯杰
JavaScript修炼之路	张云鹏、戚爱斌
JavaScript基础语法详解	张旭乾
华为方舟编译器之美——基于开源代码的架构分析与实现	史宁宁
Android Runtime源码解析	史宁宁
数字IC设计入门(微课视频版)	白栎旸
数字电路设计与验证快速入门——Verilog+SystemVerilog	马骁
鲲鹏架构入门与实战	张磊
鲲鹏开发套件应用快速入门	张磊
华为HCIA路由与交换技术实战	江礼教
华为HCIP路由与交换技术实战	江礼教
openEuler操作系统管理入门	陈争艳、刘安战、贾玉祥 等
5G核心网原理与实践	易飞、何宇、刘子琦
恶意代码逆向分析基础详解	刘晓阳
深度探索Go语言——对象模型与runtime的原理、特性及应用	封幼林
深入理解Go语言	刘丹冰
Vue+Spring Boot前后端分离开发实战	贾志杰
Spring Boot 3.0开发实战	李西明、陈立为
Flutter组件精讲与实战	赵龙
Flutter组件详解与实战	[加]王浩然(Bradley Wang)
Dart语言实战——基于Flutter框架的程序开发(第2版)	亢少军
Dart语言实战——基于Angular框架的Web开发	刘仕文
IntelliJ IDEA软件开发与应用	乔国辉
Python量化交易实战——使用vn.py构建交易系统	欧阳鹏程
Python从入门到全栈开发	钱超
Python全栈开发——基础入门	夏正东
Python全栈开发——高阶编程	夏正东
Python全栈开发——数据分析	夏正东
Python编程与科学计算(微课视频版)	李志远、黄化人、姚明菊 等
Python游戏编程项目开发实战	李志远
编程改变生活——用Python提升你的能力(基础篇·微课视频版)	邢世通
编程改变生活——用Python提升你的能力(进阶篇·微课视频版)	邢世通
Python数据分析实战——从Excel轻松入门Pandas	曾贤志

续表

书 名	作 者
Python 人工智能——原理、实践及应用	杨博雄 主编
Python 概率统计	李爽
Python 数据分析从 0 到 1	邓立文、俞心宇、牛瑶
从数据科学看懂数字化转型——数据如何改变世界	刘通
FFmpeg 入门详解——音视频原理及应用	梅会东
FFmpeg 入门详解——SDK 二次开发与直播美颜原理及应用	梅会东
FFmpeg 入门详解——流媒体直播原理及应用	梅会东
FFmpeg 入门详解——命令行与音视频特效原理及应用	梅会东
FFmpeg 入门详解——音视频流媒体播放器原理及应用	梅会东
Python Web 数据分析可视化——基于 Django 框架的开发实战	韩伟、赵盼
Python 玩转数学问题——轻松学习 NumPy、SciPy 和 Matplotlib	张骞
Pandas 通关实战	黄福星
深入浅出 Power Query M 语言	黄福星
深入浅出 DAX——Excel Power Pivot 和 Power BI 高效数据分析	黄福星
从 Excel 到 Python 数据分析：Pandas、xlwings、openpyxl、Matplotlib 的交互与应用	黄福星
云原生开发实践	高尚衡
云计算管理配置与实战	杨昌家
虚拟化 KVM 极速入门	陈涛
虚拟化 KVM 进阶实践	陈涛
边缘计算	方娟、陆帅冰
LiteOS 轻量级物联网操作系统实战（微课视频版）	魏杰
物联网——嵌入式开发实战	连志安
HarmonyOS 从入门到精通 40 例	戈帅
OpenHarmony 轻量系统从入门到精通 50 例	戈帅
动手学推荐系统——基于 PyTorch 的算法实现（微课视频版）	於方仁
人工智能算法——原理、技巧及应用	韩龙、张娜、汝洪芳
跟我一起学机器学习	王成、黄晓辉
深度强化学习理论与实践	龙强、章胜
自然语言处理——原理、方法与应用	王志立、雷鹏斌、吴宇凡
TensorFlow 计算机视觉原理与实战	欧阳鹏程、任浩然
计算机视觉——基于 OpenCV 与 TensorFlow 的深度学习方法	余海林、翟中华
深度学习——理论、方法与 PyTorch 实践	翟中华、孟翔宇
HuggingFace 自然语言处理详解——基于 BERT 中文模型的任务实战	李福林
Java＋OpenCV 高效入门	姚利民
AR Foundation 增强现实开发实战（ARKit 版）	汪祥春
AR Foundation 增强现实开发实战（ARCore 版）	汪祥春
ARKit 原生开发入门精粹——RealityKit＋Swift＋SwiftUI	汪祥春
HoloLens 2 开发入门精要——基于 Unity 和 MRTK	汪祥春
巧学易用单片机——从零基础入门到项目实战	王良升
Altium Designer 20 PCB 设计实战（视频微课版）	白军杰
Cadence 高速 PCB 设计——基于手机高阶板的案例分析与实现	李卫国、张彬、林超文
Octave 程序设计	于红博
Octave GUI 开发实战	于红博
全栈 UI 自动化测试实战	胡胜强、单镜石、李睿